贵州特色农作物与地质背景关系研究

陈　蓉　杨瑞东　彭益书　任海利　　著
龙　杰　韩晓彤　郎咸东

科学出版社

北京

内 容 简 介

本书以贵州省优势农作物茶叶、辣椒、马铃薯、中药材及富硒作物种植区的地质环境研究为主线，探讨这些优势农作物种植区的地质环境特征，并根据岩石、土壤元素的地球化学特征及其与各种作物品质的相关关系规划适宜的种植区域，为规模化种植提供科学依据。本书是地质学与农业科学结合产生的农业地质学重要理论的实践成果，对我国农业地质研究及农作物种植规划具有重要的现实意义。

本书可供从事生态环境、农业科学、地质科学的研究人员和高校师生阅读和参考。

图书在版编目(CIP)数据

贵州特色农作物与地质背景关系研究 / 陈蓉等著.—北京：科学出版社，2021.3
ISBN 978-7-03-068103-4

Ⅰ.①贵…　Ⅱ.①陈…　Ⅲ.①农业地质–研究–贵州　Ⅳ.①S29②F327.73

中国版本图书馆 CIP 数据核字（2021）第 029672 号

责任编辑：韩卫军 / 责任校对：彭　映
责任印制：罗　科 / 封面设计：陈　敬

科 学 出 版 社 出版

北京东黄城根北街16号
邮政编码：100717
http://www.sciencep.com

成都锦瑞印刷有限责任公司印刷
科学出版社发行　各地新华书店经销

*

2021 年 3 月第 一 版　　开本：787×1092　1/16
2021 年 3 月第一次印刷　　印张：16
字数：380 000

定价：148.00 元
（如有印装质量问题，我社负责调换）

序

  贵州近年来大力发展山地特色农业，其中茶叶、辣椒、马铃薯和中药材等农作物的种植规模在全国处于前列，并且已经成为贵州重要的产业，在贵州经济社会发展中发挥着重要作用。

  "易地而竭，隔界不生"是我国农业种植几千年来总结的经验，但是一直未从科学的角度分析环境对农作物种植的制约，也没有把这一传统经验升华到科学理论来指导农作物种植。20世纪80年代以来，我国各地陆续开展了农业地质研究，引起相关部门的高度重视，农业地质研究已成为当代农业科学的重要研究课题。以贵州大学陈蓉教授为代表的农业地质研究团队，通过十余年的研究和探索，紧紧围绕贵州特色山地农业种植环境，重点针对茶叶、辣椒、马铃薯和中药材种植的地质环境开展深入研究，取得了一系列重要成果，撰写出《贵州特色农作物与地质背景关系研究》一书。

  该书以贵州特色优势农作物茶叶、辣椒、马铃薯和中药材种植区域为研究对象，以矿物元素为纽带，把岩石-土壤-农作物-农产品结合成为一个有机的整体，研究农作物的品质和产量与地质环境的关系。分别分析了茶叶、辣椒、马铃薯和中药材适宜种植区域的地质环境因素（地形、海拔、气候、地层岩性、土壤元素地球化学等），特别是土壤元素地球化学特征；确定了影响茶叶、辣椒、马铃薯和中药材种植的地质环境制约因子；依据区域地层岩性、地形地貌、土壤元素地球化学特征等圈定了茶叶、辣椒、马铃薯和中药材适宜种植区域，为贵州茶叶、辣椒、马铃薯和中药材规模种植提供科学支撑。同时，该专著的研究方法、研究内容和技术路线对我国其他地区农作物种植具有指导意义，为当前我国特色优势农作物规模化种植选区提供了重要的科学依据和理论支撑。

中国科学院地球化学研究所研究员

前　言

贵州拥有全国知名的特色优势农作物,其中最著名的有烤烟、茶叶、辣椒、马铃薯、中药材等,但是长期以来,它们的种植面积小,产量低,没有形成规模化产业,对贵州经济贡献不大,在国内影响也不大。2012 年,针对贵州经济社会发展相对滞后的状况,国务院发布《关于进一步促进贵州经济社会又好又快发展的若干意见》,明确提出了进一步推进贵州农业结构调整,加大贵州西北部马铃薯种植基地建设,大力发展茶叶产业和辣椒产业。

贵州茶叶、辣椒、马铃薯和中药材等通过近年来的发展,种植面积快速增大,产业也得到快速发展。到 2016 年底,茶叶种植面积 700 万亩(1 亩≈666.67m²),全国排名第一;辣椒种植面积 500 万亩,全国排名第一;马铃薯种植面积 1050 万亩,全国排名第二;中药材种植面积达 550 万亩。茶叶、辣椒、马铃薯和中药材已经成为贵州重要的产业,因此,选择适宜地区优化种植茶叶、辣椒、马铃薯和中药材,对贵州经济社会发展具有非常重要的意义。

在喀斯特环境发育的贵州,环境的多样性导致农产品具有多样性的特征。独特的山地环境使贵州拥有优质的茶叶、辣椒、马铃薯、中药材、烤烟、水果等作物。然而长期以来,农产品种植只重视农艺或农艺技术,缺乏种植地域的地质环境(地层岩性、土壤元素地球化学等)对农作物产量和质量影响的研究。"易地而竭,隔界不生"的传统经验没有升华到依据科学理论来指导农作物种植。因此,开展特色农作物种植地质环境研究,揭示农作物生长发育的适宜地质背景成为当前农业科学重要的研究课题。

本书以对贵州特色农作物茶叶、辣椒、马铃薯和中药材等产地的岩土地球化学调查为基础,分析研究岩石和土壤中的常量元素、主要有益微量元素、稀土元素以及有害元素含量;分析测试贵州茶叶、辣椒、马铃薯和中药材中主要的有益元素、有害元素、营养组分含量、品质指标以及理化指标;应用数理统计方法找出不同地区的土壤与作物品质之间的相关关系,追溯优良特色农作物与地质背景的相关性。地表生态环境特征也是农作物生长的重要制约因素,不同的海拔和地形制约着温度、湿度、气压、植被等生态环境;不同的土壤 pH 制约着土壤的理化性质,是土壤环境的重要指标,两者都对农作物的生长产生影响。本书综合地下岩土的元素地球化学特征与地表生态环境特征,对现有茶叶、辣椒、马铃薯和中药材种植进行了区划,提出了监测有害元素、改良土壤和调整施肥方案,以达到提高农产品产量、品质的目的。这些研究成果对贵州茶叶、辣椒、马铃薯和中药材的产业发展非常有意义,同时,为当前我国特色优势农作物规模化种植进行选区提供了重要科学依据和理论支撑。

本书是研究团队经过十余年的潜心研究,在大量的野外调查、实验测试和综合分析基础上总结的成果。本书得到国家自然科学基金(41463009)、贵州省教育厅创新群体重大项目(黔教合 KY 字〔2016〕024)、国家重点基础研究发展计划(2006CB403202)、贵州省马铃薯专项(52020100103)和贵州大学生态学一流学科建设项目的资助。本书在出版过程中得到科学出版社韩卫军编辑的大力帮助，在此表示衷心感谢！

陈　蓉

2019 年 5 月于贵阳花溪

目　　录

第一章 绪 论

　　农业地质学(agrogeology)是农业科学与地质科学结合而衍生的边缘学科,农业与地质交叉结合的新领域。农业地质学产生的时间比较晚,19世纪中期至20世纪前期主要是研究农业生产及经营中的地质问题。20世纪后期,随着日益突出的全球人口、资源、环境等问题,农业地质逐渐列入生态地质或环境地质范畴,引起广泛关注。民以食为天,食以粮为先。从农业地质学的角度看,粮以土为本,土以岩为根。土壤是农业的基础,土壤、岩石、水体是地球表层的地质体,也是地质学研究的对象。土壤由岩石风化形成,土壤对岩石的化学成分有一定的继承性,不同类型的岩石风化形成的土壤结构、成分及常量元素和微量元素都有不同程度的差异,不同地质时代的岩石形成的土壤亦有差异,而且是引起农作物质量差异的重要原因之一。目前,地质在农业中的应用越来越广泛,以地质背景研究成果指导名特优农作物规模化种植生产,是地质科学服务于农业的重要内容,近年来,国内外的探索研究以及应用实践都取得了可喜成果。

第一节 农业地质的研究现状

一、国外农业地质研究现状

　　19世纪中期,德国学者Fellow和Richthofen首次提出"农业地质"一词,主要用于解释岩石风化与土壤形成的关系,但没有明确其定义。1907年,匈牙利皇家科学院地质研究所建立了世界上第一个从事农业地质研究的机构——农业地质部,把土壤成因与分类和土壤地质调查作为主攻方向(李瑞敏和侯春堂,2003)。

　　20世纪的前50年,英国和美国的地质学教授开始著书讲授农业地质学,如1916年英国剑桥大学Rastall教授编著的《农业地质》一书,1946年美国路易斯安那州立大学Emeison教授编著的《农业地质学》一书,主要是给从事农业研究的人员介绍地质学的知识,如矿物、构造等,探讨农业研究和经营中所遇到的地质问题(李瑞敏和侯春堂,2003)。

　　20世纪的后50年,随着全球资源、人口、环境矛盾的日益突出,农业地质问题被更多地列入生态地质、环境地质的范畴,使得农业地质在学科归属问题上产生了较多分歧(李明辉等,2001)。

　　1972年,美国地质勘探局提出,为了排除一些科学概念上的混乱,有必要对农业地质进行科学的定义,将Agrogeology、agriculture geology等几个农业地质的同义词做了如下的注说："农业地质是将地质学应用于农业的需要，如勘察土壤的成因和成分、矿产、地下水分补给特征等"，明确了农业地质属于应用地质学的范畴（陈茂勋和李永立 1990）。

随着经济的发展，自 20 世纪 80 年代起，发达国家和发展中国家开始重视农业地质：①80 年代早期，国际发展研究中心资助并实施了第一个农业地质计划：坦桑尼亚-加拿大农业地质计划（王恒旭等，2006）；②80 年代中期，英国、美国、苏联、加拿大、澳大利亚等国家开展了一系列专项农业地质调查，如大型湖泊及大江大河的生态地质调查、大型工程的生态调查等；③苏联学者对微量元素在不同土壤中的存在形式和分布形态，以及微量元素在农作物、植物中的分布特征和对农作物、植物生长的影响等进行了详细的研究（张连昌和李英，1993）；④1986 年，美国科学家 Adriano 著有 *Trace Elements in the Terrestrial Environment* 一书，系统地介绍了在陆地环境中与人类密切相关的 22 种微量元素——Ag、As、B、Ba、Cd、Ce、Co、Cr、Cu、Hg、Mo、Ni、Pb、Sb、Se、Sn、Sr、Ti、Tl、V、Y 和 Zn 等，论述了微量元素在环境中的来源及天然赋存状态、在土壤-植物系统中的循环过程、在植物中的所需量和耐毒性以及在食物和饮用水中的健康界限等（Adriano，1986）。

二、国内农业地质研究现状

我国农业与地质的结合是在地质学指导下，从土壤学研究和某些农用矿产调查开始。近 60 年来，我国农业地质工作取得了丰硕的成果，主要可划分为三个阶段。

（1）第一阶段为 20 世纪 50～70 年代，开展的主要工作有土地沙化、荒漠化、土壤侵蚀的调查研究与改造，农田供水水文地质勘查，盐碱地改良以及农用矿产开发等，为提高我国粮食产量做出了重要贡献（李瑞敏和侯春堂，2003）。在盐碱地的改良与农田供水水文地质勘查工作方面，开展了盐碱地的改良工作以及 1∶5 万～1∶10 万农田供水水文地质勘查工作，如河套平原、黄淮海平原、关中平原、河西走廊、银川平原、天山北麓和松辽平原等地的相关勘查工作，为粮食产量的提高做出了重要贡献，积累了大量的实践经验，总结得到一系列的理论成果。

（2）第二阶段为 20 世纪 80～90 年代，名特优农产品的农业地质调查与开发工作的开展极大地丰富了农产品市场，促进了农业经济的发展，研究人员开始逐步对农业生态地质学、农业地质背景系统等农业地质理论进行探索和总结。20 世纪 80 年代初期，李正积教授对四川农业展开调查和研究，发现川中地区上侏罗统蓬莱镇组地层分布区种植的棉花质量最好，经农业产业调整达到了明显的增产效果。1986 年，李正积教授提出"农业地质背景"这一概念，指出地质背景与优质农产品有着密切的关系，农业地质背景研究的目的是为了发展优质农产品和进行农业产业结构调整（李正积，1986）。1988 年，我国第一届农学与地学结合的学术交流会在成都召开，多篇会议论文根据各地区的特点，重点论述了地质背景与农产品的关系，这次会议为优势农业与地质的直接结合奠定了思想基础。从此，优质农产品与地质环境相结合的研究在全国普遍展开。

此后，李正积等（1994）又对涪陵榨菜菜头品质与地质背景关系进行研究，探讨了涪陵地区地质背景和菜头生态环境的相关性，划分了菜头生长的优势区和不适宜区。曹洪松（1995a，1995b）对山东肥城桃品质和产量与地质背景的相关性做了讨论，认为肥城桃质优高产的主要地质背景条件是钙质母岩与黄土母质共同发育的土壤，它具有酸性岩与钙质岩的混合优势。肥城桃生长及品质和产量与 N、P、K、Na、Ca、Mg、Fe、Cu、Zn、B 等元素的含量密切相关，并受到 Ca 与 Na 等元素比例关系的制约。

除此之外，一些地质学者对河北沧州金丝小枣，四川柑橘，新疆吐鲁番葡萄，广西荔枝，云南、贵州、河南及山东的烟草，浙东和滇西的马铃薯，南宁的香蕉，广西柳江的甘蔗以及山东泰山（东北麓）、河北迁安、北京昌平的板栗等进行研究，取得了一系列成果，积累了大量数据资料，总结并得到很多理论认识。与此同时，大量国内学者开始借鉴国外同类产品生产经验，引进优良的品种和种植方法。利用这些数据资料及规律，各地分别扩大了种植区面积，提高了农作物的产量，同时也找到更多农作物的优势种植区，促进了当地经济的发展。

（3）20 世纪 90 年代以来，我国农业地质发展进入了一个新的阶段，即农业地球化学调查与研究阶段，主要是对 Cu、Zn、Co、Mo、B 等元素含量与农作物产量的关系进行研究以及区域地球化学调查资料在农业科学上的应用研究等。2002 年，省部开始合作开展农业地质环境调查计划，有 8 个省、直辖市与国土资源部签订了合作协议，掀起农业地质工作的新高潮（李瑞敏和侯春堂，2003）。例如：王克卓等（2004）通过对新疆地区大枣、葡萄等特色农产品的农业地球化学背景进行研究，认为成土母岩是影响土壤微量元素含量的首要因素，即微量元素含量、分布及共生组合关系具有明显的继承性；黄毓明（2007）在对天宝香蕉产区的农业地质背景和天宝蕉品质分析的基础上，研究了二者的相互关系，研究认为优质天宝香蕉产区的主要农业地质特征是成土母质为第四系全新统冲洪积层和第四系残坡积层，天宝香蕉优质产区成土母质富集元素最多，土壤全量中 MgO、Na_2O、CaO 的含量较高，土壤有效态含量中 Zn、Cu 元素的含量较高等，同时提出了对非优质香蕉的种植区补充土壤营养元素、改良土质和增加蕉园的灌溉等土壤改良建议；吴跃东等（2010）通过对黄山茶叶的实地调查，从地学角度分析了黄山茶叶的地质背景对土壤中元素组合、土壤类型的影响，探讨了茶叶主要品质与产地地质背景的关系，分析了茶叶优异的品质与地质背景条件的相关性；任明强等（2011）对贵州茶叶的研究结果表明，贵州碎屑岩背景地质环境区土壤综合肥力高于碳酸盐岩背景地质环境区，且有利于茶叶的生长和品质的提高，碳酸盐岩背景地质环境则更有利于红茶的生长。近几年，环境化学家、土壤学家开展了一系列研究，如营养元素的有效性、化合物的生态效应等，而且把环境科学关注的焦点放在重金属元素价态和有机污染物的生态效应研究工作上（张秀芝等，2006；谢佰承等，2007；马扶林等，2009）。

贵州农业地质工作与全国发展同步，自 20 世纪 80 年代初起，在贵州省农业资源区划办及有关单位的支持下先后开展了：清镇县地质地貌与农业区划，贵州地质环境与林业，贵州烤烟生长的地质环境分析，贵州省农业地质环境调查与评价，应用微量多元素液态肥提高烟草品质研究，六盘水市马铃薯种植区地质环境特征及其对马铃薯品质产量的影响，贵阳市乌当区中药材种植地质环境调查及规模化种植研究等农业地质项目的工作。出版和发表的专著与论文有：《农业生态地质环境与贵州优质农产品》（毕坤等，2003），《黔南烤烟的农业地质种植实验》（毕坤，1994），《贵州地质环境与优质大米生产关系》（陈蓉和毕坤，2003a），《贵州省农业地质区划与农业综合区划的关系》（陈蓉和毕坤，2006），《贵州喀斯特农业生产中多种矿物元素液态肥的应用效果分析》（陈蓉等，

2009),《贵州喀斯特与非喀斯特农业生态地质环境质量对比研究》(任明强等，2009),《补偿矿物营养元素对烟叶质量及产量的影响》(谭建等，2009),《贵州六盘水地区马铃薯种植地质环境分析》(陈蓉等，2012),《贵州六盘水地区马铃薯种植区域地球化学特征》(陈蓉等，2013),《鱼腥草 5 种有害元素含量与其种植土壤中含量的相关性》(彭益书等，2014a),《贵州喀斯特与非喀斯特地区农业地质环境中营养元素的相关性研究》(Chen and Bi.，2011)等。

第二节　贵州特色农产品种植地质背景研究意义

农业的区域特征一般是由天、地、人、物的组合状况决定的，其中"地"是基础，而地质背景又是"地"的基础。目前，农业地质在学科应用方面已经取得明显成效，通过调查研究，查明区域优势作物与地质背景的相关性，并据此划分出某些优势作物最适宜的生长区，指导种植区规划，为国土资源综合规划和治理，经济林和森林区划以及渔、畜等养殖业优化布局等提供科学依据(周俊等，2002)。例如，经农业地质背景调查研究发现，柑橘、烟草、棉花和板栗等许多重要经济作物与特定地质背景有着密切关系，以此为依据，采用优势优先原则对柑橘、烟草、棉花和板栗等作物种植区进行规划调整，将相应的作物调整到优势种植区种植，通过随后几年的跟踪调查研究发现，这些种植区均已收到明显的增收和增产效果(龚子同和陈鸿昭，1995；朱江和周俊，1999)。贵州省喀斯特环境极为发育，生态环境多种多样，但是没有大型盆地，这严重制约了贵州农业的发展和进步。然而，以山地农业为主导使得贵州省农产品具有多样性的特征，产出多种优质的农产品，如茶叶、辣椒、马铃薯、中药材和烤烟等。优质农产品是特殊地域环境作用下的产物，受品种、养分配比、土壤条件、水文地质及气候等因素的影响，其生长发育过程中土壤、地质背景、气候等地质环境因素起着重要作用。长期以来，贵州省大多数优势农产品生长的地质环境一直未被深入调查和研究(陈蓉等，2012)。为此，开展贵州省的特色农产品茶叶、辣椒、马铃薯、中药材以及富硒作物种植地质背景等相关研究，从农业地质的角度科学规划特色农产品种植，使品质效益和规模效益协调发展，是当前迫切需要解决的问题，具有重要的科学意义和现实意义。

一、黔南州茶叶

贵州省是中国绿茶种植面积最大的省份。2016 年，贵州茶园面积已达 700 万亩，茶叶年产量 28.4×10^4 t，茶园面积和有机茶园面积均居全国第一位。目前，贵州茶叶种植面积每年以 20% 的速度增加。茶叶大规模种植，急需科学指导优质茶叶种植区选取，因此，本书以贵州省主要的产茶区——黔南布依族苗族自治州(以下简称黔南州)作为研究重点，进行种植环境研究，特别是环境地球化学研究具有重要的现实意义。

黔南州茶叶发展比较滞后，都匀毛尖茶产量更低，在茶叶品质方面也还有待提升。优质茶叶产地的土壤地球化学背景与茶叶品质之间有着密切关系，不同地区地质环境、土壤条件及水肥调控措施存在差异，导致黔南州优质茶叶产地各茶园茶叶产量高低不一，茶叶品质参差不齐，这些情况迫使我们对茶园开展地质背景的研究，对土壤养分水平问题进行探讨。由此，选取贵州优质茶叶黔南州都匀毛尖产地哨脚茶园和贵定云雾贡茶产地营上茶园作为研究区，开展种植地质背景岩石组分、第四系残坡积物或土壤的常量元素、微量元素和稀土元素的调查研究。确定优质茶叶与其种植地质背景之间的相关性，探讨种植地域的生态地质地球化学环境，从元素地球化学与地层分布关系确定茶叶生长的优势区。在初步查明茶叶品质与地质背景之间关系的基础上，利用区域地质资料、区域土壤地球化学数据等进行综合分析，规划茶叶规模化种植的适宜区域，为黔南州茶叶产业发展提出地质环境依据，由此促进茶叶种植区划和规模化种植的进程，促使茶叶产业成为贵州省支柱性产业；另外，从元素地球化学组成方面定量确定云雾茶、都匀毛尖茶的优质性，可以为云雾茶、都匀毛尖大力宣传提供基础数据，同时对于其他类似地质背景地区的茶园种植起到借鉴作用。

二、大方县辣椒

辣椒作为我国一种重要的蔬菜作物，是人们日常生活中重要的蔬菜和调味品之一，辣椒还是很好的医药原料和化工原料，因此辣椒的科研和生产在我国蔬菜产业的发展中占有重要的地位。我国诸多农业地质方面的专家对辣椒生长的生态地质环境进行了研究。

余文中等（2005）从贵州省的自然环境优势、辣椒在贵州农业中的地位、辣椒种植效益以及贵州人的辣椒消费习惯等方面说明了贵州辣椒的重要性，并且指出虽然贵州辣椒资源非常丰富，但辣椒科研及产业的发展还存在一些问题，并针对这些问题提出了发展的建议。罗应忠（1991）研究了 N、P、K 对早熟辣椒产量形成的影响，即 N、P、K 三要素对早熟辣椒幼苗生长、花芽分化、产量形成的影响，并试图摸索出早熟辣椒的最佳 N、P、K 营养水平及配比，为生产实践提供合理施肥的理论依据，并为流动营养液栽培提供参考。邹学校等（1993）对辣椒品种资源营养含量与产地生态环境关系进行了研究，着重分析了辣椒品种果实中辣椒素等营养含量与产地海拔和生态环境的关系，为辣椒品质育种提供依据。赖忠盛（1989）针对稀土元素对辣椒产量与品质影响进行了初步研究，认为用稀土元素溶液浸种可以提高辣椒产量和品质。综合以往对辣椒种植的农业生态地质环境相关研究资料分析表明：过去关于辣椒的农业生态地质研究主要注重气候、土壤条件及施肥对辣椒品质的影响，而对区域农业地质背景的元素分布规律、产地土壤环境质量的研究比较薄弱。

辣椒是贵州省毕节市的特色农产品，尤其是毕节市大方县的辣椒，因其优良的品质、独特的风味，赢得广大消费者和客商的青睐，远销东南亚。大方县是贵州省辣椒主要产区、辣椒出口的重要基地县，也是全国著名的名优特辣椒产区、农业农村部区域规划中大面积种植辣椒的 22 个县之一，曾被中国食品工业协会授予"中国辣椒之乡"的称号。大方县适合辣椒种植的土地面积约 50 万亩，常年种植面积约 12 万亩，年产干辣椒 5.3×10^4 t，年产值 3.6 亿元。贵州省"十二五"期间在大方县建设药品、食品加工工业园，贵州辣椒企业已经进入园区。确定辣椒生长优势区是规模化种植的关键，在大方县开展辣椒产地的地质背景调查和研究，以农业地质背景为基础，探索大方县三叠系永宁镇组岩石矿物组分及其第四系残坡积物的环境特征，从而规划确定优质辣椒生长的优势区，将为提高大方县辣椒品质及扩大辣椒的种植范围提供理论依据，更为企业加工制作需要的大量高品质辣椒资源提供原材料生产支持。

三、六盘水市马铃薯

2000 年，全世界种植马铃薯的国家和地区已达 148 个，我国马铃薯总产量在世界上居第四位，种植面积达 $1838×10^4 hm^2$，产量近 $3×10^8 t$。但是，由于生产技术相对落后于世界发达国家，马铃薯加工总量仅占总产量的 5％左右（屈冬玉等，2001）。马铃薯自 17 世纪传播到中国以后，由于非常适合在不适宜生长小麦的高寒地区生长，很快在山西、内蒙古、河北、陕西北部等地得到普遍种植。马铃薯、番薯和玉米等这些从美洲传入中国的高产作物逐步成为贫苦阶层赖以生存的主要粮食，对中国人口的迅速增加起到至关重要的作用。国人对马铃薯的利用，主要是作为一种主食兼作副食品。现在，马铃薯的主要产区在内蒙古、东北的中北部、华北西部、西北及西南各省（区、市）。马铃薯具有很高的营养价值。一般新鲜薯中所含成分百分比为：淀粉 9％～20％，蛋白质 1.5％～2.3％，脂肪 0.1％～1.1％，粗纤维 0.6％～0.8％。以 100g 马铃薯为例，其所含的营养成分有：热量约 76kcal（1cal≈4.18J），钙 11～60mg，磷 15～68mg，铁 0.4～4.8mg，烟酸 0.4～1.1mg，维生素 B_2 0.03～0.11mg，维生素 B_1 0.03～0.07mg 等。除此以外，马铃薯块茎还含有禾谷类粮食所没有的胡萝卜素和维生素 C。因此单从营养价值角度来看，马铃薯比面粉、大米具有更多的优点，它不仅能供给人体所需的营养，还能提供大量的热能，所以马铃薯得到广泛的种植。

马铃薯是贵州省的重要农作物，2016 年，贵州省马铃薯总产量达到 $1800×10^4 t$，居全国第四位。六盘水市是贵州省主要的马铃薯产区之一，2016 年，六盘水市马铃薯种植面积达到全省的 1/5；总产量达到 $500×10^4 t$，总产值达到 25 亿元。马铃薯种植已经成为六盘水重要的支柱产业。

六盘水市地处高寒山区，气候环境非常适合马铃薯种植，六盘水市拥有大量的马铃薯种植面积、很高的总产值及产量，马铃薯是六盘水地区的一种优质特色农产品。因此，近年来六盘水市越来越重视马铃薯产业的发展，并在"十二五"期间开展多项马铃薯专项研究，解决马铃薯种植过程中遇到的一系列问题。尽管越来越多的学者开展了多项马铃薯种植地质环境的调查和研究工作（宋学锋，2003；李军等，2004；杨建勋等，2007；朱杰辉等，2009；阮俊等，2009；张小静等，2010），但是对区域农业地质背景的元素分布规律、产地土壤环境质量的研究还比较薄弱，对马铃薯品质与地质环境关系的研究还需要深入开展。从地质背景的角度探究六盘水市马铃薯产区的土壤地球化学特征，圈定有利的马铃薯种植区带，提高马铃薯的产量和品质，为六盘水市马铃薯规模化种植区划提供科学依据。

四、贵阳市乌当区中药材

随着社会的进步和科技的发展，人们越来越重视与自身健康相关的食品和药物的品质以及对健康的影响。中药产业的发展以及中药材的推广和使用导致了中药材的需求量日益增加。2007 年，我国天然药物销售额近 500 亿美元（任丽萍，2008）。2008 年，我国中药企业大约有 1500 家，且其经济规模已超过 1000 亿元，中药产品年出口总额已突破 10 亿美元。在中药材需求量巨大的前提下，保证中药材的品质是中药材可持续发展的必然要求，同时也促使对中药材品质展开相关研究。

贵州是中药、民族药的盛产地之一，是我国四大"道地药材"产区之一，荣获"国家中药现代化产业贵州基地"称号。贵州的中药资源十分丰富，品种数达到 4800 余种，仅次于云南省，在中药资源品种数上排名全国第二，其中植物药种数达 4419 种（黄岚，2010）。贵州省常用中药材 1200 种，全省药材资源蕴藏量 6500 多万吨。主要的中药材有天麻、杜仲、珠子参、黄柏、厚朴、何首乌、半夏、石斛、吴茱萸、桔梗、续断、金银花、五倍子、白及、茯苓、乌梅、鱼腥草、太子参等。2004 年，贵州中药材种植面积发展到 100 多万亩（杨胜元等，2005），2013 年发展到 375.29 万亩，2015 年达 500 万亩。

贵阳市乌当区是贵州省重要的中药材种植基地之一，也是适宜多种中药材生长的"宝地"，目前辖区已探明的野生中药材达 1058 种、储量 91.3×10^4 t，具有资源优势。贵阳市乌当区已经确立"新医药大健康产业"的发展思路，重点拓展化学药生产、药食同源、保健养生等领域，力争构建具有乌当特色的医药产业体系。为此，乌当区先后出台现代制药产业创百亿元产值培育计划、产业布局规划等扶持政策，依托新型工业化产业园，重点发展健康保健产品生产、中药材种植及饮片加工、医药产品物流、健康休闲和康复医疗等五大医药健康产业集群。乌当区医药产业已成为强力推进区域经济发展的重要增长极。2013 年，乌当区规模以上制药企业实现产值 63.12 亿元，占规模以上工业总产值的 38%。因此，在贵阳市乌当区开展中药材种植与地质背景研究，为乌当区规模化中药材种植提供科技支撑，是时代的要求，是经济发展的迫切要求，具有现实意义。

五、开阳县富硒资源

20 世纪 60 年代初，人们在发明对硒元素测定方法的同时，也发现硒对雏鸡维生素 E 缺乏症有缓解作用，对犊牛和羔羊的白肌病有预防作用。Rotruck 研究发现，适量的硒对缺硒造成的心肌损害有明显保护作用及抗氧化能力，且可改善机体抗感染的能力。硒是谷胱甘肽过氧化物酶（GSH-Px）的一个组成成分，该酶的主要作用是还原脂质过氧化物，清除氧自由基，从而保护细胞膜的完整。低硒使得 GSH-Px 活性降低，造成心肌膜系统损伤。硒在甲状腺素稳态的维持中起至关重要的作用，硒缺乏将加重碘缺乏效应，使机体处于甲状腺机能低下的应激状态。因此，应该像补碘一样补硒，才能从根本上预防地方性甲状腺疾病和克山病。基于这些研究，世界卫生组织（WHO）在 1973 年宣布，硒是人和动物生命活动中必不可少的微量元素。

我国最早开始硒与克山病的研究，并做出了重要贡献。WHO 等国际联合组织据此确认，硒是人体必需的微量元素。补硒防治克山病有效地控制了克山病的流行；大骨节病病区与克山病病区地理位置与低硒带完全吻合，经科学家 20 多年的研究证实，缺硒是大骨节病的重要发病因素，在病区和非病区进行流行病学和病例对照研究，证实补硒能有效预防大骨节病。这是我国科学家取得的又一重要成果，并荣获 1996 年度"克劳斯·施瓦茨生物无机化学家协会奖"。这项奖励是为了表彰"在解决人类某一重大健康问题方面做出的卓越贡献"和在"生物微量元素研究中最优秀的开拓者"而设立的。

中国医学科学院的科学家自 1979 年开始，历时 16 年艰苦探索，揭示了硒预防肝癌的作用机制。在对启东市的 13 万居民进行研究后发现，肝癌高发区居民主食中硒含量和血硒含量均低于低发区，肝癌的发病率与硒水平呈负相关，补硒可使肝癌发病率下降 35%，使有肝癌家族史者发病率下降 50%。硒是人体必需的生命元素，在人体和植物健康生长中起着重要作用，但是硒含量过高也会对动植物产生毒害作用，这方面早有记录，如 20 世纪 60 年代，鄂西发生人们食用高硒食物而引起的指甲脱落和皮层损坏等中毒现象(Orrille，1964；Yang et al.，1983)。当然，低硒背景和缺硒地区的普遍存在所引起的负面影响不可小觑。据 WHO 公布的资料，全球有 40 多个国家属于低硒和缺硒地区，调查表明我国有 72％的县(市)属低硒和缺硒地区，从黑龙江、内蒙古、甘肃、青海到四川部分地区严重缺硒，这些区域的克山病、大骨节病经常发生，还有一些癌症高发区也属低硒区。

陕西紫阳和湖北恩施被发现为富硒地区后，两地硒元素富集特征及分布规律研究较为深入，并且在研究成果的应用方面取得了较大成绩。1980 年前后，地质部门证实湖北恩施双河鱼塘坝存在独立硒矿床。其后恩施地区硒开发利用取得很大成就，1992 年 7 月"恩施生物硒资源开发利用项目鉴定会"举行，中国科学院院士徐冠仁、卢良恕分别发来贺信。同时有"富硒饲料添加剂""富硒施南春曲酒""富硒萝卜干""富硒板党酒""富硒方便小食品""富硒精炼食用油""富硒刺梨汁"等七个产品通过专家鉴定。1980 年，陕西省农林科学院等单位发现紫阳县为高硒地质背景区，该发现获农业部二等奖；1989 年，紫阳富硒茶的营养保健研究在北京通过科学鉴定，获中国星火计划成果博览会金奖；2004 年，紫阳富硒茶获国家原产地域产品保护。

前人对贵州省硒资源的分布做过详细调查，发现贵州省土壤中硒的含量为 0.06～1.29mg/kg，硒含量属于适中区。全省硒资源分布不均，其中产煤地不同程度地富硒，土壤中硒含量受基岩控制，如黔北遵义、湄潭，黔中开阳、瓮安、平坝、安顺、紫云，黔南平塘至独山，黔西北大方、织金以及黔西南普安和晴隆等地富硒，因此煤系地层是富硒的标志之一(王甘露和朱笑青，2003)。

李娟等(2003，2004)以贵阳市开阳县典型土壤为对象，研究了开阳土壤中硒元素的含量、分布及影响因素。结果表明，开阳土壤中硒的背景值高，其含量远高于全国土壤背景值；硒在土壤剖面上的分布存在空间差异，总体趋势是硒在表土层聚集；土壤中硒含量受土壤成土母质的控制。同时，表生地球化学作用、生物作用以及人类活动也深刻影响硒在土壤中的重新分配。毕坤(1997)利用开阳县禾丰地区下寒武统牛蹄塘组黑色高碳质页岩中硒含量的资源优势，在硒元素地球化学和物理属性的基础上，研究从高碳页岩中释放和提取有效态硒及其他元素，然后配制适宜农作物生长的添加剂，为缺硒或少硒地区生产富硒农产品提供新的矿物肥源。汪境仁和李廷辉(2001)对贵州开阳硒资源开发进行了研究，论述了硒在工农业生产中的应用与国内外以及开阳地区硒资源的开发情况。贵阳市开阳县具有富硒地质背景，我们选取具有富硒潜力的地层岩石及其风化土壤作为研究对象，研究硒元素在岩土剖面上的迁移、富集情况，并探讨硒元素富集的控制因素，从而圈定富硒区域，对于开发利用富硒资源，生产种植富硒农作物，促进土地的高效、合理、综合利用起到推动作用。

第三节　主要研究内容与技术路线

一、主要研究内容

本书从贵州的茶叶、辣椒、马铃薯以及中药材等特色农作物产地的地质背景出发，研究不同地质背景特色农作物的岩土元素地球化学特征，以及对优质特色农作物品质产生的影响，探索特色农作物种植地区的岩石、土壤和农作物中常量元素、微量元素和稀土元素的组成，由此，从地质背景的角度圈定各种特色农作物的优势种植区域，为贵州的茶叶、辣椒、马铃薯、中药材以及富硒农产品等特色农作物规模化种植提供科学依据。开阳县富硒资源研究则着重研究十余个岩土剖面，探讨以硒元素为主的地球化学特征。

(1)收集国内外有关地球化学背景的研究成果，收集研究区的地质资料，包括1∶5万地质图、1∶20万地球化学测量资料、区域土壤地球化学普查资料、地形地貌、气候特征等资料。查明各种特色农作物种植区域，并与地质背景资料进行对比，初步了解特色农作物种植区域与不同地层分布的相关性。通过实地考察茶叶、辣椒、马铃薯以及中药材等特色农作物种植区的地形地貌、海拔气候、水文地质环境等，了解特色农作物优质种植区的生态地质环境因素，找出现有农作物优质高产种植区与地层之间的对应关系，确定优质高产农作物种植的地质环境条件。

(2)确定研究区采样路线，选择典型风化剖面。对研究区的地质环境全面开展调查，确定采样点及研究剖面。野外描述记录岩土剖面颜色、厚度、分层和结构等特征，根据种植区的地层分布情况，选取不同的地层、岩性进行岩石、土壤和农作物样品的分类采集工作，其中表层土壤取样比例较大，同时进行土壤剖面逐层取样。

(3)对所采集的岩石、土壤及特色农作物样品预处理。根据所采样品条件和实际情况，对岩石、土壤样品进行常量元素、微量元素、重金属元素和稀土元素的分析测试；土壤样品测试其pH，有的测试有效态营养元素；作物样品除了测试各种矿质元素外，还要根据不同作物的特征测试才能反映其品质的相关生化指标。

(4)农业部门已经明确认定与农作物生长相关的元素有C、H、O、N、P、K、Ca、Mg、S、B、Fe、Mn、Cu、Zn、Mo、Cl和Ni等17种元素(黄昌勇和徐建明，2010)。但是，在后续的研究中又有许多与农作物生长密切相关的元素被发现。本研究一般测试岩石、土壤和农作物样品的40余种常量元素、微量元素和稀土元素，其中主要讨论的常量元素有：K、Na、Ca、Mg、Fe、Al和Ti等7种；微量元素主要讨论P、S、V、Co、Cu、Zn、Mo、Mn和Se等十余种；重金属元素主要测试讨论As、Cd、Cr、Pb和Hg等5种；稀土元素测试La、Ce、Nd和Y等16种，稀土元素主要讨论重稀土元素和轻稀土元素的含量特征，以及岩石和土壤中稀土元素的配分特征以确定岩土之间的相关关系。各章节的研究中对于中国土壤背景值的参照对比，一是使用1995年王云、魏复盛编著的《土壤环境元素化学》中的数据；二是使用2003年邢光熹、朱建国撰写的《土壤微量元素和稀土元素化学》中的数据；三是参照中国环境监测总站1990年编著的《中国土壤元素背景值》一书。

(5)根据各种测试数据,分析特色农作物品质与地质环境之间关系。以矿质元素为切入点,重点查明、讨论土壤中常量元素、微量元素和重金属元素对特色农作物品质的影响。稀土元素测试数据主要显示岩石和土壤的相关关系。样品的重金属元素含量测试数据反映了环境安全性的高低,研究根据实际情况给予特别指示、提醒和评价,规避不利种植区域,保证特色农作物种植环境的安全优质。

将研究区耕土中元素含量与中国土壤背景值(A 层土即耕土层)进行比较,判定耕土元素含量的高低丰缺,耕土样品元素含量与中国土壤背景值含量比值 k 称为相对富集系数,元素的平均富集系数称为 $k_{均}$。一般 k 或 $k_{均}>3$ 的元素为富集元素,$1<k$ 或 $k_{均}<3$ 的元素为相对富集元素,k 或 $k_{均}<1$ 的元素则为相对贫乏的元素,由此判断不同地质背景下耕土元素的丰缺。

各种元素含量的平均值或总量计算时如有样品为区间值数据,除非有特殊说明,一般以临界值进行计算。

(6)以岩土及作物的分析数据结果为主要依据,根据区域地质背景,结合地理条件、水文条件等因素,圈定适宜特色优质农作物种植土壤的地质背景即相对应的地层层位,科学规划特色优质农作物规模种植优势区,分别编制了种植优质茶叶、辣椒、马铃薯和中药材的区划图。第六章没有特别指定的农作物,根据以硒为主的元素在各个剖面中的分布特征以及在岩石—土壤—特色农作物之间迁移、分布的规律,结合贵阳市多目标区域地球化学调查成果,圈定开阳县富硒地质背景作为富硒农产品种植开发区域。

(7)岩土样品各种元素含量的测试,第二章和第三章中岩土样品元素含量的测试由中国科学院地球化学研究所资源与环境测试分析中心完成;第四章、第五章及第六章的岩土样品测试由澳实分析检测(广州)有限公司测试完成。

二、技术路线

研究目标主要是通过对特色农作物生长的农业生态地质环境研究,圈定划分出优质特色农作物生长的地质背景单元,技术路线如图 1-1 所示。

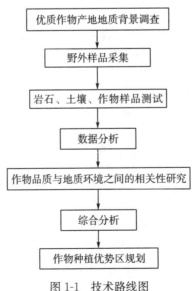

图 1-1 技术路线图

（1）文献资料的搜集、整理。搜集整理有关农业地质、地球化学普查、特色农作物种植等方面的资料，为专题研究奠定基础。根据研究区域地质情况，查明茶叶、辣椒、马铃薯和中药材种植区的地层分布情况。

（2）实地测量剖面，结合已有地质资料，确定完整的岩土剖面，对研究剖面进行逐层采样；在特色农作物集中种植地块采取岩土及特色农作物样品；对不同地层分布区根据需要进行各种样品采集。

（3）样品分析，对所采样品进行分析测试。查明岩土的常量元素、微量元素、重金属元素和稀土元素的组成及其分布规律。

（4）数据分析，研究岩石—土壤—特色农作物之间各种元素含量、继承和迁移关系，探讨适合特色农作物种植的土壤和背景地层。

（5）根据土壤元素地球化学特征和特色农作物有利的生长环境(岩石地层、土壤、气候、海拔、地形地貌和水文等)，确定研究区特色农作物种植的优势范围，以地质背景为基础规划出优质特色农作物大面积种植区域。

第二章 黔南州优质茶叶种植地质背景研究

贵州省茶叶种植面积广泛，茶叶品质优良，其中种植面积大、品质最好、名茶最多的属黔南州。黔南州的都匀毛尖茶、贵定云雾贡茶在国内外享有盛誉。优质茶叶的产出与地质环境密切相关，为此，选取非喀斯特环境的都匀市小围寨街道哨脚茶园、贵定县云雾镇营上茶园作为研究区；选取喀斯特环境的贵阳羊艾茶园作为对比研究茶园，以揭示、对比黔南州优质茶叶种植与地质环境的关系，为在优势背景区开展规模化种植提供依据。

黔南州在贵州省茶叶产业中占有重要的地位。都匀毛尖茶百年前进军巴拿马万国博览会，与贵州茅台酒同时获奖。1982年，在长沙召开的全国名茶评比会上都匀毛尖被评为中国十大名茶，最近几年的国际、国内茶博会上都匀毛尖又添多项殊荣。贵州茶叶品质逐渐为世人青睐。2010年，都匀毛尖种植面积为41.6万亩，年总产量达3886t，产值达4.32亿元。贵定云雾贡茶现有茶园面积13266亩，涉及10个乡镇25个村，其中采摘茶园8100亩。对比区贵阳羊艾茶园，占地2万多亩，年产量在0.8t左右。

第一节 黔南州自然地理与区域地质背景

一、自然地理

黔南州位于贵州省中南部，地处东经$106°12'\sim108°18'$，北纬$25°04'\sim27°29'$，在大西南对外开放出海的黄金通道上，北靠省会贵阳市，南与广西壮族自治区邻接，是多民族聚居的地方。黔南州总面积26197km²，人口420万人，辖都匀、福泉两个县级市，贵定、荔波、瓮安、平塘、惠水、龙里、罗甸、独山、长顺9个县和三都水族自治县。湘黔铁路、株六铁路复线、贵新高等级公路和四通八达的国道省道县道，以及荔波机场、黔桂铁路和红水河、都柳江航运等，构成了快速便捷的立体交通网，形成西南"借船出海"的黄金通道。

都匀市小围寨街道地处黔南州首府都匀市市区南部，行政办公区距市中心仅3km。小围寨街道海拔810m，东与大坪镇交界，南与河阳乡毗邻，西与江洲镇接壤，北与沙包堡街道和都匀经济开发区相连。辖区内交通便利，多条已建和在建的高速铁路、公路在境内交会，区位优势十分明显。小围寨街道下辖11个行政村、5个社区居委会，总面积为177.65km²，人口为5万余人。

贵定云雾镇地处贵定县最南端，距县城54km，海拔$980\sim1600$m。云雾镇东邻都匀市，南接平塘县，西毗惠水县，北与龙里县羊场镇接壤，是贵定、龙里、惠水、平塘等4县接合部，镇内309省道穿境而过，交通便利，地理位置十分重要，素有贵定"南大门"之称。全镇共辖7个行政村和1个居委会，土地总面积86.5km²，其中耕地面积11264.23亩，总人口近2万人。

贵阳羊艾茶园位于贵阳市花溪区磊庄，距离贵阳市中心40km，茶园建于1952年，海拔约为1300m，亚热带湿润季风气候及其有机质、矿物质含量丰富的酸性黄壤等自然环境优势和地理条件优势使该茶园的茶树芽叶具有持嫩性强、内含物丰富的特点。

茶叶种植与地表和气候条件、地形地貌、水环境特征等关系密切。对黔南州优质茶叶产地的自然地理状况进行调研，分析茶叶品质与自然地理环境关系，是研究茶叶种植条件的一个重要方面。

（一）气候条件

除罗甸、红水河谷地具有南亚季风气候特征外，黔南州大部分地区属于中亚热带湿润季风气候。年平均气温为15.6℃，极端最低气温为龙里的−9.2℃，最高为罗甸的40.5℃；大于或等于10℃的活动积温在4100~6500℃。无霜期为270~290d，南部罗甸可达340d。年降水量1145mm，4~9月为雨季，降水量占全年的75%。独山、都匀、三都及荔波等地属于贵州省内的多雨区。年降水日多为150~190d，日照少，年日照时数仅为1150h，日照率为27%。

1. 温度

茶树对气温的要求较高，温度低于10℃影响其生长，高于20℃也不利于生长，一般在12~17℃为宜（毕坤，1997）；特别是初春茶叶萌发的时节，一旦遇到晚霜或者倒春寒，便容易造成冻害。此外，温度还影响茶多酚与氨基酸合成。

哨脚茶园年平均气温为14.6℃，属于茶树适宜温度范围，适合名优绿茶的生长。北部斗篷山脉这一天然屏障挡住了冷空气的侵袭，地貌单元为茶树生长创造了有利条件。温度常与日照相联系，它们是茶叶进行光合作用和体内物质新陈代谢的能源。日照与茶叶品质关系密切，过强和过弱照射对茶多酚、氨基酸的合成皆有影响，哨脚茶园的日照量为12552~16736J/cm²，年日照时数为1267h，日照率为30%，空气湿润、光照强度低及漫射光多，有利于茶树对营养物质的均衡吸收和叶绿素及芳香物质的形成。

营上茶园年均气温为15.1℃，属于茶树适宜温度范围。营上茶园东北部苗岭山脉中段的云雾山麓为天然屏障，挡住了冷空气的侵袭。无霜期为282.1d。年日照时数为1186h，日照率为28%，光照强度低及漫射光多，有利于茶树对营养物质的均衡吸收和叶绿素及芳香物质的形成。营上茶园春季昼夜温差大，有利于含氮化合物的合成积累，夏无酷暑，日照短，可抑制咖啡碱的生成，从而除去茶汤中的苦涩味，增加口感舒适度。

羊艾茶园年均气温14.2℃，属于茶树适宜温度范围，但是茶园周围没有天然山脉作为屏障，冰雹、倒春寒等灾害性天气时有发生。近年由于磊庄机场防雹设施的作用，冰雹很少发生。植茶区人为污染较小，为茶树生长提供了自然优生环境。

2. 降水量

茶树的茶叶含水量一般在75%左右，低于70%则出现缺水症，导致生长迟缓直至焦枯，影响光合作用及内含物的转换。茶树的供水主要靠大气降水，茶树通过根系及叶面吸收贮存水。降水量还影响空气湿度，雨量充沛、湿度大对茶叶生长有利。

哨脚茶园的年降水量为 1430mm，相对湿度为 79%；营上茶园的年降水量为 1107.9mm，其中，4~10 月月均降水 133.4mm，年均相对湿度为 80%。云雾湖的水汽，在有风时被带入茶园，空气湿润，雨量充沛。羊艾茶园的年降水量为 1265.4mm，年均相对湿度为 80%。研究表明，降水量与茶多酚、咖啡碱、水浸出物呈正相关，与氨基酸呈负相关。雨水多，湿度大，茶多酚含量高，品质较好。

3. 年积温

农业生产中，耕土的年积温常分为≥5℃、≥10℃、≥15℃等级别；以≥10℃年积温最适中。根据贵州省茶园≥10℃年积温资料分析，茶园≥10℃年积温与茶叶品质关系密切，积温与茶多酚呈正相关，与水浸出物呈负相关。年积温高，茶多酚含量高，≥10℃年积温小于 4000℃时，茶多酚含量多在 20% 以下；≥10℃年积温大于 4000℃，茶多酚含量在 20% 以上。哨脚、营上和羊艾茶园≥10℃年积温分别是 5162.4℃、4579.4℃ 和 4020℃，有利于茶叶茶多酚的形成。

(二)地形地貌

黔南州地处贵州高原向广西丘陵盆地斜坡地带过渡区，地势西北部高，海拔多在 1000~1500m 及以上，东南部低，多在 800~500m 及以下。苗岭横亘中部，为长江流域与珠江流域的分水岭，主峰斗篷山高 1961m，是全州最高点，最低处在罗甸红水河出境处，海拔 260m。区内山脉与河谷多顺应地质构造呈南北向分布，都匀、贵定、平塘、惠水、荔波等都是背斜山地与向斜河谷盆地相间。区内苗岭系由若干南北向斜的坚硬岩层组成的山峰和被抬起的高地组合而成。由于碳酸盐岩厚度大、分布广、质地纯，岩溶极为发育，以峰林地貌(如峰林盆地、峰丛谷地、峰丛洼地)和地下河最为典型。溶斗、落水洞、竖井、潭、溶洞、天生桥分布普遍。总观全州地貌，北部属黔中丘原，南部则是中山、低山和丘陵；其间均有山间盆地和坝子。

1. 海拔

古人云："高山出好茶"，旨在强调海拔与茶叶品质的关系。贵州绿茶品质与海拔具有相关关系，海拔与茶多酚和水浸出物含量呈正相关，海拔高，茶多酚和水浸出物含量皆高；海拔与氨基酸含量呈负相关，海拔高则氨基酸含量低；海拔与咖啡碱含量呈不显著的负相关。贵州茶叶茶多酚含量随海拔不同可分两个梯度，海拔 1000~2000m 为高含量区，茶多酚含量在 20% 以上。哨脚、营上和羊艾茶园的海拔分别为 1135m、1100m 和 1250m，属于 1000~2000m 高程范围，是植茶最适宜区。

2. 坡度

坡度也是影响植物生长的重要因素之一。坡度对单位面积地面上接收的太阳辐射量有极大的影响。坡度与降水量、风速、土壤湿度和蒸发量有关。坡度与土壤侵蚀、水土流失密切相关。周旭等(2005)通过野外调查得出结论：坡度 15°~25° 为一等适宜地，25°~35° 为二等适宜地，6°~15° 为三等适宜地，6° 以下及 35° 以上为不适宜地。

哨脚、营上和羊艾茶园的平均坡度分别为：17°、20° 和 27°。①哨脚、营上茶园属于一等适宜地：土壤层厚，水分和营养元素含量多，水土不容易流失；加之有苍翠的常绿阔叶林及乔木遮阴，常年云雾弥漫，山下溪沟发育，形成该区优越的小气候环境，利于形成腐殖质，为茶树提供丰富的物质来源。②羊艾茶园属于二等适宜地，是羊艾茶叶次优的原因之一。

3. 坡向

坡向表达以正北为 0°开始，沿着顺时针方向移动，回到正北以 360°结束。坡向通过影响光照和水分等来影响茶树生长和茶叶质量。周旭等（2005）通过野外调查得出结论：坡向 45°～135°为一等适宜地，0°～45°及 135°～180°为二等适宜地，180°～360°为三等适宜地。

哨脚、营上和羊艾茶园的平均坡向分别为 78°、101°和 127°，都属于一等适宜地。黔南州光照和水分等得天独厚，为茶树生长提供了良好的条件。

4. 植被

黔南州的植被在南部红水河谷地及其他盆地地区属于南亚热带成分的常绿阔叶林、河谷雨季林、常绿栎林。主要种属有细子龙、海红豆、肉实树、樟、假苹婆等。北部地区为中亚热带湿润常绿阔叶林，主要种属有青冈、栲、甜槠、樟、木荷、楠木、油茶、杨梅及针叶树马尾松、杉木等；次生植被则以枫香树、楸、白花泡桐等为常见；南部尚见有稀树灌丛草被。

（三）水环境特征

土壤水与植物生长密切相关，它是茶树生长环境中矿质元素迁移的载体，而土壤水必须有丰富的地下水和充足的地表水作为源泉才能有效地保障茶树的正常生长。茶树是喜湿怕涝的植物，因而茶树要有水，同时有良好透水性而不积水的环境下才能正常生长。

黔南州以苗岭山脉为分水岭，岭北为长江流域的乌江和沅江水系，岭南为珠江流域的柳江水系和红水河水系。全州长度大于 10km 的河流有 110 条，各河流都是山区雨源性河流，径流季节变化明显，汛期（4～9 月）占全年水量的 80% 以上，10 月～次年 3 月的枯水期水量仅占 15%～20%。全州水资源总量为 $1550.9 \times 10^8 \mathrm{m}^3$。

哨脚、营上茶园的地表水以小溪、水库、山塘、自然降水为主；羊艾茶园的地表水主要以小溪、自然降水、山塘为主。哨脚、营上茶园都位于长江水系和珠江水系的分水岭及其两侧。通过走访调查，研究区在较长的年份中很少有干旱、水涝灾害出现；调查区地表水、地下水无污染现象；无产生污染的工矿企业，水环境质量优良。

哨脚茶园属贵州省降水量充沛，地表和地下水交替条件良好地区。其地表水系发育，自然降水丰富，极端干旱气候少见。

营上茶园的土壤层下有砂砾石或黏土砂砾层，厚 1～10m。该层含有丰富的地下水，水位埋藏浅，在茶园和云雾湖畔附近见泉水出露。云雾湖由五条小河截流成湖，故而又名五道河水库，同时有丰富的地下水作为补给；库区有效面积 600 亩，湖水面积 350 亩；库容 $227 \times 10^4 \mathrm{m}^3$。随季节变化，库容存水稳定，不但是农田灌溉的中小型水库，也为茶园浇灌提供充足的水源保障。

依据《国家地下水质量标准》（GB/T14848－96），贵州省地质勘察院对茶树种植区的地下水样进行水质评价，分析表明哨脚茶园和营上茶园水质不但达到良好级饮用水标准，而且地下水中富含多种营养元素和微量元素，如 K、Na、Mg、Cu 和 Zn 等；而有害物质 As、Hg、Cd、Pb 和 Cr 等含量均很低，没有超标现象。

二、区域地质背景

(一)地层

地层、岩石及其风化成土情况，是研究这个地区环境地球化学特征的基础。

(1)都匀小围寨街道哨脚茶园主要出露地层是志留系翁项组，岩性特征描述如下。

翁项组(S_2w)：深灰色粉砂岩及泥质灰岩，灰绿色页岩夹砂岩，下部为石英砂岩及粉砂质灰岩。

(2)贵定云雾镇营上茶园的地层出露主要为泥盆系的尧梭组、望城坡组、独山组和邦寨组，各组的岩性特征描述如下。

尧梭组(D_3y)：浅灰至深灰色白云岩，上部含泥质，顶部为灰岩，局部夹石英砂岩。

望城坡组(D_3w)：贵定—平浪以西一线为白云岩夹少许灰岩，以东则为灰岩及白云岩，夹少许钙质页岩。

独山组(D_2d)：鸡窝寨段(D_2d^3)为灰至深灰色白云岩及灰岩，北部局部地区相变为砂岩夹页岩；宋家桥鸡泡段(D_2d^{1+2})为浅灰色石英砂岩夹页岩，南部夹鲕状赤铁矿，三都一带相变为泥灰岩及页岩。

邦寨组：上邦寨组(D_2b)为浅灰、灰白色中厚层至厚层石英砂岩，北部顶部偶含砾石、南部夹砾岩和赤铁矿；下邦寨组(D_1b)为浅灰、灰白色中厚层至块状石英砂岩，下部夹黏土质粉砂岩和页岩。

(3)贵阳花溪区羊艾茶园主要出露地层为下三叠统安顺组、大冶组，岩性特征描述如下。

安顺组(T_1a)：为区内分布最广泛的地层，根据岩性特征可分为四段。

第一段(T_1a^1)为浅灰色厚层白云岩，时夹角砾状白云岩。

第二段(T_1a^2)为紫红色薄层至中厚层白云岩，泥质白云岩夹大量溶塌角砾。

第三段(T_1a^3)为灰白色厚层粗粒白云岩，时夹鲕粒状白云岩。

第四段(T_1a^4)为浅灰色、灰色薄层至厚层白云岩。

大冶组(T_1d)根据岩性特征可分为三段。

第一段(T_1d^1)为浅灰色、灰色片状灰岩，时夹薄至中厚层灰岩。

第二段(T_1d^2)为浅灰色、灰色薄至中厚层灰岩与页岩互层，偶夹油页岩。

第三段(T_1d^3)为黄绿色页岩，时夹薄层灰岩，含 *Claraia griesbochi*，*C. Clarai*，*Ophiceras sinense*。

此外，在山间洼地有第四系松散堆积物。

(二)构造

都匀小围寨街道哨脚茶园地处黔南台陷贵定南北向构造变形区中的南北向黄丝背斜的核部隆起部位，核部最老地层为下奥陶统桐梓组到大湾组及志留系翁项组，两翼为泥盆系、石炭系及二叠系地层。黄丝背斜西邻贵定向斜，东邻都匀向斜，为一宽轴背斜，核部地层产状平缓。

贵定云雾镇营上茶园属黔南台陷四级构造单元中的贵定南北向构造变形区，具体位于北东向平伐背斜的核部泥盆系地层出露区。

贵阳花溪区羊艾茶园属贵定南北向构造变形区，贵阳向斜西翼及长顺背斜向北倾末端，地层产状平缓，由白云岩形成的岩溶残丘洼地发育，加上在分水岭北坡宽敞地带，地形较平坦。

第二节　样品采集

以区域地质背景研究为基础，在研究区茶叶产地选择了3条碎屑岩风化成土剖面，对比区选择2条碳酸盐岩风化成土剖面，进行详细的土壤剖面结构研究和系统的样品采集，开展相关的地球化学元素分析测试研究工作。在哨脚、营上和羊艾3个茶园分别采取茶叶幼叶、老叶样品，分析测试茶叶生化指标以评判茶叶品质。

按照中国地质调查局要求，野外调查工作开展生态环境调查，包括地层、地貌、构造、植被和土壤等，采集基岩样品和土壤样品，主要研究浅层地质结构，包括土壤质地和土体构型，按照我国现行的土壤质地分类标准，调查黔南州优质茶叶产地的母岩及土壤质地类型等。

采样点的布设：通过对土地利用图的全面分析，结合野外实地勘查调查，并根据研究内容的要求选取不同质量的茶叶种植地块，布置土壤及植物采样点位，将其标绘在1:5万土地利用现状图上。

研究区都匀小围寨街道哨脚茶园采集2条土壤剖面，贵定云雾镇营上茶园采集1条土壤剖面，计3条土壤剖面、19件土壤样品、10件基岩样品及5件茶叶样品。对比区贵阳羊艾茶园采集土壤剖面2条，计8件土壤样品、3件基岩样品及2件茶叶样品。研究区和对比区样品采集共计5条土壤剖面、27件土壤样品、13件基岩样品及7件茶叶样品。

一、基岩及土壤样品

土壤采样时，去除杂草、草根、砾石、砖块等杂物及施肥点的肥料残块、污物等。土壤样品原始质量大于1500g，确保样品经干燥、20目筛分后质量不少于800g。

哨脚岩土剖面-1：土壤剖面位于山坡之上，如图2-1所示，为自然滑坡出露，地势较高，排水通畅。剖面土壤层厚约2m，自上而下共采集3件土壤样品(编号为SJT-1-3～SJT-1-1)，取样时清理、除去受雨水风尘影响的外表层，露出新鲜土壤。哨脚基岩采样点位于土壤剖面之下，基岩出露较好，采集基岩样品1件(编号为SJJY-1)。

哨脚岩土剖面-1自上而下第一层是耕土层，为疏松状土，含植物根系非常多；第二层为浅黄色土层，根系较多，砾石含量较少；第三层是土黄色土，泥质很高，含有磨圆小砾石，根系明显少于第二层；剖面底层是基岩，为泥岩、泥质砂岩。

哨脚岩土剖面-2：位于原始茶园边缘的公路旁，如图2-2所示，为人工挖掘剖面。土壤层厚约2.5m，剖面自上而下共采集3件样品(编号为SJT-2-3～SJT-2-1)；取样时清理、除去受雨水风尘影响的外表层，露出新鲜土壤。基岩采样点位于土壤剖面之下，基岩出露较好，采集基岩样品1件(编号为SJJY-2)。

哨脚岩土剖面-2自上而下第一层是耕土层，为疏松状土，含植物根系非常多；第二层为浅褐色土层，根系较多；第三层是黄褐色土层，含有磨圆小砾石，根系明显少于第二层；剖面底层是基岩，为灰白色泥岩、泥质粉砂岩。

图 2-1　都匀哨脚岩土剖面-1

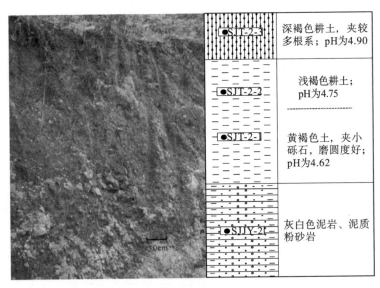

图 2-2　都匀哨脚岩土剖面-2

营上岩土剖面：位于原始茶园边缘的公路旁，如图 2-3、图 2-4 所示，为人工挖掘剖面。该剖面土壤层厚约 4.5m，自上而下共采集 6 件土壤样品(编号为 YST-6～YST-1)；取样时清理、除去受雨水风尘影响的外表层，露出新鲜土壤。剖面基岩出露好，自上而下采集基岩样品 7 件[编号为 YSJY-5～YSJY-(-1)]。

营上岩土剖面自上而下第一层是耕植土，为疏松状土，含植物根系非常多，含砾石；第二层为黄褐色土层，含砾石；第三层是坡积层，含有磨圆小砾石，根系明显少于第二层；第四层为紫红色砂土；第五层为灰白色砂土，夹石英砂岩砾石；第六层为浅黄色砂土，夹紫色碎屑岩；第七层为黄色砂土及碎屑岩。

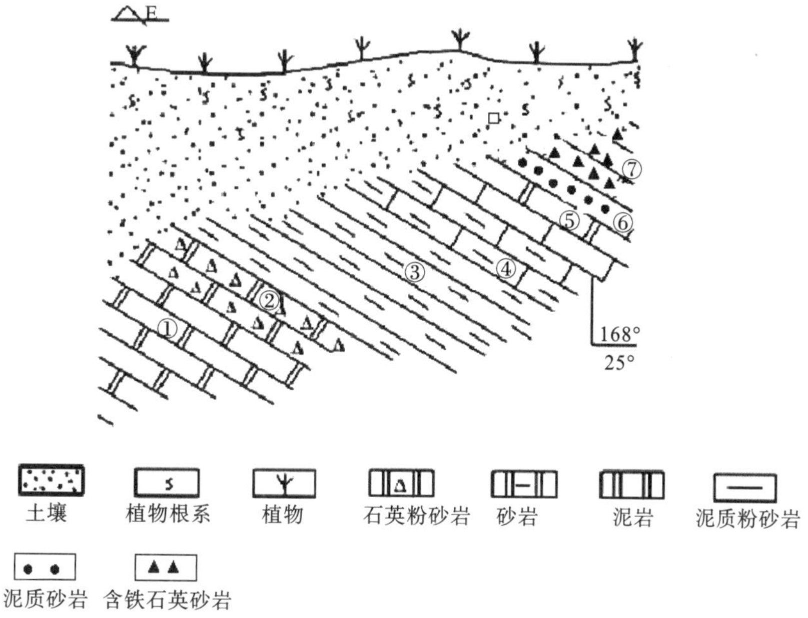
E
①
②
③
④
⑤
⑥
⑦
168°
25°
土壤
植物根系
植物
石英粉砂岩
砂岩
泥岩
泥质粉砂岩
泥质砂岩
含铁石英砂岩

图 2-3　贵定营上岩土剖面

注：①～⑦分别对应 YSJY-(−1)至 YSJY-5 的各取样层位

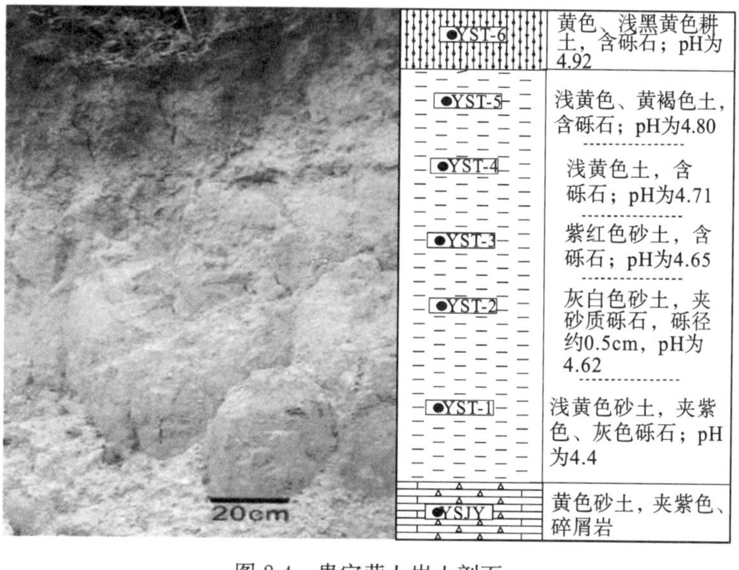
20cm
YST-6
黄色、浅黑黄色耕土，含砾石；pH为4.92
YST-5
浅黄色、黄褐色土，含砾石；pH为4.80
YST-4
浅黄色土，含砾石；pH为4.71
YST-3
紫红色砂土，含砾石；pH为4.65
YST-2
灰白色砂土，夹砂质砾石，砾径约0.5cm，pH为4.62
YST-1
浅黄色砂土，夹紫色、灰色砾石；pH为4.4
YSJY
黄色砂土，夹紫色、碎屑岩

图 2-4　贵定营上岩土剖面

羊艾岩土剖面-1：位于一蔬菜大棚旁，如图 2-5 所示，为人工挖掘剖面。该剖面自上而下共采集土壤样品 2 件(编号为 YAT-1-2、YAT-1-1)；基岩取样点于土壤之下，自上而下采集基岩样品 2 件(编号为 YAJY-1-2、YAJY-1-1)。

该剖面由上到下第一层是耕土层，黑色，含较多砾石、根系，纹层多；第二层同样为黑色耕土层，颜色较深，含锰质，黏性较大；第三层是深褐色，强风化的白云岩砂含泥质，泥质白云岩，夹 10cm 的绿色泥质白云岩。

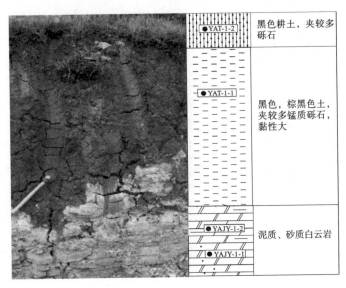

●YAT-1-2	黑色耕土，夹较多砾石
●YAT-1-1	黑色，棕黑色土，夹较多锰质砾石，黏性大
●YAJY-1-2 ●YAJY-1-1	泥质、砂质白云岩

图 2-5　贵阳羊艾岩土剖面-1

羊艾岩土剖面-2：位于原磊庄机场跑道旁，羊艾茶园之前，如图 2-6 所示，为自然风化剖面。该剖面自上而下共采集土壤样品 6 件(编号为 YAT-2-6～YAT-2-1)；基岩样品 1 件(YAJY-2-1)。土壤剖面由上到下第一层是耕土层，灰黄色；第二层黄壤，土壤中含有植物根系；第三层是土黄色黄壤，土壤中含有较少植物根系；第四层土壤呈浅黄色，土壤中含有砾石，偶见植物根系；第五层是浅黄色土壤偶见植物根系；第六层黄褐色土，未见植物根系；第七层为基岩，灰色、灰白色薄层泥质白云岩，夹钙质。

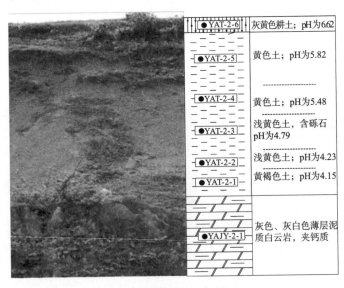

●YAT-2-6	灰黄色耕土；pH为6.62
●YAT-2-5	黄色土；pH为5.82
●YAT-2-4	黄色土；pH为5.48
●YAT-2-3	浅黄色土，含砾石 pH为4.79
●YAT-2-2	浅黄色土；pH为4.23
●YAT-2-1	黄褐色土；pH为4.15
●YAJY-2-1	灰色、灰白色薄层泥质白云岩，夹钙质

图 2-6　贵阳羊艾岩土剖面-2

二、茶叶样品

选取黔南州优质茶叶产地都匀小围寨街道哨脚茶园和贵定云雾镇营上茶园，采集 5 件茶叶样品；选取对比区贵阳羊艾茶园采集 2 件茶叶样品。样品的采集标准均为一芽二叶，在实验室进行杀青、烘干以备茶叶品质分析。样品分析在贵州理化中心茶叶生化实验室进行。

第三节　茶园地质环境特征

茶叶中的水浸出物包含许多种类的矿物质，这些矿物质来自岩土地质环境，各岩土样品的矿质元素含量见表 2-1。茶树中缺乏某种矿质元素时，茶树体内的一些过程就会受到阻碍，严重时还会使茶树生长停滞；富含某种有益矿质元素的茶叶可以开发成为特色产品。矿物质含量特征直接影响茶叶的产量和品质。

一、岩石地质环境特征

(一)茶园地质背景

碎屑岩区和碳酸盐区的茶园岩石类型不同，其结构构造也各不相同，导致含水量、抗风化强度和成土速率等因素也有差异。

哨脚茶园主要分布在志留系翁项组(S_2w)的砂质泥岩、页岩出露区，如图 2-7(a)、图 2-7(b)所示。砂质泥岩抗风化强度低，容易风化形成松散土壤，其含水量高，能为茶树提供充足水分。强烈的风化使得砂黏比例合理，形成透气性、透水性良好的砂砾土。

营上茶园出露的地层主要为泥盆系上邦寨组(D_2b)的石英砂岩夹粉砂岩及白云质灰岩、灰岩，如图 2-7(c)、图 2-7(d)所示。其上部为独山组灰岩、泥灰岩及砂岩，茶园北东出露上泥盆统白云岩。石英砂岩和泥质粉砂岩风化形成松散的土壤，为优质营上贡茶的生长提供了优越的生长环境。

(a)

(b)

(c)

(d)

图 2-7　都匀毛尖和贵定营上贡茶种植的地质背景岩石

表 2-1　岩石和土壤元素含量

样品	P/(mg/kg)	K/%	S/%	Na/%	Al/%	Ca/%	Fe/%	Mg/%	Mn/(mg/kg)	Zn/(mg/kg)	Cu/(mg/kg)	Mo/(mg/kg)	Se/(mg/kg)	V/(mg/kg)	Cr/(mg/kg)	Co/(mg/kg)	Cd/(mg/kg)	As/(mg/kg)	Pb/(mg/kg)
SJT-1-3	450	2.98	0.05	0.11	8.89	0.02	4.88	1.06	237	107	27.1	0.46	3	111	92	30.2	0.16	7.9	19.5
SJT-1-2	370	3.02	0.03	0.10	9.20	0.02	5.14	1.14	204	125	34.2	0.55	3	122	93	34.8	0.07	7.5	16.2
SJT-1-1	350	3.13	0.02	0.09	9.24	0.01	5.13	1.11	179	108	32.1	0.45	3	124	92	20.8	0.06	7.3	15.3
SJJY-1	390	3.69	0.01	0.14	8.95	0.02	5.04	1.45	202	108	16.3	0.12	3	122	89	24.0	0.06	6.6	14.2
SJT-2-3	550	2.30	0.03	0.17	8.20	0.05	4.35	1.02	350	109	24.4	0.48	3	100	79	26.4	0.17	8.2	25.8
SJT-2-2	570	2.08	0.03	0.20	8.80	0.09	4.55	0.95	409	121	29.2	0.59	3	102	80	23.4	0.14	8.8	26.8
SJT-2-1	270	2.21	0.02	0.13	9.70	0.06	4.52	1.05	378	113	28.6	0.68	3	114	83	23.8	0.06	9.7	26.9
SJJY-2	490	2.90	0.01	0.52	8.29	0.05	4.50	1.34	380	102	9.9	0.24	3	105	77	32.7	0.08	7.7	14.2
YST-6	200	0.61	0.04	0.04	4.15	0.04	2.25	0.26	106	60	10.8	1.19	3	63	48	19.5	0.19	14.0	23.6
YST-5	130	0.75	0.01	0.02	3.78	0.01	2.15	0.24	36	45	5.8	0.85	2	59	40	64.3	0.02	13.4	15.5
YST-4	90	0.66	0.01	0.02	2.98	0.01	0.59	0.19	16	28	3.2	0.42	1	39	27	31.9	0.04	3.1	15.5
YST-3	90	0.36	0.03	0.03	3.01	0.01	1.11	0.15	30	81	2.8	0.93	2	54	33	30.0	0.23	4.6	12.3
YST-2	100	0.43	0.01	0.03	3.21	0.01	0.58	0.17	33	22	2.5	0.85	2	52	35	44.6	0.02	4.3	13.3
YST-1	120	0.60	0.01	0.03	4.48	0.01	1.67	0.24	41	40	5.0	1.17	3	79	49	53.8	0.03	9.3	16.1
YSJY	220	2.97	0.02	0.03	7.95	0.01	6.24	1.69	323	55	16.3	0.27	3	96	46	36.2	0.09	7.2	24.4
YAT-1-2	200	2.31	0.01	0.08	7.77	0.26	5.01	1.08	934	91	37.8	2.81	1	125	81	22.8	0.09	19.1	28.3
YAT-1-1	200	2.83	0.01	0.07	8.23	0.32	5.13	1.40	949	95	18.3	0.51	1	129	81	20.8	0.07	18.9	24.9
YAJY-1-1	140	1.01	0.03	0.04	1.81	20.80	0.83	8.06	115	22	6.7	0.15	2	22	10	4.6	0.02	6.0	2.9
YAJY-1-2	160	1.90	0.02	0.05	2.77	15.85	1.15	9.40	121	37	3.5	0.41	2	27	14	5.3	0.02	5.0	4.0
YAT-2-6	450	1.13	0.01	0.05	6.88	1.54	5.68	1.08	1180	177	71.6	3.36	2	207	87	33.6	2.77	27.4	75.9
YAT-2-5	310	1.48	0.02	0.08	10.25	0.05	4.57	0.51	669	182	68.1	3.00	2	233	113	66.8	0.18	22.1	102.5
YAT-2-4	280	1.42	0.01	0.07	7.11	0.03	3.76	0.38	468	190	67.7	2.92	2	233	104	76.5	0.12	21.3	85.6
YAT-2-3	310	1.48	0.01	0.08	8.47	0.04	4.14	0.44	498	195	72.5	3.19	2	239	106	41.2	0.14	22.6	80.1
YAT-2-2	530	1.11	0.03	0.07	7.24	0.17	7.17	0.41	658	148	128.0	9.64	2	183	119	20.7	0.28	44.6	63.1
YAT-2-1	390	1.63	0.04	0.07	9.96	0.05	6.44	0.50	505	205	78.0	4.57	2	262	111	44.3	0.23	31.8	87.5
YAJY-2	40	1.17	0.02	0.02	10.42	20.10	0.51	11.80	86	12	4.9	0.90	2	9	5	11.3	0.04	6.0	6.2

羊艾茶园属贵定南北向构造变形区，贵阳向斜西翼及长顺背斜向北倾没端，出露下三叠统安顺组（T_1a）白云岩，地层产状平缓，由白云岩形成的岩溶残丘洼地发育，加上在分水岭北坡宽敞地带，地形较平坦。第四系黄红色黏土在洼地中堆积较厚，是植茶的良好母土，但是与哨脚、营上茶园比较，羊艾茶园土壤的物理性状较差。

（二）岩石地球化学特征

茶园岩石地球化学特征：哨脚、营上茶园基岩各种元素含量总体上比羊艾茶园基岩高（表 2-2、表 2-3）。各种元素整体含量：哨脚茶园＞营上茶园＞羊艾茶园。具体情况表现为：①哨脚、营上茶园基岩的 K、Fe、Al、V、Co、Cu、Zn、Mn、P 和 Se 等元素含量高于羊艾茶园基岩含量，其中哨脚、营上茶园的 Al、V、Cu、Zn、Mn 和 P 等元素含量明显高于羊艾茶园含量；②羊艾茶园属于碳酸盐岩地区，基岩以灰岩和白云岩为主，Ca、Mg 含量大大高于哨脚、营上茶园含量；③哨脚、营上茶园岩石多为砂岩、页岩，岩石裂隙发育，易碎易风化，Al 含量明显高于羊艾茶园含量，而其环境中本身 Ca^{2+}、Mg^{2+} 含量低，交换性钙镁低，通过风化土壤中存在大量 Al^{3+} 和 H^+，导致其土壤的 pH 较低，呈酸性土壤利于茶树生长；④三个茶园的 S、Mo、Na 等元素含量相当；⑤哨脚、营上茶园重金属 As、Cd、Cr、Hg 和 Pb 含量高于羊艾茶园含量。

表 2-2　岩石常量元素含量（%）

样品号	K	S	Na	Al	Ca	Fe	Mg
SJJY-1	3.69	0.01	0.14	8.95	0.02	5.04	1.45
SJJY-2	2.90	0.01	0.52	8.29	0.05	4.50	1.34
YSJY	2.97	0.02	0.03	7.95	0.01	6.24	1.69
YAJY-1-1	1.01	0.03	0.04	1.81	20.80	0.83	8.06
YAJY-1-2	1.90	0.02	0.05	2.77	15.85	1.15	9.40
YAJY-2	1.17	0.02	0.02	0.42	20.10	0.51	11.80

注：YSJY 样品是营上剖面 7 件基岩的混合样，SJJY 为哨脚样品，YAJY 为羊艾样品。

表 2-3　岩石微量元素及重金属元素含量　　单位：mg/kg

样品号	V	Co	Cu	Zn	Mo	Mn	P	Se	As	Cd	Cr	Pb
SJJY-1	122	24.0	16.3	108	0.12	202	390	3	6.6	0.06	89	14.2
SJJY-2	105	32.7	9.9	102	0.24	380	490	3	7.7	0.08	77	14.2
YSJY	96	36.2	16.3	55	0.27	323	220	3	7.2	0.09	46	24.4
YAJY-1-1	22	4.6	6.7	22	0.15	115	140	2	6.0	0.02	10	4.0
YAJY-1-2	27	5.3	3.5	37	0.41	121	160	2	5.0	0.02	14	6.2
YAJY-2	9	11.3	4.9	12	0.90	86	40	2	6.0	0.04	5	2.9

碎屑岩往往发育裂隙、风化成土速度快，在栽种茶叶时常常以碎屑岩碎块当作"肥料"放置于茶园中，以便风化后增强土壤肥效；茶农普遍反映，有时在碎屑岩地区种植茶叶不施肥比碳酸岩地区施肥茶叶长势还好，说明碎屑岩地区岩石中土壤综合肥力较高，有利于茶树的生长和茶叶品质的提高。

二、土壤地质环境特征

黔南州自然土壤有黄壤、红壤、山地灌丛草甸土、石灰土和紫色土等五个土类，其中又分 23 个亚类，约 100 个土属。自然土壤以黄壤为主，主要分布于研究区北部海拔 700～1600m 的山地、高原和丘陵坝子；红黄壤、红壤主要分布于南部海拔 700m 以下的丘陵、河谷坝子，如红水河、罗甸、荔波、平塘等地；山地灌丛草甸土零星分布于斗篷山、大风坪、老王山等海拔 1600m 以上的山顶和山脊；红棕色及黑色石灰土广泛分布于岩溶发育地区；紫色土多呈条带状，分布于母岩为紫红色砂页岩区域，以惠水盆地分布最为集中；冲积土散见于河谷坝子低阶地及河漫滩地带；水稻土、潮泥土、黄泥土以及红泥土是黔南州广泛分布的耕作土，水稻土约占耕地的 65.8%。哨脚、营上和羊艾茶园的土壤类型主要为黄壤、棕黄壤和石灰土三种类型。

（一）土壤物理性状

土壤物理性状是影响茶树生长发育的重要因素，是反映土壤肥力的重要指标。不同的土壤物理性状会造成土壤水、气、热的差异，影响土壤中矿质养分的供应状况，从而影响茶树的生长发育。土壤物理性状包括土壤质地、容重、水分和通气性等。总体上研究区哨脚、营上茶园的土壤物理性状优于对比区羊艾茶园。

1. 土壤质地

土壤质地与茶叶品质之间具有一定的相关性。王效举和陈鸿昭（1994）对茶树品种相同，大气候、海拔、地形、坡度与管理措施相似的茶园土壤质地与茶叶品质成分的关系进行了相关统计，发现砂粒（2～0.05mm）与茶叶氨基酸含量呈极显著正相关，黏粒（<0.002mm）则与氨基酸含量呈极显著负相关，这说明土壤质地主要是通过影响茶叶的氨基酸含量而影响茶叶的品质。

哨脚茶园主要种植于志留系翁项组（S_2w）砂质泥岩、页岩出露区，砂砾石较多，砾石含量在 60% 以上。营上茶园主要种植于泥盆系上邦寨组（D_2b）的灰黄色石英砂岩、砂质页岩、砂质泥岩和页岩出露区，砂、砾石也在 60% 以上。毕坤等（2003）研究认为，碎屑岩地质背景的茶叶氨基酸含量高，由此推断其是哨脚、营上两个茶园茶叶拥有较高氨基酸含量的影响因素。

土层深厚、构造良好是优质高产稳产的基础。优良茶园土层特征为：土层厚度 1m 以上；土壤质地砂黏比例适中，多为砂壤土；上土层具团粒或核柱状结构，疏松，通气透水，下土层具核块状、块状或柱状结构，较紧实，保水保肥；50cm 土层内无硬盘、砂姜等滞水层，土质疏松，利于茶树根系的伸展（李志洪和王淑华，2000）。哨脚茶园和营上茶园土层厚度都大于 1m，且土层深厚，砂粒比重较大。

2. 土壤容重

实地调查哨脚、营上茶园发现：一是土壤、基岩难分，茶树根系细长、数量多，直接伸入岩石吸取养分。加之造岩矿物颗粒大，基岩风化强烈，矿物质容易分解，茶树可获取丰富营养。二是土壤疏松、多孔，保水保肥性好，有利于根系对水分、养分的吸收。

3. 土壤通气性

哨脚、营上茶园的砂黏比例合理。因此，保肥保水能力强、透气性好。此外，其土壤下部为砂砾石或黏土砂砾层，热量容易传递与吸收，这对茶树生长也很有利。羊艾茶园土壤的通气性不如哨脚、营上茶园好。

4. 土壤水分

研究表明（田永辉等，2000），土层中的毛管持水量为硅质黄壤(57.35%)＞砂页岩黄壤(44.64%)＞第四系黏质黄壤(44.21%)＞小黄泥(40.21%)＞黄棕壤(38.05%)。这一特征值反映了硅质黄壤物理性状对土壤肥力贡献相对最大，黄棕壤的物理性状对土壤肥力贡献最小，其他土壤介于两者之间。

哨脚茶园和营上茶园的土壤类型分别为黄壤(含硅质多)和砂页岩黄壤，而羊艾茶园土壤为第四系黏质黄壤，其持水量相对较少。

(二)土壤地球化学特征

1. 常量元素

K、Na、Ca、Mg、Fe 和 Al 等元素在土壤中的分布特征与植物生长关系最为密切，为了研究上述元素组成与茶叶品质之间的相关关系，进一步探索影响茶叶生长过程及茶叶品质的主控元素或元素组合，选择 5 条具有代表性的剖面，每条剖面纵深 2m，取土壤样品计 20 件，进行常量元素测试分析。对比每条剖面在深度为 0～110cm 的样品分析结果，计算其平均值(表 2-4)，表 2-4 反映了各茶园常量元素分布特征。

表 2-4　土壤常量元素含量（%）

样品编号	深度/cm	K	Na	Ca	Mg	Fe	Al
SJT-1-3	0～30	2.98	0.11	0.02	1.06	4.88	8.89
SJT-1-2	30～50	3.02	0.10	0.02	1.14	5.14	9.20
SJT-1-1	50～110	3.13	0.09	0.01	1.11	5.15	9.24
SJT-2-3	0～30	2.30	0.19	0.04	1.02	4.56	7.98
SJT-2-2	30～50	2.08	0.20	0.05	0.95	4.55	8.22
SJT-2-1	50～110	2.21	0.20	0.06	1.05	4.52	8.43
平均值		2.62	0.15	0.03	1.06	4.80	8.66
YST-6	0～30	0.61	0.04	0.04	0.26	2.25	4.15
YST-5	30～50	0.75	0.02	0.01	0.24	2.15	3.78
YST-4	50～110	0.66	0.02	0.01	0.19	0.59	2.98
平均值		0.67	0.03	0.02	0.23	1.66	3.66
YAT-1-2	0～30	2.31	0.08	0.26	1.08	5.01	7.77
YAT-1-1	30～50	2.83	0.07	0.32	1.40	5.13	8.23
YAT-2-6	0～30	1.13	0.05	1.54	1.08	5.68	6.88
YAT-2-4	30～50	1.48	0.05	0.05	0.51	4.57	10.25
YAT-2-5	50～110	1.42	0.07	0.03	0.38	3.76	7.11
平均值		1.83	0.07	0.44	0.89	4.83	8.05

（1）土壤中常量元素 K、Na、Mg 和 Al 在 0～110cm 剖面平均含量：哨脚茶园＞羊艾茶园＞营上茶园。

（2）三个茶园中 Ca 的含量随深度增加，其含量有减小的趋势。Ca 平均含量：羊艾茶园＞哨脚茶园＞营上茶园。

（3）羊艾岩土剖面-1 和剖面-2 中土壤的 Ca、Mg 含量明显低于岩石中的 Ca、Mg 含量（表 2-1）。羊艾茶园处于碳酸盐岩背景地区，基岩中的 Ca、Mg 含量高，但是在风化及成土过程中 Ca、Mg 流失了，所以土壤 Ca、Mg 含量也随之减少。但是，羊艾茶园土壤中 Ca 含量仍然比哨脚、营上茶园高。羊艾、哨脚茶园 Mg 含量相当，营上茶园较低。Ca、Mg 含量过高会降低茶树对 Al 和 Mn 的吸收。

（4）羊艾茶园土壤中 K 的含量整体上随深度的加深逐渐增加，三个茶园土壤中 Na 含量随深度没有明显变化趋势，Al、Fe 元素随深度加深，其含量表现为先减小再增加，哨脚茶园和营上茶园土壤中的 Fe 含量均值高于全省均值，三个茶园中 K、Al、Fe 的整体含量明显高于其他主量元素。

2. 微量元素

选取哨脚岩土剖面-1、哨脚岩土剖面-2、营上岩土剖面、羊艾岩土剖面-1、羊艾岩土剖面-2 等 5 条剖面，与土壤常量元素相对应，取每条剖面在深度为 0～110cm 的样品分析微量元素含量，计算其平均值，见表 2-5，各茶园微量元素富集系数见表 2-6，比较三个茶园微量元素分布特征如下。

表 2-5　土壤微量元素含量　　　　　　　　　　　　单位：mg/kg

样品号	深度/cm	V	Co	Cu	Zn	Mo	Mn	P	S	Se
SJT-1-3	0～30	111	30.2	27.1	107	0.46	237	450	0.03	3
SJT-1-2	30～50	122	34.8	34.2	125	0.55	204	370	0.03	3
SJT-1-1	50～110	124	20.8	32.1	108	0.45	179	350	0.02	3
SJT-2-3	0～30	100	26.4	24.4	109	0.48	350	550	0.05	3
SJT-2-2	30～50	102	23.4	29.2	121	0.59	409	570	0.03	3
SJT-2-1	50～110	114	23.8	28.6	113	0.68	378	270	0.02	3
平均值		112	26.6	29.3	114	0.54	293	427	0.03	3
YST-6	0～30	63	19.5	10.8	60	1.19	106	200	0.04	3
YST-5	30～50	59	64.3	5.8	45	0.85	36	130	0.01	2
YST-4	50～110	39	31.9	3.2	28	0.42	16	90	0.01	1
平均值		58	40.7	5.0	46	0.90	53	140	0.02	2
YAT-1-2	0～30	125	22.8	37.8	91	2.81	934	200	0.01	1
YAT-1-1	30～50	129	20.8	18.3	95	0.51	949	200	0.01	1
YAT-2-6	0～30	207	33.6	71.6	177	3.36	1180	450	0.01	2
YAT-2-4	30～50	233	66.8	68.1	182	3.00	669	310	0.02	2
YAT-2-5	50～110	233	76.5	67.7	190	2.92	468	280	0.01	2
平均值		185	44.1	52.7	147	2.52	840	288	0.01	1.6
中国土壤背景值		114	13.5	24.0	83	2.34	617	—	—	0.29

注：S 的含量为％，中国土壤背景值数据来源于邢光熹和朱建国（2003）。

表 2-6　土壤微量元素富集系数

剖面	V	Co	Cu	Zn	Mo	Mn	Se
羊艾岩土剖面	1.63	3.27	2.20	1.77	1.08	1.36	6.96
哨脚岩土剖面	0.98	1.97	1.23	1.37	0.23	0.47	13.04
营上岩土剖面	0.51	3.01	0.21	0.55	0.38	0.08	8.69

(1)羊艾茶园的 V、Co、Cu、Zn、Mo 和 Mn 含量在三个茶园中含量最高，S 和 Se 含量最低；哨脚茶园的 P、S 和 Se 等在三个茶园中含量最高，Co 和 Mo 含量最低，其余为中值；营上茶园的 V、Cu、Zn、Mn 和 P 含量是三个茶园中最低的，其余元素为中值。

(2)与中国土壤背景值比较所得到的富集系数，三个茶园的土壤都富集 Se，且哨脚茶园最高，Se 富集系数达到 13.04，可开发富硒茶叶；羊艾和营上茶园富集 Co，哨脚茶园 Co 相对富集；V、Cu、Zn、Mo 和 Mn 等在羊艾茶园为相对富集，Cu 和 Zn 在哨脚茶园为相对富集。

(3)总体上来看，三个茶园微量元素总量由高到低的排序为羊艾茶园＞哨脚茶园＞营上茶园。

3. 重金属元素

研究选取哨脚岩土剖面-1、哨脚岩土剖面-2、营上岩土剖面、羊艾岩土剖面-1、羊艾岩土剖面-2 等 5 条剖面，与土壤常量元素相对应，取每条剖面在深度为 0~110cm 样品分析土壤重金属元素含量，计算其平均值，见表 2-7，各茶园 As、Cd、Cr 和 Pb 等重金属元素含量都在限值范围(GB 15618—2018)，总体上表现为羊艾茶园含量高于哨脚、营上茶园含量。

表 2-7　土壤重金属元素含量　　　　　　　　　　单位：mg/kg

样品号	深度/cm	As	Cd	Cr	Pb
SJT-1-3	0~30	7.9	0.16	92	19.5
SJT-1-2	30~50	7.5	0.07	93	16.2
SJT-1-1	50~110	7.3	0.06	92	15.3
SJT-2-3	0~30	8.2	0.17	79	25.8
SJT-2-2	30~50	8.8	0.14	80	26.8
SJT-2-1	50~110	9.7	0.06	83	26.9
平均值		8.23	0.11	86.50	21.75
YST-6	0~30	14.0	0.19	48	23.6
YST-4	30~50	13.4	0.02	40	15.5
YST-5	50~110	3.1	0.04	27	15.5
平均值		10.17	0.08	38.33	18.20
YAT-1-2	0~30	19.1	0.09	81	28.3
YAT-1-1	30~50	18.9	0.07	81	24.9
YAT-2-6	0~30	27.4	2.77	87	75.9
YAT-2-4	30~50	22.1	0.18	113	102.5
YAT-2-5	50~110	21.3	0.12	104	85.6
平均值		21.76	0.65	93.20	63.44
中国土壤背景值		13.8	0.08	71.0	24.3

4. 稀土元素

稀土元素作为作物生长的有益元素，对于茶树生长有比较好的生理效应；同时还对茶叶的高产具有一定的促进作用，是茶叶规划种植参考的因素之一。三个茶园稀土元素含量见表 2-8，其特征如下。

表2-8　土壤稀土元素含量

单位：mg/kg

编号	La	Ce	Nd	Y	Dy	Gd	Sm	Ho	Er	Tm	Yb	Lu	Eu	Tb	Pr	ΣREE
SJT-1-1	30.19	117.04	22.52	29.52	4.82	4.47	4.37	1.09	3.56	0.49	3.23	0.48	0.85	0.76	5.69	229.08
SJT-1-2	28.41	137.50	20.17	28.73	5.17	5.38	4.31	1.32	3.02	0.43	3.21	0.49	0.83	0.73	5.15	244.85
SJT-1-3	25.91	115.73	19.73	28.45	5.16	4.29	4.63	1.07	2.78	0.48	3.13	0.47	0.81	0.75	5.36	218.75
平均值	28.17	123.42	20.80	28.90	5.05	4.71	4.43	1.16	3.12	0.47	3.19	0.48	0.83	0.75	5.40	230.89
SJT-2-1	35.87	127.35	23.16	32.80	5.28	5.34	4.42	1.36	3.03	0.48	3.02	0.46	1.10	0.86	6.46	250.99
SJT-2-2	34.36	116.12	25.03	35.13	6.31	4.98	4.30	1.14	3.25	0.51	3.65	0.53	1.54	0.91	6.66	244.42
SJT-2-3	40.03	108.79	25.60	32.29	5.32	4.80	4.90	1.08	3.11	0.42	3.15	0.47	1.42	0.76	6.13	238.27
平均值	36.75	117.42	24.60	33.40	5.64	5.04	4.54	1.19	3.13	0.47	3.27	0.49	1.35	0.84	6.42	244.55
YST-1	32.04	76.14	21.95	21.64	3.10	4.35	4.16	0.78	2.24	0.37	2.47	0.31	0.67	0.55	5.47	176.24
YST-2	31.21	73.87	20.85	21.21	3.69	3.65	3.52	0.73	2.35	0.31	2.35	0.34	0.65	0.56	5.24	149.32
YST-3	29.75	75.51	17.62	18.46	2.54	2.63	2.78	0.62	1.62	0.27	1.89	0.43	0.49	0.43	4.67	159.71
YST-4	28.41	81.47	16.10	18.78	3.32	3.25	2.56	0.61	1.78	0.38	2.19	0.32	0.56	0.46	4.37	164.56
YST-5	34.43	78.62	21.91	20.50	3.76	3.29	4.69	0.71	2.23	0.33	2.47	0.36	0.72	0.53	6.37	180.92
YST-6	41.60	76.16	36.64	29.70	6.35	6.50	7.20	1.13	3.17	0.35	2.86	0.43	1.36	1.32	9.83	224.60
平均值	32.90	76.95	19.87	21.72	3.79	3.95	4.15	0.76	2.23	0.34	2.37	0.37	0.74	0.64	5.99	176.77
YAT-1-1	23.85	100.66	17.98	28.12	5.21	4.02	5.10	1.05	2.60	0.68	2.65	0.40	0.79	0.73	4.59	198.43
YAT-1-2	24.49	100.80	18.84	28.01	5.03	4.49	5.20	1.04	2.75	0.41	2.98	0.44	0.88	0.68	4.94	200.98
平均值	24.17	100.73	18.41	23.67	5.12	4.26	5.15	1.05	2.68	0.55	2.82	0.38	0.84	0.71	4.77	195.27
YAT-2-1	23.16	106.99	21.32	20.28	4.71	3.13	4.21	0.73	2.55	0.44	2.18	0.37	0.32	0.81	5.56	196.76
YAT-2-2	27.02	104.65	19.40	22.43	3.82	3.57	3.48	0.75	2.47	0.35	2.53	0.33	0.71	0.63	5.21	197.35
YAT-2-3	27.78	103.31	17.80	22.54	3.66	3.43	3.25	0.72	2.33	0.33	2.34	0.35	0.36	0.53	5.31	194.04
YAT-2-4	27.65	102.99	17.34	21.68	3.71	3.37	3.87	0.31	2.78	0.32	2.41	0.34	0.56	0.51	4.67	192.51
YAT-2-5	19.87	113.12	12.47	25.22	4.45	3.56	2.19	0.81	2.65	0.37	2.67	0.35	0.68	0.55	3.51	192.46
YAT-2-6	21.26	106.53	15.06	25.54	4.93	3.91	3.19	0.93	2.68	0.38	2.32	0.38	0.67	0.63	3.99	192.40
平均值	24.47	106.27	17.23	22.95	4.21	3.50	3.36	0.70	2.58	0.37	2.41	0.35	0.55	0.61	4.70	194.26

(1)三个茶园中 5 条剖面：哨脚岩土剖面-1、哨脚岩土剖面-2、营上岩土剖面、羊艾岩土剖面-1 和羊艾岩土剖面-2 的稀土总量平均值 $\sum$REE 分别为 230.89mg/kg、244.55mg/kg、176.77mg/kg、195.27mg/kg 和 194.26mg/kg。各剖面的 $\sum$REE：哨脚茶园＞羊艾茶园＞营上茶园。

(2)哨脚、营上和羊艾茶园中 La、Ce、Nd 和 Y 等稀土元素含量大，占总稀土含量的85％以上。其含量整体上也表现为：哨脚茶园＞羊艾茶园＞营上茶园。

(3)哨脚、营上和羊艾茶园土壤中稀土元素含量都是轻稀土元素含量高于重稀土元素含量，且轻重稀土元素的比值平均都大于 1，有明显的轻稀土元素富集现象。

(4)稀土元素对有机氯农药有降解作用，对"六六六"的降解率为 38％，对"滴滴涕"的降解率为 56％(俞知明等，1991)。哨脚茶园中的稀土元素总量最高，所以哨脚茶园的茶叶生化指标"六六六"和"滴滴涕"含量均为 0.00mg/kg。营上茶园幼叶和羊艾茶园老叶中总稀土元素含量相对较低，其"六六六"含量的检出值为 0.01mg/kg。

5. 土壤有机质及主要元素有效态含量

对研究区茶园土壤有机质和 N、P、K 等 10 种元素有效态含量进行测试分析，见表2-9。

表2-9　土壤有机质及元素有效态含量　　　　　　　　　　　　　　　　单位：mg/kg

茶园	有机质/％	N	P	K	Ca	Mg	S	Fe	Mn	B	Cu
哨脚茶园	3.38	102	38	119	174	17	243	36	15	0.35	0.5
营上茶园	2.95	114	29	90	121	20	204	37	16	0.35	0.55
羊艾茶园	1.50	89	25	105	102	13	201	32	15	0.30	0.45
茶树种植临界值	＞0.80	＞70	＞10	＞75	＜300	＞10	＞80	＞4.5	＞20	＞0.25	＜1.00

(1)有机质：哨脚、营上和羊艾三个茶园的有机质含量分别为 3.38％、2.95％和1.50％，都高于茶树种植 0.80％的有机质含量临界值，且达到优质茶叶高产地块的有机质含量要求。三个茶园有机质含量排序为哨脚＞营上＞羊艾。究其原因一是哨脚和营上茶园的自然环境比羊艾茶园优越、污染小，茶树生长状况比羊艾茶园好，枯枝落叶的量要比羊艾茶园多，故有机质含量比羊艾茶园高；二是哨脚和营上茶园坡度总体上要高于羊艾茶园，有利于抵抗雨水对土壤冲刷侵蚀，有利于保土保肥；三是哨脚和营上茶园年平均气温比羊艾茶园稍高，使得有机质分解较快。

(2)有效氮：哨脚、营上和羊艾三个茶园的有效氮含量分别为 102mg/kg、114mg/kg和 89mg/kg，都高于茶树种植临界值 70mg/kg，达到了种植茶树的基本条件。作为叶用植物，茶树对氮素的需求很大，哨脚、营上茶园中充足的有效氮含量为茶树生长提供了保障，较羊艾茶园更具优势。

(3)有效磷：哨脚、营上和羊艾三个茶园的有效磷含量分别为 38mg/kg、29mg/kg和 25mg/kg，都高于茶树种植临界值 10mg/kg，达到种植茶树的基本条件，同时，都大于 24mg/kg，能促进茶树生长。三个茶园有效磷含量哨脚茶园最高、营上茶园次之、羊艾茶园最低，其差异原因可能是：①受到氮含量的影响，磷是氮素代谢过程中一些重要酶的组分，缺磷时氮素代谢明显受阻，反之亦然；②光照影响，三个茶园中羊艾茶园年太阳辐射量为 11532～14831J/cm²、日照率最低(30％)，影响净光合速率，会导致有效磷相对较低。

(4)有效钾：哨脚、营上和羊艾三个茶园的有效钾含量分别为 119mg/kg、90mg/kg 和 105mg/kg，都高于茶树种植临界值 70mg/kg，达到种植茶树的基本条件。哨脚、羊艾两个茶园的有效钾含量较高，都能促进茶树生长，营上茶园有效钾含量较低，可能与母岩有关，可适当施加钾肥。

(5)研究区土壤有效矿质元素 Ca、Mg、S、Fe、Mn、B 和 Cu 等的含量见表 2-9，各茶园特征如下：①这些有效矿质元素含量除 Mn 略低外，其余均高于茶树种植临界值。而 Ca、Cu 等不利于茶树生长的元素含量低于茶树种植临界值。有效矿质元素含量除 Mn 外，哨脚、营上两个茶园的整体含量高于羊艾茶园含量。②土壤中有机质和有效元素 Cu、B 和 Fe 有一定正相关关系，但显著性水平并不太高，相关系数分别为 0.237、0.356 和 0.346。有机质对提高有效 Cu、B 和 Fe 含量有一定促进作用，土壤中 Cu 的可给性主要受有机质固定的影响(贺行良等，2008)。羊艾茶园土壤有机质含量最低，Cu、B 和 Fe 的有效态也低于哨脚和营上茶园 Cu、B 和 Fe 的有效态含量。

研究区茶园的总体养分水平较高，是产出优质茶叶的基础，对比区羊艾茶园有机质和有效矿质元素含量除 Mn 外都低于研究区哨脚、营上两个茶园的含量，存在一些缺陷。在对茶园进行施肥管理过程中应根据茶园不同土壤背景、不同季节的需肥特性因地制宜、区别对待。

6. 土壤 pH

茶树生长对土壤的酸碱度要求比较苛刻。茶树是喜酸性土壤的植物，它在中性土壤中往往生长不良，在碱性土壤中不能生长，但在过酸的条件下也生长不好。生产经验和科学实验表明，适宜于茶树生长的土壤 pH 通常在 4.5～6.5。pH 小于 4 或大于 6.5 的条件下茶树生长不良，不仅产量不高，而且品质也不好。pH 不在适宜范围，茶树对养分的吸收功能大大减弱，茶树萌芽能力极差，叶片发黄，根较快枯焦脱落，根系生长受阻，遇到高温茶苗容易枯死。茶多酚是由糖类物质经过代谢转化而形成的，由于 pH 影响茶树的光合作用，光合产物——糖类物质的合成和积累数量直接影响儿茶素、茶多酚物质的合成数量。氨基酸是氮代谢的产物，在 pH 不适宜的条件下，茶树养分的吸收功能较差，茶树体内氮含量不高，合成氨基酸的数量少，从而影响茶叶品质。在适宜的 pH 土壤环境条件下，叶片中叶绿素的含量较高，光合能力较强，呼吸消耗相对较弱，所以有机物的合成和积累量较大，对氮、磷、钾的吸收都较强。土壤环境中 Al^{3+}、H^+ 是致酸离子，Ca^{2+}、Mg^{2+}、K^+、Na^+ 和 NH_4^+ 是盐基离子，利用土壤中致酸离子、盐基离子可进行土壤盐基饱和度参数计算，其计算公式如下：

$$盐基饱和度＝(交换性盐基离子总量/阳离子交换量)×100\%$$

盐基饱和度与土壤 pH 密切相关，盐基饱和度高，土壤 pH 亦高，反之亦然。盐基饱和度还与土壤水分条件有很大关系，降水少、淋溶作用弱，盐基饱和，土壤呈碱性，反之亦然。由表 2-10、表 2-11 可知下述五点。

(1)哨脚、营上和羊艾三个茶园的 pH 在剖面上从上到下的变化呈逐渐减小的趋势。

(2)哨脚、营上和羊艾三个茶园的 pH 都在 4.0～6.5，茶树能正常生长。

(3)羊艾茶园的 pH 总体比哨脚和营上茶园的高，说明哨脚和营上茶园的土壤更偏酸性，符合茶树生长习性。

表 2-10　土壤样品 pH

样品编号	第一次测试数据	第二次测试数据	第三次测试数据	平均值
SJT-1-1	4.69	4.66	4.62	4.66
SJT-1-2	4.38	4.35	4.35	4.37
SJT-1-3	4.10	4.40	4.40	4.30
SJT-2-1	4.88	4.84	4.86	4.86
SJT-2-2	4.87	4.89	4.91	4.89
SJT-2-3	4.47	4.48	4.47	4.47
YST-1	5.54	5.45	5.41	5.47
YST-2	4.45	4.42	4.41	4.43
YST-3	4.49	4.48	4.47	4.48
YST-4	4.58	4.58	4.58	4.58
YST-5	4.47	4.48	4.46	4.47
YST-6	4.54	4.53	4.50	4.52
YAT-1-1	6.12	6.14	6.10	6.12
YAT-1-2	6.04	6.05	6.05	6.05
YAT-2-1	5.71	5.72	5.48	5.63
YAT-2-2	5.75	5.66	5.65	5.69
YAT-2-3	5.53	5.50	5.48	5.50
YAT-2-4	5.43	5.36	5.40	5.40
YAT-2-5	5.33	5.31	5.31	5.32
YAT-2-6	5.22	5.16	5.14	5.17

表 2-11　盐基饱和度和 pH 关系对照表

比较项	羊艾	哨脚	营上
岩石背景	碳酸盐岩	碎屑岩	碎屑岩
盐基饱和度	0.46	0.24	0.24
土壤 pH 均值	5.61	4.60	4.66

(4)羊艾茶园处于碳酸盐岩区,土壤厚度小,基岩以灰岩和白云岩为主,岩石通过风化溶蚀作用,土壤中 Ca^{2+}、Mg^{2+} 虽然大量流失,但是总量仍然较大、交换性 Ca、Mg 多,而 Al^{3+}、H^+ 减少,从而使土壤的 pH 增加,土壤碱性增强。

哨脚茶园和营上茶园处于碎屑岩分布区,岩石多为砂岩、页岩等,岩石裂隙发育,易碎,易风化,而其环境中本身 Ca^{2+}、Mg^{2+} 含量低,交换性 Ca、Mg 低,通过风化,土壤中 Al^{3+}、H^+ 大量存在,土壤的 pH 低,土壤呈酸性,适宜于茶叶生长。

(5)羊艾茶园的盐基饱和度高于哨脚、营上茶园。

三、基岩与土壤元素地球化学相关性

由图 2-8 和图 2-9 可知，哨脚、营上和羊艾茶园的基岩、土壤元素含量高低变化具有如下特征。

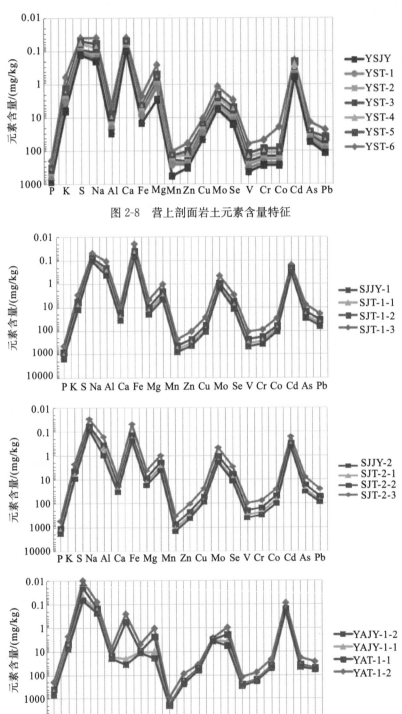

图 2-8　营上剖面岩土元素含量特征

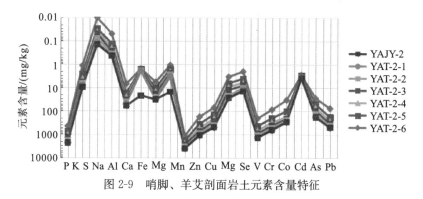

图 2-9　哨脚、羊艾剖面岩土元素含量特征

（1）对各种元素含量作横向比较：哨脚、营上茶园土壤与母岩中元素的分配存在继承性，以 P、Na、Al、Ca、Mn、Zn、Mo 和 V 等元素表现明显。即岩石中元素或氧化物含量高，土壤母质中亦高，说明土壤矿质元素主要与母岩具有密切相关性。哨脚、营上茶园基岩的重金属元素 Cr、Cd、As 和 Pb 含量（营上茶园土壤的 As 含量较高，岩土的 Pb 含量相当）相对低于土壤，成土过程中重金属元素稍有富集。

（2）羊艾岩土剖面-1 和羊艾岩土剖面-2 中土壤的 Ca、Mg 含量明显低于岩石中的 Ca、Mg 含量，羊艾茶园处于碳酸盐岩地区，虽然基岩中的 Ca、Mg 含量高，但是在风化过程中 Ca、Mg 流失了，成土中的 Ca、Mg 含量随之降低。

（3）羊艾岩土剖面-1 和羊艾岩土剖面-2 中土壤的 P、Fe、Mn、Zn、Cu、Mo、V 和 Co 等元素含量明显高于岩石中上述诸元素含量。如羊艾剖面-1 中 P 元素基岩含量为 40mg/kg，土壤最高达 530mg/kg；Mn 元素基岩中含量为 86mg/kg，土壤最高达 1180mg/kg；V 元素基岩中含量为 9mg/kg，土壤最高达 262mg/kg。重金属元素 Cr、Cd、As 和 Pb 等的含量也存在同样规律，这可能是由碳酸盐岩成土过程中特殊的高富集作用形成的。

第四节　茶叶品质特征

茶叶品质特征主要包括茶叶的生化指标、茶叶所含矿质元素以及茶叶安全品质。茶叶生化指标由水分、茶多酚、氨基酸、咖啡碱、酚氨比和水浸出物等组成；茶叶矿质元素地球化学特征表现为常量元素与微量元素的含量情况；茶叶安全品质要关注农药与重金属等含量是否超标。

一、茶叶生化品质

农作物对地质背景有较强的选择性，在品种、气候等条件相近时，地质背景就成为控制茶叶品质的重要因素，都匀毛尖、营上贡茶和羊艾毛峰也不例外。贵州碳酸盐岩与非碳酸盐岩分布面积为 6∶4，而茶园数则为 4∶6，这是两种性质不同的地质背景，这两种地质背景产出的茶叶生物化学品质和感官品质也存在一定的差异（毕坤，1997）。

（一）茶多酚

茶多酚是形成茶叶品质的重要成分之一，是一类存在于茶树中的多羟基酚性化合物的混合物。茶多酚是影响茶叶感官品质中汤色和滋味的主要成分，对茶叶品质的敏感度较大，常称为指示剂。茶叶中茶多酚含量高时，叶色和汤色鲜亮，香气浓郁，制成红茶时，茶叶滋味较浓和鲜爽，感官品质优良。试验研究已经证实茶多酚在保健和药用方面还有更重要功能。

对贵州不同地质背景的 95 个茶园研究结果表明（毕坤，1997）：各岩组区茶叶茶多酚的排序为：碎屑岩>变质岩>玄武岩>含煤岩组>紫色岩组>不纯碳酸盐岩>纯碳酸盐岩。由表 2-12 可知：哨脚茶园幼叶中茶多酚含量最高达 29.48%，其次是营上茶园幼叶和羊艾茶园幼叶，分别为：24.18% 和 19.70%。两个碎屑岩区茶园的茶多酚含量大于碳酸盐岩区羊艾茶园，与毕坤（1997）的研究结果相同。

表 2-12　茶叶生化品质

茶园	水分/%	茶多酚/%	氨基酸/%	咖啡碱/%	水浸出物/%	酚氨比	等级评价
哨脚	4.5	29.48	1.25	1.9	42.9	23.58	一级
营上	3.8	24.18	1.12	2.2	42.7	21.58	一级
羊艾	3.6	19.70	1.41	3.5	39.5	13.97	二级

注：茶叶样品送贵州省理化测试分析中心依据 GB/T 8313—2008 进行生化指标分析。

（二）氨基酸

氨基酸的含量及其组成对茶叶品质的影响很大。氨基酸是主要的滋味物质，茶叶中氨基酸含量高时滋味、香气好。一般幼嫩的春芽中氨基酸含量较高，所以春茶才能制成高品质的绿茶。

毕坤对贵州不同地质背景的 95 个茶园研究结果表明（毕坤，1997）：各岩组区茶叶氨基酸的排序为：碳酸盐岩>变质岩>碎屑岩>含煤岩系>紫色岩组。由表 2-12 可知：羊艾茶园幼叶中氨基酸含量最高为 1.41%，其次是哨脚茶园幼叶和营上茶园幼叶，分别为 1.25%、1.12%。羊艾茶园茶叶中氨基酸含量高、香气好，弥补了因茶多酚含量低而影响茶叶品质鲜、爽、醇、浓的不足。哨脚、营上和羊艾茶园茶叶中氨基酸含量特征与地质背景的关系和毕坤（1997）的研究结果相同。

（三）咖啡碱

茶叶中的生物碱有咖啡碱、可可碱和茶碱等，其中咖啡碱占大部分，是一类重要的生理活性物质，也是评定茶叶品质的重要参数之一。咖啡碱是形成茶汤滋味的重要物质，具有抗癌作用。此外，还有兴奋大脑中枢神经、强心、利尿等多种功效。咖啡碱是茶叶苦涩味的主要成分，含量越高茶叶的滋味不好且越苦。

对贵州不同地质背景的 95 个茶园研究结果表明（毕坤，1997）：各岩组区茶叶咖啡碱含量的排序为：碎屑岩>碳酸盐岩>含煤岩组>紫色岩组>玄武岩>变质岩。由表 2-12 可知：羊艾茶园幼叶中咖啡碱含量最高为 3.5%，其次是营上茶园幼叶和哨脚茶园幼叶，分别为 2.2％和 1.94％。茶叶中咖啡碱含量高时，滋味不好，这应该是羊艾茶园幼叶滋味没有其他两者好的原因之一。碎屑岩区两个茶园的咖啡碱含量小于碳酸盐岩区羊艾茶园，与贵州不同地质背景的 95 个茶园研究结果不相同(毕坤，1997)。

（四）水浸出物

各种营养物质及保健、药用物质通过浸泡从茶叶中释出进入茶汤，随茶汤进入人体，那些非水溶的组分则残留在茶叶中最后被丢弃，故茶叶中有效成分的溶出比例，成为评价茶叶品质的指标之一，称为水浸出物。水浸出物是茶叶能在沸水中浸出的物质，除茶多酚、氨基酸、咖啡碱外，还有可溶性糖类、果胶、水溶色素、维生素和芳香物等，水浸出物的含量能反映茶叶品质优劣，优质茶叶中水浸出物的含量在 40％左右。

对贵州不同地质背景的 95 个茶园研究结果表明(毕坤，1997)，各岩组区茶叶水浸出物的含量排序为：碎屑岩＞变质岩＞含煤岩组＞玄武岩＞紫色岩组＞碳酸盐岩。由表 2-12 可知：哨脚、营上和羊艾茶园幼叶中水浸出物含量分别是 42.9％、42.7％和 39.5％，都达到优质茶叶中水浸出物含量标准，哨脚茶园幼叶水浸出物含量最高、羊艾茶园幼叶最低。碎屑岩区两个茶园的水浸出物含量大于碳酸盐岩区羊艾茶园，与贵州不同地质背景的 95 个茶园研究结果相同(毕坤，1997)。

（五）水分

水分就是茶叶中水的含量值，水分含量过高茶叶贮藏性差，不仅茶叶感官品质易发生改变，而且茶叶易变质，存在较大质量安全隐患。我国一般规定茶叶水分含量小于等于 7.0％，部分产品由于其品质特殊性，水分含量要求适当放宽，如碧螺春茶 7.5％、茉莉花茶 8.5％、砖茶 14.0％，日本规定茶叶水分含量低于 5.0％。由表 2-12 可知：哨脚、营上和羊艾茶园幼叶中的水分含量分别为 4.5％、3.8％和 3.6％，都低于我国 7％的标准，不易变质，易于储存。

（六）酚氨比

茶多酚含量和氨基酸含量的比值称为酚氨比，比值反映该两项指标在茶叶中的相对含量，根据比值可确定是制绿茶还是制红茶，故称为适制性生化指标。酚氨比大于或等于 11.13 时，茶叶适合制作绿茶。由表 2-12 可知：哨脚、营上、羊艾茶园幼叶中的酚氨比都大于 11.13，分别为 23.58、21.58 和 13.97。三个茶园的茶都宜制绿茶。

综合六项茶叶生物化学指标，茶多酚、咖啡碱和水浸出物三项指标排序都是哨脚茶园最好，营上茶园次之，羊艾茶园最差；酚氨比说明三个茶园的茶都宜制绿茶，其值也是哨脚茶园＞营上茶园＞羊艾茶园；氨基酸含量羊艾茶园最好，哨脚茶园次之，营上茶园最低。总的来说，碎屑岩区茶叶的生物化学品质优于碳酸盐岩区茶叶的生物化学品质。

此外，三个茶园茶叶感官品质情况如表 2-13 所示。①都匀哨脚茶园、贵定营上茶园产的茶都带花香。两个茶园皆具得天独厚的自然环境，茶区常年云雾环绕、山峰重叠、树高林密；有山有水有花草，山水相连；遍地奇花异草，春日兰草花、杜鹃花、蜂粮罐、金银花、刺梨花互相争艳，吐露芬芳；优良的生态环境为茶园产出的茶叶提供了优质的外在条件。②贵定营上贡茶的制作工艺采用民间传统的手工炒、揉加工方法，保持其原芽的鲜锐、形状和茸毫，精工巧制、精湛独特，"国家名茶风格"与此有关。③都匀哨脚、贵定营上的茶树品种为鸟王种，贵阳羊艾的茶树品种为福鼎种。产出茶叶"外形"的区别是源于不同茶树种的特点及其特征。鸟王种以"适应性强、生长强壮，叶长椭圆状披针形，绿色茸毛多，茶叶肥大而重，抗病抗逆性强"的特点优于福鼎种。

表 2-13　茶叶感官品质评审对比

层位	茶名	茶园	外形	香气	滋味	汤色	叶底	评语
翁项组 S_2w	一级炒青绿茶	都匀哨脚	披针形，茸毛多	浓醇、花香味较突出	黄绿清亮	嫩匀鲜亮	口感好，具有都匀毛尖茶品质的特色	条索紧细披毫，绿润
上邦寨组 D_2b	一级炒青绿茶	贵定营上	披针形，茸毛多	浓醇，带花香	黄绿	嫩匀清亮	保持了国家名茶的风格	条索紧细稍弯曲，绿润显毫
安顺组 T_1a	一级炒青绿茶	贵阳羊艾	条直披毫，色泽翠绿	清香	醇和	碧绿	嫩匀鲜活	具有名茶的品格和特色

注：引自毕坤(1997)。

二、茶叶矿质元素特征

茶叶中含有的矿质元素种类很多，其中含量较高的是 N、P 和 K，其次是 Ca、Mg、Fe、Al、Mn 和 S，微量元素成分有 V、Co、Cu、Zn、Mo 和 Se 等，这些元素为茶叶生物化学成分的形成提供原料，茶叶中的无机矿质元素多数是对人体有益的。在国内外以往的茶叶研究中普遍认为影响茶叶品质的矿质元素主要有 P、K、Ca、Mg、Fe、Al、Cu、Zn、Mn、Mo、S、P 和 Se 等十多种，各元素对茶叶品质有不同程度的影响。

茶叶中矿质元素过量和缺乏皆会产生病态，常称为营养成分缺乏症和过量症。最佳浓度值(又称为伯特兰德律)系茶叶正常生长时矿质元素的含量(林年丰，1991)。通过检测分析得出研究区、对比区茶叶主要矿质元素含量特征见表 2-14，现分述如下。

表 2-14　茶叶矿质元素含量

	K/%	Ca/%	Mg/%	Fe/%	Al/%	P/%	S/%	Cu/(mg/kg)	Zn/(mg/kg)	Mn/(mg/kg)	Se/(mg/kg)
哨脚幼叶	2.30	0.70	0.23	0.02	0.22	0.30	0.30	16.3	40.0	1490	3
哨脚老叶	2.80	0.51	0.24	0.02	0.12	0.35	0.26	13.9	39.0	1220	3
平均值	2.55	0.61	0.24	0.02	0.17	0.30	0.28	15.1	39.5	1355	3
营上幼叶	1.92	0.50	0.21	0.02	0.11	0.36	0.27	18.8	37.0	3230	3
营上老叶	1.64	0.70	0.21	0.02	0.12	0.30	0.23	15.2	38.0	810	3
平均值	1.78	0.55	0.21	0.02	0.12	0.33	0.25	17.0	37.5	2020	3
羊艾幼叶	1.87	0.37	0.21	0.02	0.06	0.59	0.29	18.8	53.0	890	3
羊艾老叶	1.54	0.72	0.18	0.04	0.32	0.36	0.34	15.1	39.0	980	2
平均值	1.71	0.55	0.20	0.03	0.19	0.48	0.32	17.0	46.0	935	2
最佳浓度范围	0.5~2.5	0.2~0.8	0.2~0.5	0.01~0.02	0.03~2.0	0.4~1.2	0.6~1.2	15~20	20~60	200~4000	0.02~3.0

（一）P

哨脚、营上和羊艾茶园茶叶的 P 平均含量为：羊艾茶叶>营上茶叶、哨脚茶叶，营上、哨脚茶叶 P 含量偏低。茶树体内含 P 最佳浓度一般为 0.4%～1.2%，除 C、H 和 O 外，仅次于 N、K 的含量，春茶幼芽中 P 为 0.8%～1.2%、落叶中为 0.6% 左右。在茶树生长期，根部 P 含量在 0.6% 左右，休眠期根部 P 含量在 0.8%～1.2%。

（二）K

哨脚、营上和羊艾茶叶的 K 平均含量：哨脚茶叶>营上茶叶>羊艾茶叶。K 在茶树中含量比 N 低而比 P 高，一般含量为 0.5%～2.5%，在芽中一般最佳浓度为 2%～2.5%，在茎中一般为 0.5%～2.0%，在根中一般为 1.7%～2.0%。茶叶含钾<2.0%，土壤速效钾<0.05‰时视为缺钾。哨脚茶叶 K 含量充足，为 2.55%。营上茶叶、羊艾茶叶 K 平均含量分别是 1.78%、1.71%，羊艾茶叶含 K 最低。

（三）Ca

哨脚茶叶 Ca 平均含量为 0.61%，营上、羊艾茶叶中 Ca 平均含量都是 0.55%，在最佳浓度范围。茶树中 Ca 含量最佳浓度一般为 0.2%～0.8%，芽中少，一般为 0.2% 左右，老化组织中较高，秋后老叶在 0.8% 上下。一定量的钙能有效促进茶叶中氨基酸的形成，但含量增高会引起土壤 pH 增高，在土壤中活性钙含量>0.8%时会影响茶树的生长。

（四）Mg

哨脚、营上和羊艾茶园 Mg 的平均含量：哨脚茶叶>营上茶叶>羊艾茶叶，相差不大，都在最佳浓度范围，基本满足茶树生长的需要。羊艾老叶为 0.18%，偏低，其他都在 0.21%～0.24%。茶叶中 Mg 最佳浓度一般为 0.2%～0.5%，Mg 能促进水浸出物形成。幼芽中含量最高，其次是嫩叶，茎中最低。

（五）Al

哨脚、营上和羊艾茶叶 Al 平均含量：羊艾茶叶>哨脚茶叶>营上茶叶，都在最佳浓度范围，基本满足茶树生长的需要。茶叶的 Al 含量远比一般作物高，茶树老叶最佳浓度为 0.03%～2.0%，根系含量高于地上部分。茶园土壤中活性 Al 含量与土壤 pH 有较大关系，当土壤 pH<5.5 时，其活性 Al 含量通常在 0.2% 以上。

（六）Fe

哨脚、营上和羊艾茶叶 Fe 含量除羊艾老叶为 0.04% 外，其余都为 0.02%，为最佳浓度范围。羊艾老叶中的 Fe 含量偏高。铁能促进叶绿素形成，缺铁时叶绿素形成受阻，另外 Fe 与酶的形成有关。在茶树中 Fe 含量差别较大，地上部分通常在 0.01%～0.02%，而根系中则为 0.2%～0.5%。Fe 含量过高也会对叶绿素的形成造成阻碍，影响茶叶品质。

（七）S

哨脚、营上和羊艾茶叶 S 含量为 0.23%～0.34%，总体偏低。老幼叶 S 平均含量：羊艾茶叶＞哨脚茶叶＞营上茶叶。茶叶的 S 最佳浓度一般为 0.6%～1.2%，S 是茶树中氨基酸的重要组成部分，S 的存在能增强 N 的代谢。

（八）Zn

哨脚、营上和羊艾茶叶 Zn 平均含量：羊艾茶叶＞哨脚茶叶＞营上茶叶，三个茶园的 Zn 含量在 37.5～46mg/kg。Zn 含量为 37～53mg/kg 时最佳。茶树中一般 Zn 含量为 20～60mg/kg，Zn 能有效促进 N 的代谢，促进蛋白质形成，促进光合作用，是乳酸脱氢酶、谷氨酸脱氢酶的组成部分。

（九）Mn

营上、哨脚和羊艾茶叶 Mn 平均含量为 935～2020mg/kg，且营上茶叶＞哨脚茶叶＞羊艾茶叶，没有表现出过剩或者不足，都在最佳浓度范围内，茶叶的 Mn 最佳浓度为 200～4000mg/kg。茶树是聚锰作物，Mn 能促进根系中硝态氮还原为氨态氮，与 Fe^{3+} 和 Fe^{2+} 的转化关系密切。茶叶新叶中 Mn 含量大于 4000mg/kg 为过剩，成熟叶中 Mn 含量大于 7000mg/kg 时发生危害。

（十）Cu

营上、哨脚和羊艾茶叶 Cu 含量在 13.9～18.8mg/kg，其平均含量：营上茶叶＞羊艾茶叶＞哨脚茶叶，都在最佳浓度范围。茶叶中 Cu 最佳浓度一般为 15～20mg/kg。Cu 参与光合作用，参与蛋白质和碳酸化合物的代谢，促进氨基酸转化为蛋白质。Cu 缺乏症状：茶叶叶片失绿黄化，并有黄斑，此时主侧脉仍为绿色，茶树全株大量落叶，顶芽枯死。

（十一）Se

营上、哨脚茶叶样品中 Se 含量均为 3mg/kg，可以适当开发富硒茶。羊艾 2 个茶叶样品中 Se 含量为 2mg/kg，在最佳浓度范围。Se 是人体生命元素，茶叶中 Se 含量一般为 0.02～3.0mg/kg，与土壤中 Se 含量有关，Se 含量过高会造成人体中毒。

总之，比较营上、哨脚和羊艾茶叶矿质元素含量：三个茶园的 P 和 S 元素含量都偏低，研究区哨脚、营上茶园为碎屑岩地质背景，其茶叶样品所含的主要矿质元素总量高，基本处于最佳浓度范围。对比区羊艾茶园为碳酸盐岩地质背景，其茶叶样品的主要矿质元素总量最低，如老叶的 K、Mg 含量，幼叶的 Ca、Al 含量都是三个茶园中最低的，此外羊艾茶园老叶 Fe 含量偏高且不在最佳浓度范围，这些元素含量偏低和偏高会影响茶叶品质。

三、茶叶生化品质与矿质元素相关性

茶树是一种多年生木本植物，在生长过程中选择性地从环境和土壤中富集多种矿质元素,为其生长发育提供所需。这些矿质元素直接或间接地参与、促进了茶叶品质的形成(表 2-15)。为了探索研究它们之间的相关关系,毕坤(1997)研究茶叶中 13 种元素与水浸出物、茶多酚、氨基酸和咖啡碱等的相关性,如图 2-10 所示,结果表明茶叶中矿质元素含量与茶叶中水浸出物、茶多酚、咖啡碱和氨基酸指标含量之间呈明显的线性相关。

表 2-15 茶叶生化品质与矿质元素相关系数统计表

元素	水浸出物	氨基酸	茶多酚	咖啡碱	酚氨比
N	0.283	0.726 **	0.428 *	0.727 **	−0.756 **
P	0.424 *	0.674 **	0.596 **	0.827 **	−0.680 **
K	0.490 **	0.659 **	0.530 **	0.776 **	−0.677 **
Ca	−0.609 **	−0.579 **	−0.640 **	−0.748 **	0.522 **
Mg	−0.160	−0.164	−0.331	−0.101	0.076
Al	−0.389 *	−0.514 **	−0.563 **	−0.663 **	0.465 **
Mn	−0.557 **	−0.511 **	−0.649 **	−0.707 **	0.517 **
Fe	−0.199	−0.164	−0.367 *	−0.269	0.067
S	0.090	0.359	0.248	0.571 **	−0.310
Zn	0.410 *	0.313	0.395 *	0.485 **	−0.326
Cu	0.331	0.531 **	0.403 *	0.708 **	−0.588 **

注:* 表示 5% 置信度下呈显著相关;** 表示 1% 置信度下呈显著相关;双侧检验,据毕坤(1997)。

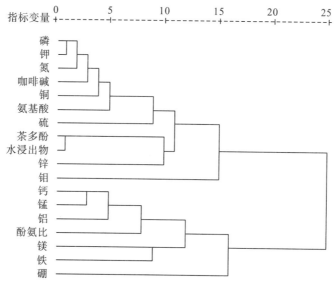

图 2-10 茶叶生化品质与茶叶矿质元素的系统聚类(类间平均法)谱系图

在总结前人资料的基础上,发现茶叶样品品质与矿质元素的相关性如表 2-15 所示。由此可知:茶叶生化品质指标水浸出物、氨基酸、茶多酚和咖啡碱含量与矿质元素 N、P、K、S、Zn、Cu 和 Mo 等呈中度正相关($0.5 < |r| < 0.8$,下同),而与 Ca、Mg、Al、Mn 和 Fe 等呈中度负相关;生化品质指标酚氨比与矿质元素 Ca、Mg、Al、Mn 和Fe 等呈正相关,与 N、P、K 和 Cu 等呈负相关。氨基酸、茶多酚、咖啡碱和水浸出物与N、P 和 K 等多呈显著正相关关系,咖啡碱与 S、Zn 和 Cu 等呈显著正相关关系。所以,

在茶叶品质的形成过程中 N、P 和 K 是起绝对主导作用的，其他元素在不同程度上对茶叶生化品质指标产生影响。黔南州优质茶叶中 P、K、Zn、Cu、Mg 和 Ca 等元素与茶叶生化品质的相关性主要通过内含有机物表现在茶叶色、香、味的品质上，直接相关性反映不明显。

四、茶叶安全品质

茶叶安全是指长期正常饮用对人体不会带来危害（鲁成银，2004）。目前影响茶叶安全的主要因素包括下面 5 个方面。

（一）化学性有害因素

农药、生长调节剂等的使用会导致茶叶中有害化学物质残留，其次土壤、大气和水污染也会导致茶叶中有毒有害元素和放射性物质残留；另外，茶叶加工、包装等不当也会引起化学物质污染。

（二）生物性有害因素

茶叶生产环节多，在生产、加工、包装、贮藏、运输和销售等过程中都有被微生物污染的机会，如生产加工用具和包装材料等被微生物污染；茶叶在加工过程中放置不当，将茶叶半成品或成品直接放置在地上造成微生物污染；从事茶叶加工、包装等工作的人员健康存在问题，也可能导致茶叶被致病性病原微生物污染。

（三）人为故意因素

个别茶叶生产经营者受经济利益的驱使，违规使用色素、香精、水泥和滑石粉等物质，导致茶叶中对人体有害的成分增加。

（四）生理性因素

由茶树的生理性造成茶树对某些化学物质的富集。如茶树是富氟植物，茶树生长过程可导致每千克茶叶中氟含量低的达到几十毫克，高的数百毫克，最高可超过一千毫克，人体摄入少量氟有利于健康，但摄入过多，则对人体健康带来危害。

（五）地质背景因素

地质背景中岩石、土壤本身的地球化学特征，导致有毒有害元素自然富集影响茶叶品质。在此，主要考虑化学性有害因素农药"六六六"和"滴滴涕"，重金属元素 As、Cd、Cu 和 Pb 等以及元素 Se 的含量是否在安全范围值内。哨脚、营上和羊艾茶园安全指标含量值见表 2-16。

表 2-16　茶叶安全指标　　　　　　　　　　　　　　　　　　单位：mg/kg

茶样	六六六	滴滴涕	Cd	Cu	Pb	As	Se	测评结果
哨脚幼叶	0.00	0.00	0.16	17.1	1.1	0.5	3	一级
哨脚幼叶	0.00	0.00	0.20	15.4	1.5	0.5	3	一级

茶样	六六六	滴滴涕	Cd	Cu	Pb	As	Se	测评结果
哨脚老叶	0.00	0.00	0.09	13.9	1.5	0.3	3	一级
营上幼叶	0.01	0.00	0.05	18.8	1.1	0.4	3	一级
营上老叶	0.00	0.00	0.07	15.2	1.2	0.2	3	一级
羊艾幼叶	0.00	0.00	0.10	18.8	2.4	0.3	2	二级
羊艾老叶	0.01	0.00	0.23	15.1	7.2	1.4	2	二级
茶叶安全限值	≤0.2	≤0.20	≤0.2	≤60	≤2	≤0.5	≤3	

（1）哨脚、营上茶叶"六六六""滴滴涕"和 Cd 含量都≤0.20mg/kg，属于国家茶叶安全限值范围。羊艾茶叶"六六六""滴滴涕"含量≤0.20mg/kg，达到安全限值，羊艾老叶 Cd 含量为 0.23mg/kg，超标。

（2）哨脚、营上和羊艾茶叶 Cu 含量≤60mg/kg，属于国家茶叶安全限值范围。营上、羊艾茶叶 Cu 含量最高，为 18.8mg/kg，高于哨脚茶叶 Cu 含量。

（3）哨脚、营上茶叶 Pb 含量≤2mg/kg，属于国家茶叶安全限值范围。羊艾茶园中老叶的 Pb 含量较高，为 7.2mg/kg，是安全限值 2mg/kg 的 3 倍多。

（4）哨脚、营上茶叶的 As 含量为 0.2~0.5mg/kg，小于或等于国家茶叶安全限值 0.5mg/kg；羊艾老叶中 As 含量为 1.4mg/kg，大于 0.5mg/kg 的安全限值。

（5）哨脚、营上和羊艾茶叶的 Se 含量都≤3mg/kg，属于国家茶叶安全限值范围。哨脚、营上茶叶 Se 含量较高，可以朝"富硒茶"方向发展。

研究区哨脚、营上茶园安全指标全部达标。对比区羊艾茶园的重金属元素含量情况是老叶 Cd 含量超标，幼叶、老叶 Pb 含量都超标，老叶 As 含量超标，这可能是羊艾茶园在测评中属于二级的主要原因。对比区羊艾茶园的重金属超标现象应该引起重视，防止污染元素对茶叶品质产生的不良影响。从重金属元素与农药"六六六""滴滴涕"的含量来看，碎屑岩区的哨脚、营上茶园优于碳酸盐岩区的羊艾茶园。

第五节　黔南州茶叶种植区划

在对黔南州开展茶园农业地质、环境地质和地球化学研究的前提下，结合前人研究成果，将科学性、实践性与可操作性相结合，运用图形空间叠置法求得黔南州茶叶规模化种植区划图，根据不同的生态地质背景将黔南州划分为茶叶种植优质区、茶叶种植适宜区以及茶叶种植不适宜区。为充分发挥黔南州的地质背景、生态环境优势，大力发展黔南州优质茶园，促进地方经济发展提供科技支持。

一、地质生态环境与茶叶品质

通过对黔南州都匀哨脚茶园、贵定营上茶园，以及贵阳市羊艾茶园的生态环境与农业地质研究，调查了上述三个茶园的岩石、土壤、水环境以及自然地理等地质环境条件；评价了各茶园茶叶品质的生化指标和感官品质指标。研究成果作为贵州省黔南州茶叶种植区划的依据。

(一)岩石特征

都匀哨脚、贵定营上茶园为碎屑岩地质背景，贵阳羊艾茶园为碳酸盐岩地质背景。三个茶园的地层分别为：志留系翁项组（S_2w）、泥盆系上邦寨组（D_2b）和三叠系安顺组（T_1a）。碎屑岩背景岩性主要为粉砂岩、粉砂岩夹页岩、粉砂岩夹泥岩等几种岩石类型；碳酸盐岩主要有灰岩和白云岩两种岩石类型。茶园基岩的各种元素总体含量排序为：哨脚茶园＞营上茶园＞羊艾茶园，显示了碎屑岩地质背景的优越性。

(二)土壤特征

(1)哨脚、营上和羊艾茶园的土壤类型主要为黄壤、棕黄壤、石灰土，其中黄壤分为黄砂泥土和黄黏泥土两个土属；总体上研究区哨脚、营上茶园的土壤物理性状优于对比区羊艾茶园。

(2)哨脚茶园土壤的常量元素、稀土元素含量高于羊艾茶园；羊艾茶园土壤的微量元素、重金属元素含量高于哨脚茶园；营上茶园土壤的常量元素、稀土元素、微量元素、重金属元素含量都是最低的；土壤有机质、主要元素有效态含量则表现为哨脚茶园＞营上茶园＞羊艾茶园。总体上碎屑岩背景区土壤环境质量优良，碳酸盐岩背景区土壤环境次之，有害元素未发现超标现象。

(3)茶树是喜酸性土壤的植物，适宜于茶树生长的土壤 pH 通常在 4.5~6.5。三个茶园土壤 pH 情况：哨脚茶园＜营上茶园＜羊艾茶园，分别为 4.60、4.66 和 5.61，羊艾茶园土壤 pH 较高。

(三)水环境特征

哨脚、营上茶园的地表水以小溪、水库、山塘、自然降水为主；羊艾茶园的地表水主要以小溪、自然降水、山塘为主。哨脚、营上茶园的地下水类型主要为基岩裂隙水、第四系松散孔隙水两种类型；羊艾茶园的地下水类型主要为第四系松散孔隙水、碳酸盐岩溶水两种类型，水环境质量优良。

(四)地理特征

三个茶园的地貌类型主要为低中山地貌和丘陵地貌。哨脚、营上和羊艾茶园的海拔分别为 1135m、1100m 和 1250m；平均坡度分别为 17°、20°和 27°；平均坡向分别为 78°、101°和 127°；平均气温分别为 14.6℃、15.1℃和 14.2℃；年降水量分别为 1430mm、1107.9mm 和 1265.4mm；相对湿度分别为 79%、80%和 80%；≥10℃年积温分别为 5162.4℃、4579.4℃和 4020℃。

(五)茶叶生化特征

哨脚茶园出产的"都匀毛尖"和营上茶园出产的"营上贡茶"生化指标和感官指标都达到了"国家一级名茶"的标准。6 项茶叶生化指标中：茶多酚、咖啡碱、水浸出物、水分四项指标排序都是哨脚茶园最好，营上茶园次之，羊艾茶园最差；酚氨比说明三个茶园的茶都宜制绿茶，其值也是哨脚茶园＞营上茶园＞羊艾茶园；羊艾茶园氨基酸含量最高，哨脚茶园次之，营上茶园最低。总的来说碎屑岩区的茶叶生化品质优于碳酸盐岩区的茶叶生化品质。

（六）茶叶矿质元素含量

研究区哨脚、营上茶园的茶叶样品所含的主要矿质元素含量全部在最佳浓度范围。对比区羊艾茶园茶叶样品的老叶 K、Mg 含量，幼叶的 Ca、Al 含量都是三个茶园中最低的，羊艾茶园茶叶老叶 Fe 含量则偏高，且不在最佳浓度范围，这些元素含量偏低或偏高都会影响茶叶品质。

（七）茶叶的安全品质

研究区哨脚、营上茶园中茶叶的"六六六"、"滴滴涕"、Cd、Cu、Pb、As 和 Se 含量均未超标。对比区羊艾茶园老叶 Cd 含量超标，幼叶、老叶 Pb 含量都超标，老叶 As 含量超标。这些安全指标因素影响羊艾茶叶品质和等级。

总之，通过研究对都匀哨脚、贵定营上和贵阳羊艾三个茶园的地质环境、自然地理、茶叶品质等基本特征有所掌握。但是，研究区面积大，单位面积中取样较少，代表性不够，对各参数的统计都有影响；另外茶叶样品仅采摘夏茶，没有春茶和秋茶，对茶叶品质的评判有一定局限。

二、茶叶种植优质条件

综合考虑黔南州研究区地质背景、土壤环境、自然地理条件以及前人研究成果等因素，根据茶叶对适宜生长环境条件的要求，结合研究区哨脚、营上茶园的实际，抓住土壤环境这个根本，提出以地质背景为基础，以优质茶叶为核心，以可操作性为原则的方针，选择适宜茶叶种植的地质背景进行区划。

（1）地层岩性：黔南州最适宜茶叶生长的地层为志留系翁项组和泥盆系上邦寨组。据野外实际调查，两个层位有很多性质相似：基岩以砂岩、泥质粉砂岩为主，主要含硅、钙、黏土和氧化铁，母岩风化强烈；砂黏比例合理，形成透气性、透水性良好的砂砾土，含砾石较多，砾石含量在 60% 以上；保肥保水能力强、透气性好；种植茶树土壤层的厚度达到 1～5m，土层下为砂砾石或黏土砂砾层，土壤质地疏松，热量容易传递与吸收。研究表明，碎屑岩地区是有利于茶树生长的地质环境。所以，在规划时首选志留系翁项组和泥盆系上邦寨组地层分布区域。

（2）土壤 pH：pH 对茶叶生长有重要影响，不同的 pH 影响着整个土壤环境中各种矿质元素的赋存状态。茶树喜酸，pH 为 4.5～6.5 的微酸性土壤有利于茶叶的生长，在此 pH 范围内氮、磷、钾有效性最大。同时，pH 为 4.5～6.5 时茶树的土壤物理性状也最佳。

（3）海拔：海拔过高不宜种植茶树，因在低温条件下，茶苗生长缓慢，易患各种病害，且遇霜雪会冻死幼苗；海拔太低，湿度、温度达不到茶树适宜生长范围。海拔从某种意义上来讲是地形、气候、水分和植被等自然地理状况的主要控制因素，是一个具有代表性的指标。海拔为 1000～2000m 适宜种植茶树。

综上所述，黔南州经过遴选优质茶叶生产的主要环境条件有三：一是地质背景，具体为黔南州泥盆系上邦寨组和志留系翁项组分布的地区；二是土壤 pH 为4.5~6.5；三是自然地理环境，海拔为 1000~2000m 的区域。

三、黔南州茶叶种植区划

综合考虑研究区茶叶品质、地层岩性、土壤地球化学特征等因素，运用图形空间叠置法求得黔南州茶叶的种植区划，在此基础上叠加海拔因素，以不同的生态地质背景，规划出有利于茶叶生长的优势区域。将黔南州划分为茶叶种植优质Ⅰ区、茶叶种植优质Ⅱ区；茶叶种植适宜Ⅰ区、茶叶种植适宜Ⅱ区以及茶叶种植不适宜区。其中优质Ⅱ区主要集中在罗甸，适宜Ⅰ区主要集中在三都水族自治县。

第三章 大方县辣椒品质与地质背景关系

贵州省拥有丰富的辣椒种质资源,我国主要的辣椒种类在贵州都有种植,如贵阳小河辣椒、遵义牛角椒、绥阳朝天椒、贵阳乌当线椒、毕节线椒、毕节大方皱皮椒、都匀山辣椒等品种(余文中等,2005)。对同一品种来说,在园艺管理技术基本相同的条件下,土壤类型及海拔、坡向、坡度、母岩类型、元素地球化学特征等因素都不同程度地影响农产品的品质,其中,岩土元素的地球化学特征对农产品的品质影响最大,这是农业地质研究的一项重要内容(栾文楼等,2004)。

贵州省大方县辣椒作为一种优质农产品,其生长地域性的形成与发展除了自身内在的遗传因素以外,与当地的气候、土壤、地质背景等生态因子和地理环境因子密切相关(毕坤等,2003)。本章选取大方县辣椒种植面积较大的响水乡、羊场镇和黄泥塘镇作为研究区,以点带面初步探讨当地辣椒品质与地质背景之间的关系,对大方县辣椒的种植区划和开发起到积极作用,对相似地质背景条件下辣椒的种植起到借鉴作用。

第一节 大方县概况

一、自然地理与经济

大方县位于贵州省西北部,毕节市中部、乌江上游六冲河北岸,地处东经105°15′~106°09′,北纬26°50′~27°37′。东与黔西县毗邻,东北抵金沙县,南与织金县接壤,西南与纳雍县相邻,西部与西北部同七星关区相连。全县东西最大距离为86.2km,南北最大距离为85.2km,总面积为3505.21km²。耕地总面积为82.55万亩,其中旱地占87.23%,水田占12.67%,人均耕地为0.98亩。

大方县地处低纬度高海拔地区,中亚热带湿润季风气候比较突出。年平均气温为11.8℃,年日均气温0℃以上的持续期为291d,年日均气温5℃以上的持续期为224d。无霜期为254d,年平均日照时数为1336h。年平均降水量为1180.8mm,降水主要集中在4~9月,占全年降水量的79.8%。大方县交通运输以公路为主;G326、G321国道由东向西横穿大方经县城至毕节市区,贵毕二级公路由东南方向进入大方。大方县城距毕节市市区51km,距贵阳市197km。大方县矿产资源丰富,有无烟煤、硫铁矿、硅石、高岭土等37种主要矿产,有大型矿床3处、矿点100余处。大方县生漆产量居全国、全省前列,生产的漆器工艺品与茅台酒、玉屏箫并称"贵州三宝";天麻、杜仲、竹荪等生物资源十分丰富,有"全国天麻产贵州、贵州天麻产大方"之誉;皱椒、菜豆远销东南亚;

烤烟品质优良，是大方县的主要经济作物，也是大方县重要的经济支柱，大方县是全国重点烤烟生产基地。

大方县响水乡、黄泥塘镇和羊场镇具有一定的辣椒种植规模，是选定的三个研究区。

响水乡位于大方县西北部，响水河下游。响水乡东西最大距离为 10.5km，南北最大距离为 12.8km，总土地面积为 114.46km²，总耕地面积为 51698 亩，其中旱地 43523 亩、水田 8175 亩。人口 2.8 万，其中白、彝、仡佬等民族占 30%，响水乡辖 1 个居委会、20 个村委会。主要经济作物为烟草、辣椒、油菜、花生等，有小水电站，海拔 1290m 左右，321 国道经此。

黄泥塘镇以当地土质得名，位于大方县东部，全镇总面积为 116km²。黄泥塘镇人口 2.77 万，其中彝、苗、布依、仡佬等民族占 9.7%，辖 1 个居委会、15 个村委会。海拔 1360m 左右，穿过境内的交通要道有 321 国道、黄织路、黄普路等，交通便利，是大方经济文化发展重镇，产煤、生漆、辣椒，素有"大方南大门"之称。

羊场镇位于大方县城东南面，镇区距县城约 14km，清毕公路贯穿全境，贵毕高等级公路直穿全镇，而且有匝道与镇区连接，交通非常便利。全镇土地总面积为 95.97km²，人口 2.38 万，其中彝、苗、仡佬等民族占 11.3%，辖 1 个居委会、10 个村委会。人均耕地面积为 0.004km²，人口密度为 274 人/km²。境内多为石灰岩山地，土地石漠化严重，多洞穴，有煤矿，产生漆，海拔 1200~1500m。

二、区域地质背景

(一)地层

大方县主要出露地层有三叠系须家河组、法郎组、关岭组和永宁镇组等。主要地层岩性特征描述如下。

须家河组(T_3x)：上部是黄灰色巨厚层岩屑石英细砂岩，偶夹黏土岩；下部黄灰色厚层中至细粒岩屑石英砂岩，夹泥岩、页岩。西部阴底向斜为黏土岩夹砂岩，砂岩中常见大型斜层理，并含岩屑，底部碳质页岩夹煤线。

法郎组(T_2f)：灰色中至厚层灰岩，夹泥质灰岩及白云岩。东部鸡场、茶店以东变为上部灰色厚层含燧石结核灰岩，中部浅灰色厚层含燧石结核白云岩，下部为紫红、灰绿色白云岩。

关岭组(T_2g)：根据岩性分为三段。

第一段(T_2g^1)顶部灰、黄灰色中至厚层泥质白云岩，东部变为灰色中厚层白云岩、灰质白云岩及白质灰岩；上部灰绿、黄、紫等杂色薄至中厚层白云质泥岩，夹灰、黄灰色薄至中厚层泥质白云岩及泥云岩；下部灰、黄灰、深灰色中至厚层泥质白云岩、白云岩及灰岩；底部 0.1~2m 为斑脱岩化凝灰岩（"绿豆岩"）。

第二段(T_2g^2)为灰、深灰色中至厚层灰岩，上部夹灰色厚层白云岩、灰质白云岩及白云质灰岩，中下部夹深灰色蠕虫状灰岩、泥质灰岩及泥灰岩。

第三段(T_2g^3)为灰色厚层白云岩夹灰质白云岩、白云质灰岩及角砾状白云岩，下部时夹少量灰色厚层灰岩。

永宁镇组(T_1yn)：是研究区内分布最广泛的地层，根据岩性特征可分为四段。

第一段（T_1yn^1）为灰、深灰色中至厚层灰岩、蠕虫状灰岩，底部0～20m为灰、深灰色薄至中厚层泥质灰岩及泥灰岩。

第二段（T_1yn^2）为灰、黄灰、黄绿夹少量紫红色薄至中厚层泥岩、含白云质泥岩，夹灰、黄灰、深灰色中至厚层泥灰岩、泥质灰岩、蠕虫状灰岩及泥质白云岩。

第三段（T_1yn^3）为灰、深灰色中至厚层灰岩、蠕虫状灰岩，上部夹少量灰、黄灰色中至厚层泥质白云岩及白云岩和灰岩。

第四段（T_1yn^4）上部黄灰、灰色中至厚层溶塌角砾白云岩；下部黄灰、灰色中至厚层泥质白云岩。

此外，在山间洼地有第四系松散堆积物。

（二）构造

按程裕淇等划分，大方大地构造单元属华南板块扬子陆块上扬子地块，如图3-1所示，古华夏构造域西缘，滨太平洋构造域西缘前陆拗陷带；也有将其归属于前陆褶皱-冲断带。

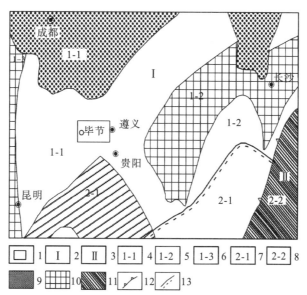

1. 研究区　2. 扬子陆块　3. 南华活动带　4. 上扬子地块　5. 江南地块　6. 康滇古陆　7. 湘黔褶皱系
8. 华夏褶皱系　9. 中、新生代盆地　10. 扬子基底隆起　11. 南华基底隆起　12. 地壳拼接带
13. 二级构造单元界线

图3-1　大方县所处大地构造位置图（据中国区域地质概论，1996）

区内出露最老的地层为震旦系。震旦系至上三叠统下部主要为陆表海台地相稳定构造环境沉积的浅水碳酸盐岩及滨浅海陆源碎屑沉积组合，西南部中、上二叠统间有大陆拉斑玄武岩，局部有岩床状辉绿岩侵入体，沉积相变不大。上三叠统上部至侏罗系为大型内陆盆地河湖相砂泥岩及少许碳酸盐岩组合，上白垩统为山间盆地河湖相砾、砂、泥磨拉石组合，第四系为内陆山地多成因松散堆积，沉积总厚度＞8000m。

大方县位于扬子准地台黔北台隆遵义断拱毕节北东向构造变形内，所在区域的大地构造位置在"黔中隆起"腹地。区域内构造形迹以一系列北东或北北东向近乎对称的宽缓背、向斜为主，断裂构造不甚发育，仅背斜轴部有少量走向断层，向斜一般较完整，研究区基本处于断裂构造不发育的大方背斜西翼(图 3-2)。

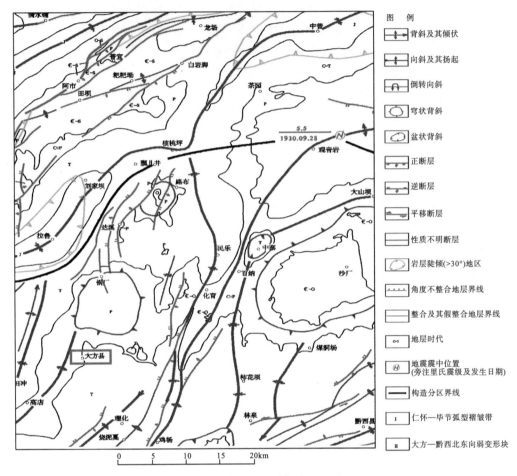

图 3-2　大方县地质构造纲要图

注：资料来源于《1：25 万毕节市幅(G48C001003)区域地质调查成果报告》(贵州省地质调查院，2004)

研究区内重要的构造运动有：武陵运动(该运动在贵州曾被称为梵净运动)、雪峰运动、紫云运动、黔桂运动、燕山运动和喜马拉雅运动。对该区有重要影响的是黔桂运动，发生于早、中二叠世之间，区域上是一场北强南弱的掀斜上升运动。燕山运动、喜马拉雅运动控制了地形地貌。

早三叠世晚期至中三叠世初(嘉陵江组及关岭组近底部沉积期)为半局限至局限台地，主要为局限台地，沉积灰岩、白云岩夹少量黏土岩，嘉陵江晚期及关岭初期尚有含膏盐白云岩。中三叠世初有一次分布广泛的远源火山灰泥沉积，是区域性标志层。早三叠世的火山灰沉积和膏盐沉积发育，地层富含 K 等元素，这可能是三叠系地层最适合辣椒种植的根本原因。

1. 褶皱

研究区内的褶皱有：瓢儿井向斜，出露的地层主要是三叠系夜郎组；茅坝向斜，出露的地层主要有三叠系茅草坡组、夜郎组、沙镇溪组；落脚河向斜，出露的地层为三叠系永宁镇组；黄泥塘向斜，出露的地层有三叠系永宁镇组、关岭组；大方背斜，出露的地层有二叠系龙潭组和三叠系夜郎组及永宁镇组；维新背斜，出露的地层有三叠系法郎组、二叠系茅口组和龙潭组；岩孔背斜，出露地层为震旦系灯影组，如图3-2所示。

2. 断层

研究区内发育的断层有：菱角塘正断层，出露的地层为二叠系茅口组和奥陶系湄潭组；长石正断层，出露的地层有二叠系茅口组、龙潭组、长兴组和大隆组；核桃坪正断层，出露的地层主要为三叠系茅草坡组；达溪正断层，出露的地层有二叠系茅口组和三叠系夜郎组；高家寨正断层，出露的地层主要有二叠系茅口组和栖霞组及三叠系夜郎组；拱正断层，出露的地层主要有三叠系永宁镇组和夜郎组；牛场正断层，出露的地层主要是三叠系永宁镇组和松子坎组；高店正断层，出露的地层主要是三叠系永宁镇组和二叠系龙潭组、长兴组及大隆组；安家寨正断层，出露的地层主要是二叠系茅口组、栖霞组和梁山组，如图3-2所示。

第二节 样 品 采 集

在对大方县土地利用图全面分析的基础上，结合野外实地勘查，根据研究内容要求，选取不同品质的辣椒种植地块，布置土壤及辣椒采样点位置，并将其标绘在1：5万土地利用现状图上。样品采集地点确定在大方县辣椒种植区——黄泥塘镇、响水乡和羊场镇等三个乡镇。在每个乡镇分别采取1个土壤剖面、2件辣椒样品，共3个土壤剖面、6件辣椒样品；3个土壤剖面计19件土壤样品以及10件基岩样品，采样地质背景为下三叠统永宁镇组地层。对采样点的调查内容有辣椒的产量、施肥情况、管理措施，并详细填写相对应的采样地点调查表。

一、基岩及土壤样品

（一）黄泥塘剖面

如图3-3所示，该土壤剖面位于山坡之上，为人工挖掘露头，地势较高，排水通畅。该剖面自上而下共采集6件样品(编号为HNTT-6～HNTT-1)，取样时清理除去受雨水、风尘影响的外表层，采取露出的新鲜土壤。黄泥塘基岩采样点距土壤剖面10m处，基岩出露较好，基岩上部土壤层厚约5m，自上而下采集基岩样品两件(编号为HNTJY-2、HNTJY-1)。

黄泥塘土壤剖面，自上而下第一层是耕土层，为疏松状土，含植物根系非常多；第二层为黄色土层，根系较多，夹有未风化完全的白云质泥岩碎块，但含量较少；第三层是暗褐色土，泥质很高，含有磨圆小砾石，根系明显少于第二层；第四层是黄色、黑色互层的土层，含有未风化的白云质泥岩碎屑；第五层是黄色土层，含碳质体及砖红色小结核，结核的粒径小于0.5mm，有未风化白云质泥岩碎屑；剖面底层是基岩，为白云质泥岩。

(二)响水剖面

响水土壤剖面位于响水乡响水坡头,地势高(图3-4)。该剖面自上而下取样品6件(编号为XST-6~XST-1)。响水基岩取样点距该土壤剖面10m处,上覆土层厚约2m,岩石出露好,自上而下采集基岩样品三件(编号为XSJY-3、XSJY-2、XSJY-1)。

图3-3　黄泥塘土壤剖面图

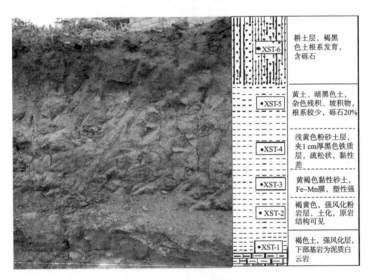

图3-4　响水土壤剖面

响水土壤剖面,自上而下第一层是褐黑色砾质土,含碳质体、砾石及植物根系;第二层土壤中含有碳质体,泥质白云岩砾石体,属于残积、坡积土,为黄色砾质土,砾石占20%;第三层是浅黄色粉砂土层,夹1cm厚黑色铁质层,呈疏松状,黏性差;第四层为黄褐色黏性砂土,见Fe-Mn膜,塑性强;第五层为强风化粉岩层,土化,原岩结构可见;第六层上部为强风化层,褐色土,下部为基岩,岩性是泥质白云岩。

(三)羊场剖面

羊场土壤剖面位于公路旁(图 3-5),为人工挖掘剖面。该剖面自上而下共采集 7 件样品(编号为 YCT-7~YCT-1);基岩取样点距土壤剖面 15m 处,上覆土层较薄,基岩剖面较厚,自上而下采集样品 5 件(编号为 YCJY-5~YCJY-1),如图 3-6 所示。

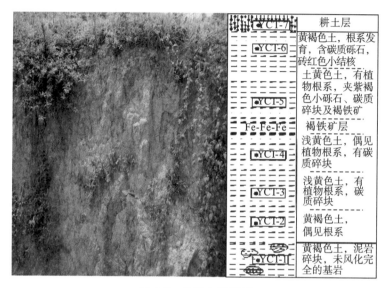

图 3-5　羊场土壤剖面

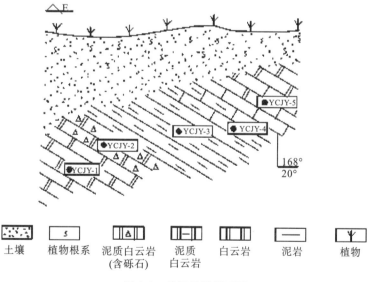

图 3-6　羊场基岩剖面图

土壤剖面,自上而下第一层是耕土层,含碳质小结核;第二层为黄褐色土壤,土壤中含有植物根系、碳质体、砖红色小结核;第三层土黄色土,土壤中含有植物根系、紫褐色小砾石、碳质体,并有褐铁矿出现;第四层土壤呈浅黄色,土壤中含有砾石,偶见根系,含少量碳质体;第五层浅黄色土,偶见根系,含碳质体;第六层黄褐色土,无碳质体，偶见根系；第七层黄褐色土，未见植物根系，含大量泥岩碎块，为未风化完全的泥质白云岩、泥灰岩。

二、辣椒样品

在黄泥塘镇、响水乡和羊场镇三个乡镇分别采取 2 件辣椒样品（样品编号为 HNTLJ、XSLJ 和 YCLJ），共计 6 件辣椒样。选择有代表性的辣椒采样，采集辣椒的不同器官，包括辣椒根、茎、叶。辣椒果实样品采集 1000g 左右，根、茎、叶采取 400~500g。用蒸馏水洗涤 2~3 次，除去表面农药、泥土等，滴干水分后装入保鲜袋内及时送样。

第三节　辣椒产地地球化学特征

一、岩石地球化学特征

研究区大面积出露的岩石是下三叠统永宁镇组地层，其中，黄泥塘镇取样点岩性为白云质泥岩；响水乡采样点岩性为泥质白云岩；羊场镇采样点岩性为泥质白云岩、泥灰岩。岩石的常量元素与微量元素含量情况见表 3-1 和表 3-2。

由表 3-1 可见，黄泥塘镇、羊场镇和响水乡三个采样点 6 件岩石样品的常量元素含量特征：黄泥塘镇的 Ca、Mg 含量平均值最低，K 较高，其余的 Na、Fe、Al 和 Ti 等 4 个常量元素含量平均值都为最高。羊场镇 Ca 含量平均值最高，Mg 含量中等，而 K、Na、Fe、Al 和 Ti 等 5 个常量元素含量平均值都为最低。响水乡 Na、Mg 含量平均值最高，K 含量较高，其余 4 个常量元素含量介于黄泥塘镇、羊场镇之间。

表 3-1　岩石常量元素含量（%）

地点	样品号	K	Na	Ca	Mg	Fe	Al	Ti
	HNTJY-2	2.80	0.10	0.38	0.58	4.09	6.41	0.69
黄泥塘镇	HNTJY-1	3.01	0.10	0.51	0.60	4.81	6.30	0.76
	平均值	2.91	0.10	0.45	0.59	4.45	6.36	0.73
	YCJY-4	0.14	0.04	20.80	11.90	0.27	0.18	0.01
羊场镇	YCJY-5	0.50	0.01	31.90	1.28	0.7	0.99	0.06
	平均值	0.32	0.03	26.35	6.59	0.49	0.59	0.04
	XSJY-2	4.53	0.08	9.22	7.00	2.14	5.67	0.36
响水乡	XSJY-1	1.29	0.05	17.95	9.26	1.63	1.90	0.09
	平均值	2.91	0.07	13.59	8.13	1.89	3.79	0.23

表 3-2 反映了黄泥塘镇、羊场镇和响水乡三个采样点 6 件岩石样品微量元素和重金属元素含量情况。V、Co、Cu、Zn、Mo、Mn、P、S 和 Ni 等 9 种微量元素，以及 As、Cd、Cr 和 Pb 等 4 种重金属元素含量平均值的总体趋势，与其岩石常量元素含量

特征雷同，表现为黄泥塘镇各种微量元素和重金属元素的含量最高、响水乡次之、羊场镇最低。

表 3-2 岩石微量和重金属元素含量

样品号	V	Co	Cu	Zn	Mo	Mn	P	S	Ni	As	Cd	Cr	Pb
HNTJY-2	111	19	22	56	2	1580	430	0.02	24	21	<0.5	64	30
HNTJY-1	132	26	24	65	2	1900	430	0.03	26	31	<0.5	81	31
平均值	121.5	22.5	23	60.5	2	1740	430	0.03	25	26	<0.5	72.5	30.5
YCJY-4	<1	1	<1	2	<1	52	20	0.04	2	<5	<0.5	1	<2
YCJY-5	9	1	3	11	<1	116	90	0.08	4	<5	<0.5	7	<2
平均值	9	1	3	6.5		84	55	0.06	3	<5	<0.5	4	<2
XSJY-2	90	7	29	30	1	210	500	0.04	23	8	<0.5	43	15
XSJY-1	37	5	23	20	2	283	270	0.03	11	10	<0.5	11	8
平均值	63.5	6	26	25	1.5	246.5	385	0.04	17	9	<0.5	27	11.5

注：S 含量为%，其余元素含量为 mg/kg。

二、土壤地球化学特征

辣椒对土壤的选择并不是很严格，各类土壤都可以种植。但是要想获得高产优质的辣椒，土壤中丰富的矿质元素是必要的条件。

大方县东北大部土壤属高原丘陵黄壤、黄色石灰土和紫色土。西北小部属黔西北高原山地黄壤、黄棕壤、灰泡土和黄泥土。黄壤与石灰土广泛分布，是大方县的主要土壤类型；紫色土主要在东南、东北和西北部的砂页岩地区，成带状零星分布；水稻土主要分布在城关、金碧、凤凰、谷里、雨朵、甘棠、洪水、中坪以及凹水等岩溶洼地和河谷阶地。

（一）常量元素

土壤常量元素含量研究一般针对 K、Na、Ca、Mg、Fe、Al 和 Ti 等 7 种元素，它们对植物生长有重要影响，3 个土壤研究剖面、19 件土壤样品、7 种常量元素的检测值如表 3-3 所示。

表 3-3 土壤常量元素含量（%）

样品号	深度/cm	K	Na	Ca	Mg	Fe	Al	Ti
HNTT-6	0～30	3.27	0.07	0.69	0.87	8.06	9.53	1.07
HNTT-5	30～50	4.65	0.08	0.33	1.16	6.99	9.84	1.11
HNTT-4	50～110	2.88	0.10	0.40	0.48	7.74	6.70	1.21
HNTT-3	110～170	3.03	0.08	0.25	0.61	7.71	8.36	1.09
HNTT-2	170～200	3.67	0.07	0.22	0.82	8.24	10.15	1.06
HNTT-1	>200	4.28	0.06	0.19	0.82	6.05	9.89	0.85
平均值		3.63	0.08	0.35	0.79	7.47	9.08	1.07

样品号	深度/cm	K	Na	Ca	Mg	Fe	Al	Ti
YCT-7	0~30	3.53	0.08	0.43	0.9	6.5	9.12	0.72
YCT-6	30~60	3.29	0.08	0.25	0.70	6.09	7.53	0.78
YCT-5	60~90	2.81	0.08	0.20	0.46	5.49	6.90	0.80
YCT-4	90~120	2.99	0.08	0.19	0.46	5.40	7.00	0.88
YCT-3	120~150	4.35	0.08	0.13	0.78	6.50	9.78	0.78
YCT-2	150~180	4.90	0.08	0.11	1.11	5.86	9.39	0.69
YCT-1	180~210	4.44	0.07	0.15	1.21	5.80	8.76	0.63
平均值		3.76	0.08	0.21	0.8	5.95	8.35	0.75
XST-6	0~30	3.60	0.10	0.91	1.66	4.84	7.26	0.53
XST-5	30~50	3.39	0.10	0.37	1.26	4.97	6.86	0.55
XST-4	50~60	3.75	0.09	0.16	0.64	3.74	6.72	0.55
XST-3	60~70	3.15	0.09	0.24	0.93	5.91	7.98	0.48
XST-2	70~85	4.89	0.10	0.19	2.31	4.00	8.50	0.40
XST-1	>85	5.88	0.09	0.34	2.94	3.42	8.43	0.44
平均值		4.11	0.09	0.37	1.62	4.48	7.63	0.49
总平均值		3.83	0.08	0.31	1.07	5.97	8.35	0.77
中国土壤背景值		1.86	1.02	1.54	0.78	2.94	6.62	0.38

注：中国土壤背景值数据来源于王云和魏复盛(1995)。

黄泥塘、羊场和响水剖面 K 含量整体上随深度的加深逐渐增加，Na 随深度加深没有明显变化趋势；Ca 和 Ti 随深度加深其含量有减小的趋势；Mg、Fe 和 Al 随深度加深其含量表现为先减小再增加；常量元素中 K、Fe 和 Al 三种元素的含量高于其他常量元素，与我国土壤 7 个常量元素丰度序列一致，而其余的元素 Na、Ca、Mg 和 Ti 有所差异。各种元素剖面平均值含量比较而言：黄泥塘总体最优，响水剖面次之，羊场剖面偏小与岩石元素分布特征类似。

与中国土壤背景值比较，研究区的常量元素 K、Mg、Fe、Al 和 Ti 含量高均超过平均值，特别是 K 含量较高，具有整体优势，Na、Ca 含量偏低。各元素含量情况如下：

中国土壤背景值 K 为 1.86%，三个研究区黄泥塘、羊场和响水土壤 A 层的 K 含量分别为 3.27%、3.53% 和 3.6%，高出中国土壤背景值；

中国土壤背景值 Na 为 1.02%，黄泥塘、羊场和响水土壤 A 层的 Na 含量分别为 0.07%、0.08% 和 0.1%，相对偏低；

中国土壤背景值 Ca 为 1.54%，黄泥塘、羊场和响水土壤 A 层的 Ca 含量分别为 0.69%、0.43% 和 0.91%，相对较低；

中国土壤背景值 Mg 为 0.78%，黄泥塘、羊场和响水土壤 A 层的 Mg 含量分别为 0.87%、0.9% 和 1.66%，黄泥塘和羊场 Mg 含量达到中国土壤背景值，响水的 Mg 含量高出中国土壤背景值 1 倍多；

中国土壤背景值 Fe 为 2.94%，黄泥塘、羊场和响水土壤 A 层的 Fe 含量分别为 8.06%、6.5% 和 4.48%，整体含量较高；

中国土壤背景值 Al 为 6.62%，黄泥塘、羊场和响水土壤 A 层的 Al 含量分别为 9.53%、9.12% 和 7.26%，整体含量较高；

中国土壤背景值 Ti 为 0.38%，黄泥塘、羊场和响水土壤 A 层的 Ti 含量分别为 1.07%、0.72% 和 0.53%，3 个剖面 Ti 含量均高于中国土壤背景值。

（二）微量元素

通过对大方县辣椒主要产区黄泥塘、羊场和响水 3 个土壤剖面、19 件土壤样品、8 种微量元素含量的测试，了解研究区土壤微量元素分布特征。在与农作物生长有密切关系的土壤微量元素中，重点选择 V、Co、Cu、Zn、Mo、Mn、P 和 S 等 8 种元素进行研究，研究区土壤各微量元素含量见表 3-4 和表 3-5。各剖面主要微量元素含量分布和相对富集系数情况如下。

黄泥塘土壤剖面耕土层主要微量元素含量及相对富集系数。

V：V 元素含量为 172.87mg/kg，中国土壤元素 V 含量背景值为 82.4mg/kg，该剖面耕土层土壤中元素 V 的相对富集系数为 2.1。

Co：Co 元素含量为 36.38mg/kg，中国土壤元素 Co 含量背景值为 12.7mg/kg，该剖面耕土层土壤中元素 Co 的相对富集系数为 2.86。

Cu：Cu 元素含量为 54.52mg/kg，中国土壤元素 Cu 含量背景值为 22.6mg/kg，该剖面耕土层土壤中元素 Cu 的相对富集系数为 2.41。

Zn：Zn 元素含量为 120.26mg/kg，中国土壤元素 Zn 含量背景值为 74.2mg/kg，该剖面耕土层土壤中元素 Zn 的相对富集系数为 1.62。

表 3-4　土壤微量元素和重金属元素含量

样品号	深度/cm	V	Co	Cu	Zn	Mo	Mn	P	S	As	Cr	Pb	Cd
HNTT-6	0~30	172.87	36.38	54.52	120.26	2.21	1460	1060	0.03	28	115	34	<0.5
HNTT-5	30~50	168.07	34.46	59.97	98.08	1.46	1230	650	0.02	15	123	26	<0.5
HNTT-4	50~110	131.57	41.28	39.20	98.93	1.59	2770	770	0.03	19	97	30	<0.5
HNTT-3	110~170	158.46	40.03	45.69	87.85	1.71	1940	640	0.04	25	105	32	<0.5
HNTT-2	170~200	169.99	39.93	53.31	95.52	1.83	1610	620	0.03	22	111	32	<0.5
HNTT-1	>200	160.38	33.21	55.90	112.58	1.37	1200	540	0.02	13	79	29	<0.5
YCT-7	0~30	153.66	29.57	37.47	152.67	3.26	1250	380	0.03	38	101	34	<0.5
YCT-6	30~60	145.02	32.06	30.63	126.23	2.54	1460	380	0.03	36	116	36	<0.5
YCT-5	60~90	134.45	31.87	29.68	108.32	2.67	1580	410	0.03	37	97	37	<0.5
YCT-4	90~120	147.90	30.81	31.24	112.58	2.81	1380	400	0.03	35	109	35	<0.5
YCT-3	120~150	170.95	23.23	43.01	96.38	1.64	682	330	0.03	24	85	27	<0.5
YCT-2	150~180	156.54	21.02	40.67	95.52	1.37	610	320	0.02	17	77	24	<0.5
YCT-1	180~210	163.26	22.94	43.96	133.90	1.53	686	280	0.02	20	79	24	<0.5

样品号	深度/cm	V	Co	Cu	Zn	Mo	Mn	P	S	As	Cr	Pb	Cd
XST-6	0～30	117.17	24.10	27.43	67.12	1.60	1020	420	0.02	15	77	30	<0.5
XST-5	30～50	116.21	31.97	23.19	75.82	1.75	1460	370	0.02	16	79	28	<0.5
XST-4	50～60	111.40	15.74	16.70	44.95	1.11	663	180	0.01	5	58	17	<0.5
XST-3	60～70	133.49	23.42	23.28	66.70	1.59	846	250	0.01	8	63	19	<0.5
XST-2	70～85	113.32	14.88	44.83	61.75	0.88	510	330	0.01	<5	59	13	<0.5
XST-1	>85	125.81	12.10	16.70	65.84	0.45	310	660	0.01	<5	69	4	<0.5

注：S 含量为%，其余元素的含量为 mg/kg。

表 3-5 耕土微量元素与重金属元素含量

剖面	V	Co	Cu	Zn	Mo	Mn	P	S	As	Cd	Cr	Pb
黄泥塘	172.87	36.38	54.52	120.26	2.21	1460	1060	0.03	28	<0.5	115	34
羊场	153.56	29.57	37.47	152.67	3.26	1250	380	0.03	38	<0.5	101	34
响水	117.17	24.10	27.43	67.12	1.60	1020	420	0.02	15	<0.5	77	30
中国土壤背景值	82.4	12.7	22.6	74.2	2.0	583	—	—	11.2	0.097	61.0	26.0

注：S 的含量为%，其余元素的含量为 mg/kg，中国土壤背景值数据来源于王云和魏复盛（1995）。

Mo：Mo 元素含量为 2.21mg/kg，中国土壤元素 Mo 含量背景值为 2.0mg/kg，该剖面耕土层土壤中元素 Mo 的相对富集系数为 1.11。

Mn：Mn 元素含量为 1460mg/kg，中国土壤元素 Mn 含量背景值为 583mg/kg，该剖面耕土层土壤中元素 Mn 的相对富集系数为 2.50。

羊场土壤剖面耕土层主要微量元素含量及相对富集系数。

V：V 元素含量为 153.66mg/kg，中国土壤元素 V 含量背景值为 82.4mg/kg，该剖面耕土层土壤中元素 V 的相对富集系数为 1.86。

Co：Co 元素含量为 29.57mg/kg，中国土壤元素 Co 含量背景值为 12.7mg/kg，该剖面耕土层土壤中元素 Co 的相对富集系数为 2.33。

Cu：Cu 元素含量为 37.47mg/kg，中国土壤元素 Cu 含量背景值为 22.6mg/kg，该剖面耕土层土壤中元素 Cu 的相对富集系数为 1.66。

Zn：Zn 元素含量为 152.67mg/kg，中国土壤元素 Zn 含量背景值为 74.2mg/kg，该剖面耕土层土壤中元素 Zn 的相对富集系数为 2.06。

Mo：Mo 元素含量为 3.26mg/kg，中国土壤元素 Mo 含量背景值为 2.0mg/kg，该剖面耕土层土壤中元素 Mo 的相对富集系数为 1.63。

Mn：Mn 元素含量为 1250mg/kg，中国土壤元素 Mn 含量背景值为 583mg/kg，该剖面耕土层土壤中元素 Mn 的相对富集系数为 2.14。

响水土壤剖面主要微量元素含量及相对富集系数。

V：V 元素含量为 117.17mg/kg，中国土壤元素 V 含量背景值为 82.4mg/kg，该剖面耕土层土壤中元素 V 的相对富集系数为 1.42。

Co：Co 元素含量为 24.1mg/kg，中国土壤元素 Co 含量背景值为 12.7mg/kg，该剖面耕土层土壤中元素 Co 的相对富集系数为 1.90。

Cu：Cu 元素含量为 27.43mg/kg，中国土壤元素 Cu 含量背景值为 22.6mg/kg，该剖面耕土层土壤中元素 Cu 的相对富集系数为 1.21。

Zn：Zn 元素含量为 67.12mg/kg，中国土壤元素 Zn 含量背景值为 74.2mg/kg，该剖面耕土层土壤中元素 Zn 的相对富集系数为 0.90。

Mo：Mo 元素含量为 1.60mg/kg，中国土壤元素 Mo 含量背景值为 2.0mg/kg，该剖面耕土层土壤中元素 Mo 的相对富集系数为 0.80。

Mn：Mn 元素含量为 1020mg/kg，中国土壤元素 Mn 含量背景值为 583mg/kg，该剖面土壤中元素 Mn 的相对富集系数为 1.75。

黄泥塘土壤剖面耕土层主要微量元素含量与中国土壤背景值的比值，Mo、Mn、V、Co、Cu 和 Zn 等 6 种元素的相对富集系数都大于 1，为相对富集，其中 V、Co、Cu 和 Mn 的相对富集系数在 2 以上。羊场土壤剖面耕土层主要微量元素含量与中国土壤背景值对比，V、Co、Cu、Zn、Mo 和 Mn 等 6 种元素的相对富集系数都大于 1，其中 Co、Zn 和 Mn 的相对富集系数在 2 以上，Co 的相对富集系数最高，为 2.33。响水土壤剖面耕土层主要微量元素含量与中国土壤背景值对比，V、Co、Cu 和 Mn 的相对富集系数大于 1，Zn 和 Mo 的富集系数小于 1，分别为 0.90 和 0.80，相对贫乏。黄泥塘、羊场和响水三个研究区耕土层的 Zn 含量分别为 120.26mg/kg、152.67mg/kg、67.12mg/kg，达到 GB 15618—2018 一级标准。Mo 一般在土壤中的正常含量为 0.1～5mg/kg，研究区响水土壤剖面的 Mo 在耕土层中的含量是 1.6mg/kg，低于中国土壤背景值 2.0mg/kg，相对亏损，但是也属于正常含量范围。植物对 Mo 的吸收显著地受土壤 pH 等条件的影响，如果 pH 为 7 可使 Mo 的吸取数量增加 10 倍，大方县辣椒种植区土壤的 pH 在 7 左右，有利于辣椒对 Mo 的吸收。Mo 含量高有利于辣椒的生长。

研究区 V、Co、Cu、Zn、Mo 和 Mn 等 6 种微量元素，除响水耕土的 Zn 和 Mo 偏低以外，其余各剖面都属富集的元素，各种微量元素能够充分满足辣椒生长的需要，并且没有对辣椒的生长产生毒害作用。另外 P 在响水土壤剖面耕土层含量最高，为 420mg/kg，羊场土壤剖面含量最低，为 380mg/kg。S 含量在三个研究区中为 0.01%～0.03%。综上所述，大方辣椒主产区土壤中的主要微量元素含量整体上高于中国土壤背景值。

(三)稀土元素

汪建飞等（1999）经过试验证明：施用稀土微肥可以提高辣椒中氨基酸的含量，改善辣椒的品质。主要表现为稀土元素能促进辣椒植株 N 代谢。喷施稀土微肥能够较大幅度地提高辣椒中维生素的含量，稀土元素能提高维生素含量可能与稀土元素促进植物对 N、P、K 等营养元素的吸收和积累有关。由此可见，稀土元素的有效利用可以提高辣椒的品质和产量。

1. 土壤稀土元素含量

经测试，各剖面稀土元素含量数据见表 3-6，稀土元素 La、Ce、Nd 和 Y 等的含量占主导地位。各土壤剖面稀土元素含量情况如下。

表3-6　土壤剖面稀土元素含量

单位:mg/kg

编号	La	Ce	Pr	Nd	Sm	Eu	Gd	Tb	Dy	Ho	Er	Tm	Yb	Lu	Y	ΣREE	ΣCe	ΣY
HNTT-6	34.78	137.04	6.56	24.72	5.15	1.10	5.05	0.80	5.48	1.16	3.23	0.48	3.29	0.48	32.30	261.61	209.34	52.27
HNTT-5	34.16	116.12	6.62	25.03	5.30	1.24	5.51	0.91	6.11	1.33	3.60	0.54	3.75	0.54	35.41	246.16	188.46	57.70
HNTT-4	40.03	108.79	7.13	26.59	4.90	1.01	4.80	0.77	5.33	1.08	3.10	0.45	3.18	0.46	32.09	239.72	188.46	51.26
HNTT-3	31.90	137.04	5.84	22.12	4.47	0.95	4.68	0.72	4.92	1.11	3.00	0.44	3.17	0.46	29.62	250.43	202.32	48.11
HNTT-2	29.43	147.50	5.57	20.46	4.31	0.96	5.18	0.74	5.09	1.12	3.02	0.45	3.20	0.48	29.73	257.24	208.23	49.01
HNTT-1	35.91	311.73	5.72	19.73	4.33	0.92	4.89	0.72	5.16	1.07	2.98	0.44	3.13	0.45	28.65	425.84	378.35	47.49
平均值	34.37	159.70	6.24	23.11	4.75	1.03	5.02	0.78	5.35	1.14	3.15	0.47	3.29	0.48	31.30	280.17	229.19	50.97
YCT-7	25.11	101.99	5.66	21.29	4.31	0.89	4.13	0.61	3.71	0.78	2.15	0.34	2.28	0.34	20.28	193.88	159.26	34.63
YCT-6	29.02	105.65	5.21	19.11	3.58	0.70	3.67	0.57	3.91	0.85	2.27	0.35	2.40	0.35	22.43	200.07	163.27	36.80
YCT-5	27.78	102.31	5.00	17.97	3.50	0.66	3.42	0.54	3.66	0.82	2.23	0.35	2.43	0.37	22.54	193.58	157.22	36.37
YCT-4	26.65	101.99	4.81	17.14	3.18	0.62	3.47	0.53	3.61	0.80	2.18	0.32	2.37	0.37	21.68	189.71	154.39	35.32
YCT-3	19.04	116.12	3.51	12.77	2.87	0.69	3.76	0.59	4.35	0.91	2.55	0.39	2.68	0.38	25.22	195.83	154.99	40.84
YCT-2	21.20	100.53	3.99	15.06	3.19	0.79	3.91	0.65	4.53	0.96	2.58	0.40	2.73	0.39	25.54	186.43	144.75	41.69
YCT-1	24.49	99.80	4.96	18.80	4.20	0.98	4.49	0.73	5.03	1.04	2.75	0.41	2.98	0.44	28.01	199.12	153.23	45.89
平均值	24.76	104.06	4.73	17.45	3.55	0.76	3.84	0.60	4.12	0.88	2.39	0.37	2.55	0.38	23.67	194.09	155.30	38.79
XST-6	33.44	78.14	6.47	22.95	4.16	0.87	4.18	0.60	3.91	0.80	2.32	0.32	2.37	0.34	22.64	183.52	146.04	37.48
XST-5	31.39	71.87	5.84	21.19	3.70	0.65	3.65	0.56	3.60	0.77	2.25	0.35	2.29	0.32	21.25	169.67	134.63	35.04
XST-4	29.95	77.51	4.97	16.62	2.86	0.49	2.74	0.43	2.95	0.66	1.82	0.29	1.99	0.31	18.46	162.06	132.39	29.66
XST-3	28.40	91.74	4.67	16.10	2.96	0.56	3.00	0.46	3.10	0.69	1.88	0.28	2.09	0.31	18.78	175.02	144.43	30.59
XST-2	36.43	68.62	6.37	21.91	3.69	0.72	3.29	0.55	3.55	0.75	2.20	0.34	2.37	0.34	20.50	171.62	137.74	33.88
XST-1	45.90	67.16	10.49	41.64	8.20	1.66	7.50	1.02	6.15	1.22	3.27	0.45	2.96	0.43	39.70	237.76	175.05	62.70
平均值	34.25	75.84	6.47	23.40	4.26	0.82	4.06	0.60	3.87	0.81	2.29	0.34	2.35	0.34	23.55	183.27	145.05	38.23

黄泥塘土壤剖面样品中稀土元素总量的分布为 239.72～425.84mg/kg，平均为 280.17mg/kg。其中 $\sum$Ce 的平均值为 229.20mg/kg，大于中国土壤 $\sum$Ce 平均值 179mg/kg(邢光熹和朱建国，2003)，$\sum$Y 的平均值为 50.97mg/kg，大于中国土壤 $\sum$Y 平均值 38.84mg/kg。研究区土壤剖面样品中各稀土元素的含量变化趋势一致，遵循稀土元素含量的原子系数奇偶规则，如图 3-7 所示。

羊场土壤剖面样品中稀土元素总量的分布范围为 186.43～200.07mg/kg，平均为 194.11mg/kg。其中，$\sum$Ce 的平均值为 155.30mg/kg，大于中国土壤 $\sum$Ce 平均值，$\sum$Y 的平均值为 38.79mg/kg，小于中国土壤 $\sum$Y 平均值。研究区土壤剖面样品中各稀土元素的含量变化趋势一致，遵循稀土元素含量的原子系数奇偶规则，如图 3-7 所示。

响水土壤剖面样品中稀土元素总量的分布为 162.06～237.76mg/kg，平均为 183.27mg/kg。其中，$\sum$Ce 的平均值为 145.05mg/kg，小于中国土壤 $\sum$Ce 平均值，$\sum$Y 的平均值为 38.23mg/kg，小于中国土壤 $\sum$Y 平均值。研究区土壤剖面样品中各稀土元素的含量变化趋势一致，遵循稀土元素含量的原子系数奇偶规则，如图 3-7 所示。

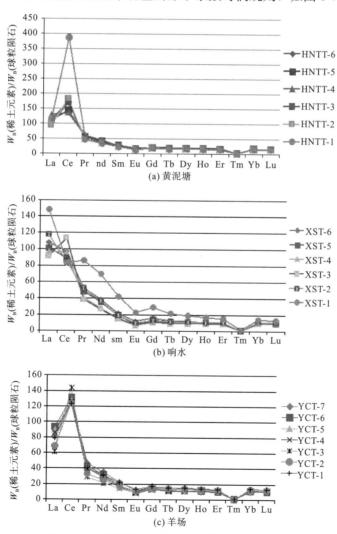

图 3-7 土壤剖面稀土元素球粒陨石标准化曲线

从上述分析可以看出，各研究剖面稀土元素总量平均值分别为：黄泥塘280.17mg/kg、羊场194.11mg/kg、响水183.27mg/kg。黄泥塘、羊场的土壤稀土元素总量∑REE皆高于中国土壤中稀土元素的平均含量186.8mg/kg（邢光熹和朱建国，2003）。响水和羊场的稀土元素总量平均值与地壳中稀土元素含量平均值207mg/kg有一定差距。研究区土壤稀土元素平均含量依次为：黄泥塘＞羊场＞响水。黄泥塘镇的∑REE平均含量明显高于响水和羊场两地，除Pr、Nd外，其他稀土元素的含量都是三个研究区中最高的。响水的∑REE平均含量最低，各稀土元素的含量也较黄泥塘和羊场两个地区的低。

根据杨瑞东等（2011）研究表明，贵州不同岩类风化形成的土壤中稀土元素含量情况：玄武岩、变质岩、碎屑岩、碳酸盐岩风化黏土、碳酸盐岩风化红黏土表层及碳酸盐岩风化红黏土底部的稀土元素总量分别为628（$n=13$）mg/kg、206（$n=7$）mg/kg、364（$n=8$）mg/kg、1087（$n=14$）mg/kg、198（$n=4$）mg/kg及798（$n=6$）mg/kg。与大方县永宁镇组地层土壤相比较，大方县永宁镇组风化形成土壤的稀土元素含量整体上较低。

2. 稀土元素的比值特征

土壤剖面中稀土元素的分布具有垂直分层现象，往往在中下部富集程度最高，各层稀土元素的分配模式大体继承原岩稀土特征。随着风化程度的增强，轻重稀土元素比值增大，表明重稀土元素的淋失速率相对大于轻稀土。存在于风化壳的微生物可促使稀土元素在剖面中从上往下迁移，并且对稀土元素的富集和分异都起到了重要的作用（黄成敏和王成善，2002）。

采用W. V. Boynton的推荐值对土壤中的稀土元素标准化，从表3-7中可以看出，三个研究区土壤稀土元素含量都表现为轻稀土元素含量高于重稀土元素，即轻、重稀土元素的比值平均都大于1，有明显的轻稀土元素富集现象。三个区域的土壤稀土元素的分布趋势基本一致。稀土元素的分配模式为向右倾斜轻稀土富集型，Eu元素呈现负异常。

表3-7　土壤稀土元素地球化学参数特征

特征比值	黄泥塘	响水	羊场
$\sum Ce/\sum Y$	4.56	3.96	4.05
δEu	0.64	0.59	0.62
δCe	2.47	1.21	2.22

3. 基岩、土壤和辣椒稀土元素赋存关系

比较土壤和基岩的稀土元素（表3-8），可以看出土壤剖面稀土元素含量总体上大于相对应的基岩稀土元素含量。黄泥塘土壤剖面稀土元素平均总量为280.17mg/kg，其基岩稀土元素平均总量为157.11mg/kg；响水土壤剖面稀土元素平均总量为183.27mg/kg，相对应的基岩稀土元素平均总量为91.06mg/kg，土壤稀土元素总量约为基岩稀土总量的2倍；羊场基岩剖面稀土元素平均总量较低，为14.60mg/kg，而土壤剖面稀土元素平均总量却高达194.09mg/kg。研究区基岩在遭受风化成壤过程中，稀土元素总量在土壤中均有不同富集，最高可达基岩的13倍。

中国不同土壤中的 δCe 异常表现为两种类型：一种类型是 δCe 大于 1.0 的土壤，包括发育于白云岩中的黄壤、石灰岩中的棕色石灰土、花岗岩中的砖红壤、第四系冲积物中的黄壤、酸性紫色砂岩中的酸性紫色土、黄土母质中的黑垆土、玄武岩中的灰色森林土、片麻岩中的棕色土等 8 类土壤，其值为 1.02～1.66。另一种类型是土壤的 δCe 均小于 1.0，显现出微弱的 δCe 负异常 (邢光熹和朱建国，2003)。研究区所采土壤样品其岩石背景为永宁镇组的灰岩和白云岩，理论上测得的 δCe 应该大于 1。实际上所测得土壤 δCe 分别为 2.44、1.21 和 2.22，都大于 1，与上述石灰岩和白云岩风化土壤的 δCe 大于 1 的理论相符，说明土壤可能是由三叠系永宁镇组岩石风化残积形成的产物。

表 3-8　基岩与土壤剖面稀土元素含量　　　　单位：mg/kg

稀土元素	基　岩			土　壤		
	黄泥塘	响水	羊场	黄泥塘	响水	羊场
La	28.56	15.71	2.36	34.37	34.25	24.76
Ce	71.97	29.88	5.22	159.7	75.84	104.06
Pr	5.48	3.55	0.58	6.24	6.47	4.73
Nd	20.20	13.96	2.36	23.11	23.40	17.45
Sm	3.61	2.82	0.48	4.75	4.26	3.55
Eu	0.66	0.60	0.11	1.03	0.82	0.76
Gd	3.06	2.65	0.43	5.02	4.06	3.84
Tb	0.48	0.41	0.07	0.78	0.60	0.60
Dy	2.97	2.56	0.37	5.35	3.87	4.12
Ho	0.61	0.53	0.08	1.14	0.81	0.88
Er	1.71	1.41	0.20	3.15	2.29	2.39
Tm	0.26	0.20	0.03	0.47	0.34	0.37
Yb	1.85	1.37	0.20	3.29	2.35	2.55
Lu	0.27	0.20	0.03	0.48	0.34	0.38
Y	15.42	15.20	2.08	31.30	23.55	23.67
ΣCe	130.47	66.53	11.11	229.20	145.05	155.30
ΣY	26.64	24.53	3.49	50.97	38.23	38.79
ΣREE	157.11	91.06	14.60	280.17	183.27	194.09

研究区土壤剖面中土壤颗粒由上到下变粗，土壤层序比较清晰，每一个土壤剖面都可以划分出若干层次；水流搬运堆积形成的土壤层没有清晰的风化层序，往往是黏土与砾石混杂在一起，由此判定土壤是原地残积的可能性较大。水流搬运往往是长期堆积、多期搬运，因而形成的松散堆积物厚度巨大，研究区土壤剖面的整体厚度仅 2m，这是说明土壤为原地风化残积的又一证据。

根据表 3-6，经过球粒陨石标准化后得图 3-8，图中土壤与基岩的稀土元素分布模式基本一致，表明土壤稀土元素配分主要受母岩控制，说明土壤与原岩风化残积产物的因果关系。岩石在风化过程中因受到如湿热气候、丘陵地貌和次级密集构造等的影响，可以在不同程度上改变土壤的稀土组成，使之具有一些不同于母岩的稀土组成特征（宋云华等，1987）。然而，上述诸多证据可以判定大方县黄泥塘、羊场和响水的土壤是永宁镇组泥质白云岩、白云质泥岩以及泥灰岩等风化残积的产物。

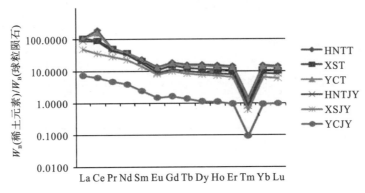

图 3-8　基岩与土壤剖面稀土元素平均值配分曲线

大方县永宁镇组土壤中稀土元素存在垂直分层现象如表 3-6 所示，但是分层现象尚不显著，这可能是其风化成壤程度不高引起的。研究区永宁镇组以泥质白云岩、白云质泥岩以及泥灰岩为主，风化形成的土壤黏性差，而且土壤底部缺少碱性障，导致大量的稀土元素在风化过程淋失。永宁镇组岩石具成土松散、含大量未风化完全的砾石、透气性好等特征，是辣椒种植的有利条件之一。

研究区基岩、土壤和辣椒三者的稀土元素含量曲线变化表现出一致性，如图 3-9 所示，特别是黄泥塘的吻合度相当高。对大方县辣椒种植区的基岩、土壤及辣椒稀土元素之间相关性进行分析，黄泥塘和羊场种植区辣椒中稀土元素含量与基岩呈显著的相关性，说明基岩、土壤中稀土元素的含量对辣椒稀土元素含量具有控制作用以及深远影响。辣椒种植地区的基岩和土壤对辣椒中稀土元素含量直接相关。因此开展大方县辣椒种植基地土壤稀土元素特征的研究对大方辣椒的种植、规划具有指导意义。

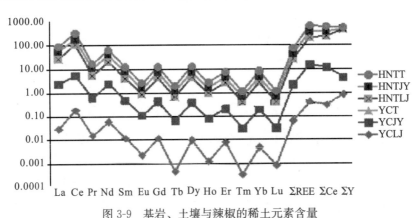

图 3-9　基岩、土壤与辣椒的稀土元素含量

综上所述，研究区稀土元素地球化学特征如下所述。

（1）黄泥塘土壤稀土元素分布总量（ΣREE）为 280.17mg/kg，高于中国土壤中稀土元素的平均总量（216mg/kg），响水、羊场土壤稀土元素总量稍低，分别为 183.27mg/kg 和

194.09mg/kg。

（2）与中国土壤平均值相比较，研究区土壤稀土元素的平均含量依次为：黄泥塘＞中国土壤＞羊场＞响水。研究区的平均稀土元素含量曲线遵循奥多-哈金斯法则，成对数分布。土壤中轻重稀土元素分馏明显，呈现轻稀土元素相对富集，Eu亏损，Ce富集明显的特征。

（3）黄泥塘、羊场及响水土壤剖面，稀土元素含量都具有表土层和土壤剖面下部高、中部低的分布特征。

（4）与其他地区碳酸盐岩风化土壤中稀土元素相比，由于土壤风化程度低、成土母质以泥质白云岩、白云质泥岩和泥灰岩等为主，大方县三叠系永宁镇组风化形成的土壤中稀土元素含量相对较低，并且土壤剖面不同层位的稀土元素分层现象不显著。

（5）基岩、土壤和辣椒中的稀土元素含量表现出继承性，说明地质背景对作物中稀土元素的控制作用。

（6）土壤与基岩的稀土元素分布模式基本一致，表明土壤稀土元素配分主要受母岩控制，更说明土壤与原岩风化残积产物的因果关系，加之土壤清晰的风化层序、厚度等其他因素，可以判定研究区土壤是由三叠系永宁镇组岩石风化残积形成的产物。

（四）重金属元素

由表3-4和表3-5可知研究区各剖面重金属元素As、Cd、Cr和Pb的含量以及在剖面上的变化情况。羊场剖面耕土层的As含量最高，黄泥塘的Cr含量最高，Cd由于测试原因只有一个范围值<0.5，Pb含量在羊场、黄泥塘的耕土较高。与中国土壤背景值对比，各剖面耕土层的重金属元素含量高于中国土壤背景值。

As：黄泥塘、羊场和响水土壤剖面耕土层的As含量分别为28mg/kg、38mg/kg和15mg/kg，研究区耕土As含量平均值为27mg/kg，中国土壤As背景值11.2mg/kg，三个土壤剖面As的相对富集系数分别为2.50、3.40和1.34。

Cr：黄泥塘、羊场和响水剖面耕土层的Cr含量分别为115mg/kg、101mg/kg和77mg/kg，研究区耕土Cr含量平均值为97.67mg/kg，中国土壤Cr背景值61.0mg/kg，三个土壤剖面Cr的相对富集系数分别为1.89、1.66和1.26。

Pb：黄泥塘、羊场和响水剖面耕土层的Pb平均含量分别为34mg/kg、34mg/kg和30mg/kg，研究区耕土Pb含量平均值为32.67mg/kg，中国土壤Pb背景值26.0mg/kg，三个土壤剖面Pb的相对富集系数分别为1.31、1.31和1.15。

研究区土壤Cr、As和Pb等重金属元素含量都在限值范围（GB 15618—2018），属一级到二级土壤类别之间，响水土壤剖面Cr、As和Pb等重金属元素含量达到一级土壤类别。

（五）土壤pH

土壤pH会直接影响辣椒品质。研究区土壤剖面pH见表3-9。黄泥塘土壤剖面的pH随深度的加深逐渐减小，从表层的7.64向底层逐渐减小到6.32，其变化较明显；羊场土壤剖面的pH随深度的加深而减小，但变化不大，从表层的7.40向下逐渐减小到7.20；响水土壤剖面的pH随土壤深度的加深逐渐升高，其变化范围为7.14~7.38。研究区土壤 pH 总体变化范围不大，为 6.32～7.64，pH 以大于 7.0 的居多，属中碱性土壤。根据表 3-9 测试数据得 pH 随采样深度的变化曲线如图 3-10 所示。

表 3-9　土壤 pH

序号	样品编号	第一次测试数据	第二次测试数据	第三次测试数据	平均值
1	XST-6	7.10	7.16	7.15	7.14
2	XST-5	7.36	7.38	7.41	7.38
3	XST-4	7.16	7.19	7.19	7.18
4	XST-3	7.27	7.26	7.26	7.26
5	XST-2	7.24	7.25	7.24	7.24
6	XST-1	7.26	7.28	7.29	7.28
7	YCT-6	7.38	7.40	7.43	7.40
8	YCT-5	7.28	7.30	7.31	7.30
9	YCT-4	7.32	7.31	7.32	7.32
10	YCT-3	7.28	7.26	7.25	7.26
11	YCT-2	7.26	7.26	7.25	7.26
12	YCT-1	7.20	7.20	7.20	7.20
13	HNTT-6	7.71	7.72	7.48	7.64
14	HNTT-5	7.53	7.50	7.48	7.50
15	HNTT-4	7.22	7.16	7.14	7.17
16	HNTT-3	6.75	6.66	6.65	6.69
17	HNTT-2	6.43	6.36	6.40	6.40
18	HNTT-1	6.33	6.31	6.31	6.32

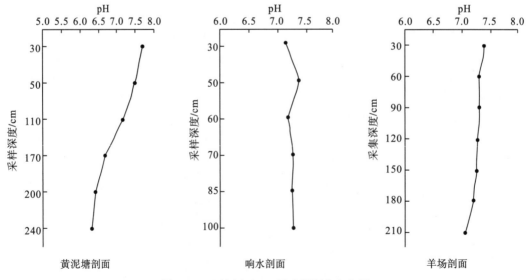

图 3-10　土壤剖面 pH 随采样深度变化图

施肥措施中尤其是氮、磷、钾的施用量对土壤 pH 有很大影响。影响土壤酸碱缓冲能力的主要因素是土壤有机质、盐基离子和碳酸钙、黏粒等组分的含量。正常情况下随着土壤深度增加，基岩风化程度低，有机质及黏粒减少，从而使得 pH 增加。响水土壤剖面 pH 变化正常，羊场土壤剖面 pH 变化不大，黄泥塘土壤剖面 pH 变化不正常。

各种作物生长对土壤酸碱度的适应能力有一定范围，只有在土壤呈中性或近于中性的条件下，农作物才能从土壤中得到全面的营养(劳秀荣和张淑茗，1999)。而辣椒对土壤的酸碱性反应非常敏感，在中性或弱酸性的土壤中生长良好。

土壤酸碱性对土壤的物理性状有影响。酸性或碱性过大会使土壤的结构性变差，土壤黏性重，土壤水、气、热比例不协调，因此不利于辣椒的生长(赵军霞，2003)。土壤的酸碱性会影响土壤中营养成分的吸收。如果土壤酸性很强，就会存在很多铁、铝离子，这时若施用磷肥，就会生成磷酸铁和磷酸铝从而使磷肥失效。若土壤碱性过强，会使一些金属元素沉淀，同样不利于辣椒生长；土壤碱性强还会使辣椒细胞里的原生质溶解，破坏辣椒组织。酸性过强也会使原生质变形，并影响酶的活性，影响辣椒对养分的吸收。一般氮的有效性在 pH 为 6～8 时是最高的，钾的有效性在 pH 大于 6 时最高，而磷的有效性在 pH 为 6.5～7.5 时最高。从这个角度来看，研究区土壤的 pH 为 6.32～7.64，适合作物的生长。此时若不考虑其他因素的影响，在这个 pH 范围内，氮的有效性可以达到最高，磷的有效性最大，钾的有效性最高。因此，研究区土壤可以满足辣椒对氮、磷、钾肥的需要，同时在此 pH 范围内，土壤的物理性状也最佳，能够生长优质的辣椒。

第四节 辣椒种植的地理影响因素

一、气候条件

辣椒属浅根性植物，根系不发达，主要表现为根比较细弱，吸收根量较少，木栓化程度也高，根系生长缓慢，因而恢复能力也比较弱(邹学校，2002)。辣椒在南美洲热带雨林气候条件下，其物种在个体发育和系统发育过程中逐渐形成喜温、喜光、耐涝、耐旱而又耐弱光的特点。

(一)温度

辣椒种子发芽温度以 25～30℃较适宜，辣椒生长发育的适宜温度为 20～30℃，当温度低于 15℃时，其发育完全停止，持续低于 12℃时可能受害，低于 5℃则完全死亡。辣椒在生长发育时期适宜的昼夜温差为 6～10℃，一般以白天 26～27℃、夜间 16～20℃比较合适。生长发育的不同阶段，要求的温度不同。在苗期，白天温度 30℃，可加速出苗和幼苗生长；夜间保持温度 15～20℃，以防秧苗徒长。15℃以下的温度，花芽分化会受到抑制；20℃时开始花芽分化，需要 10～15d。授粉较适宜的温度为 20～25℃，低于 10℃，难于授粉，易引起落花落果；高于 35℃，由于花器发育不全或柱头干枯不能受精而落花，即使受精，果实也不发育而干萎。果实发育和转色要求温度在 25℃以上(邹学校，2002)。

大方县地处低纬度高海拔地区，暖温带湿润季风气候明显，年平均温度为 11.8℃，年正常积温为 4000~5000℃，日平均气温比较稳定，通常 10℃ 的日期开始于 4 月中旬，终于 10 月下旬，历年平均 10℃ 以上的积温为 3335℃，基本上满足辣椒生长发育期的要求。大方辣椒 4 月下旬育苗，6 月下旬移栽，10 月下旬采收结束。并且该县 7 月下旬至 8 月下旬平均温度 30℃，年平均温度为 19.8~20.7℃，多年日平均气温在 20℃ 以上的初始日期出现在 7 月下旬，终于 8 月上旬，20℃ 以上积温可达 1720℃，正适合辣椒生长期对温度的需求（罗文芳和罗文忠，2002）。

（二）湿度

大方县 4~11 月各月平均相对湿度均在 80％ 左右，年均降水量为 1150.4mm，平均降水量最多是 6 月的 195.00mm，最少为 11 月的 44.3mm；最大降水量出现在 9 月，达到 127.8mm。由此可见，大方县空气湿度较大，符合辣椒对空气湿度的要求。降水集中在 5~9 月，恰好是辣椒生长旺盛时期，需水量较多，大气降水满足了辣椒生长对水分的需求。

辣椒的生长发育受空气湿度的影响很大，一般空气湿度为 60％~80％ 时生长良好，坐果率较高。湿度过高不利于授粉，引起落花，诱发病害。辣椒的各个生育时期都要求充足的土壤水分，但土壤水分过多，影响辣椒根系的发育与正常生理机能，甚至会发生"沤根"病害。

（三）光照

辣椒是喜光作物，除种子发芽阶段不需阳光外，其他生育阶段都需要充足的光照。虽然辣椒在理论上属于短日照植物，但在实际生产中可视为中性光植物，只要营养条件好、温度适宜，在光照长或光照短的条件下都能开花、结果。大方县年均日照百分率为 30％，雾日多，阴天多。7~8 月的日照百分率最大也仅为 46％，4~11 月的月平均雾日为 10.9d，超过 1/3 的时间。月平均阴天日数最少为 8 月，有 16.4d，超过 1/2 的时间；最多为 6 月，平均达 22.2d，超过全月 2/3 的时间。大方这种日照少、雾日多、阴天多、直射光少、太阳辐射强度小、漫射光和散射光多的光照条件，有利于优质特色高产辣椒的生长。

二、地形地貌

大方县地处乌蒙山脉东麓的黔西高原向黔中山原丘陵过渡的斜坡地带，属中山山地地貌类型。境内东部、西部和南部分别有海拔 1900m 以上的九龙山、公鸡山、云龙山，海拔 2325m 的龙昌坪大山横亘。中部隆起，向南北倾斜。大方县的最低处是北部长石镇的马洛河口，此处海拔已下降到 720m，至南部的六冲河海拔也仅有 1012.6m。全县分布着碳酸盐类岩层，峰丛、峰林、溶沟、溶洞、漏斗、竖井等岩溶地貌十分发育。全县山峦重叠，切割较深、沟谷纵横，立体结构农业非常明显。

大方县主要出露二叠系、三叠系和侏罗系地层，长期的地质作用和一系列的侵蚀、溶蚀后，山地起伏，沟谷纵横，形成了黔西北高原向黔中中山丘陵过渡的中山山地地貌类型。总体上全县境内山峦重叠，河流深切，沟谷纵横，形成复杂的小地形，小气候变化，构成丰富多变的小区域生态环境资源。

海拔是一个重要的地形因子，对温度的影响很大。一般温度随着海拔升高而降低。大方县属于中山山地地貌类型，7~8月份的温度比平原低，更适宜辣椒生长和坐果。海拔800~1800m的地区，田块应选择朝向东南、光照充足、水分丰富，通风良好的地方栽培辣椒。对于日照时间较长的坡地，应选择高海拔地方；对于日照时间较短的坡地，可适当降低海拔。海拔梯度上造成的水分、温度和土壤肥力等环境异质性将极大地影响辣椒的生长发育。有效积温随着海拔的增加而相应减少，有效积温在高山地区比平原地区减少较多，使辣椒的全年安全生长期较大程度地缩短，海拔过高会造成有效积温不足，使辣椒不能正常成熟而降低产量与商品率。因此，应根据辣椒生长的需求，一般选择在海拔1800m以下种植辣椒(赖立彩，2010)。

气温与土壤温度相关性极显著，而土壤温度随着海拔升高逐渐降低，故海拔成为辣椒种植的控制因素之一。土壤温度影响土壤化学过程的速度和成土母质中原生矿物的风化，影响凋落物的分解速率，因此，影响可提供给辣椒的有效营养元素的供给。

三、水环境特征

大方县属长江流域，以海马菁、九龙山连续山脉为分水岭，分水岭南部是乌江水系，流域面积达2803.7km²，占土地总面积的79.10%；分水岭北部为赤水河水系，流域面积为741km²，占土地总面积的20.90%。河道总长727.3km，河网密度为0.205km/km²。降水总量为$3.672 \times 10^8 m^3$，地表径流总量为$1.639 \times 10^8 m^3$。全县共有主干河流20条，其中，属乌江水系的河流有14条，总长39.4km，属赤水河水系的有6条，总长100.6km。因山高坡陡、地势崎岖、河流切割深，至中下游河流落差大、跌水、险滩、缓流等交替出现，不利于通航，农田灌溉也比较困难。但是水利资源较丰富，其中较容易开发的可建电站有84处，装机容量达6.61万千瓦。

辣椒是较耐旱的一种茄果类蔬菜，但品种之间差异较大。耐旱能力最强的是小果型品种，即使在无灌溉条件下也能开花、结果，虽然产量较低，但仍然可有一定收成。耐旱能力较弱的是大果型品种，若水分供应不足常引起落花落果，或者是有果亦难以肥大。大方县水资源丰富，但是受地形地貌所限，大方辣椒种植大多位于坡地，对水源的需求以大气降水为主，人工灌溉为辅。

第五节　辣椒品质分析

辣椒具有丰富的营养，在药用方面也有较高价值，辣椒品质包括多方面的含义。主要选择蛋白质、辣椒碱及干物质三个指标对大方辣椒品质进行测试分析；矿质元素选择V、Co、Cu、Zn、Mo、Sb和Cd等28种微量元素，分析对比大方辣椒果实、植株和土壤中各种微量元素含量变化情况。

一、辣椒与人体健康

辣椒风味独特，营养丰富，有很多保健作用。辣椒的维生素C含量是番茄的7~15

倍。辣椒中还含有 Zn、Cu、Mo、Ca 和 Fe 等矿物质及膳食纤维。大方辣椒不仅含有丰富的人体需要的矿质元素，而且有含量较高的蛋白质与干物质。大方辣椒 Zn 含量为 39.147~43.411mg/kg，Cu 含量为 6.084~15.404mg/kg，Mo 含量为 0.748~1.796mg/kg，除此之外，其他微量元素含量也较高。丰富的各种元素对人体健康的作用不言而喻。大方辣椒在作为风味品质指标的蛋白质、干物质和辣椒碱等方面具有自身特色。

辣椒碱不仅具备食用价值，而且存在着较高的医药价值。辣椒碱作为辣椒的主要活性成分，可以促进机体的体液循环、物质的代谢及维持血压平衡，因此辣椒碱是一种非常好的营养物质(徐永平等，2009)。大量研究表明，辣椒碱还具有广泛药理作用。辣椒中的辛辣成分主要是辣椒碱和二氢辣椒碱，具有生理活性和消炎镇痛、抗氧化、心肌保护及调节血压等作用(Materska and Perucka.，2005)。近年来有报道称辣椒碱在减肥、抗癌等方面也可能有一定的作用。Epstein 和 Marcoe(1994)研究显示辣椒碱可以用于戒毒和麻醉等方面，并且对带状疱疹后遗症神经痛、糖尿病神经痛、三叉神经痛、骨关节炎、风湿性关节炎、牛皮癣和秃发等疾病具有显著的疗效。

二、辣椒品质评定

(一)辣椒的生化指标选取

辣椒品质的构成一般由商品品质、风味品质、营养品质、加工品质和卫生品质等五个方面构成，也有一些学者将商品品质和风味品质称为感官品质，因为这些品质特性是可通过人的视觉、嗅觉、触觉及味觉来进行综合评价的。辣椒的商品品质由单果重、果色、果形、果肉厚、大小、亮度及可食率等构成，风味品质主要是指辣椒素含量。辣椒的营养品质则由维生素 C、可溶性糖、干物质、脂肪、蛋白质和辣椒素等组成。

辛辣味是辣椒的主要风味，引起辣椒辛辣味的主要化学物质是辣椒中含有的辣椒碱，也是辣椒作为一种特殊的蔬菜和调味品的物质基础，辣椒果实中的含量为 0.2%~1.0% (Yao et al.，1994；李宗孝等，2004)。最早从辣椒果实中分离出辣椒碱，此后，在辣椒的果实中又发现一些辣椒碱的同系物，统称为辣椒碱类物质。至今已发现 14 种以上的辣椒碱类物质，其中约占总量的 90% 以上的是辣椒碱(capsaicin)和二氢辣椒碱(dihydrocapsaicin)，其余成分含量很少(Leete and Mary.，1968)。辣椒果实中辣椒碱含量决定着辣味的轻重，不同品种辣味差异很大。

干物质是指有机体在 60~90℃ 的恒温下充分干燥后余下的有机物。干物质是衡量植物有机物积累、营养成分多寡的一个非常重要的指标。因此，干物质含量可作为衡量辣椒品质的一个指标。植物干物质含有大量的元素，除 C、H、O 是从大气中的二氧化碳和水中获得外，其他元素均是从土壤中吸收。在已知的 92 种天然元素中，不同的植物中至少已发现了 60 多种元素。含量较多的有十多种元素，如 Na、K、Ca、Mg、Fe、Al、S 和 P 等。此外，还含有 As、Cd、Cr、Hg 和 Pb 等人们十分重视的重金属元素。由此可见，干物质含量一定程度上可反映植物生长的地质背景。

采用专家经验法并结合对众多文献资料的分析，研究中主要选择蛋白质、辣椒碱及干物质三个指标对大方辣椒生化品质进行测试分析。

(二)辣椒生化指标评定

采用高效液相色谱法测定辣椒碱含量。样品的制备：将新鲜辣椒样品去籽后切碎，于 70℃ 烘至干燥，用粉碎机粉碎后过 60 目筛，称取约 0.500g 用色谱甲醇溶解，并超声处理 10min，冷却，离心(10℃、4000r/min、20min)，取上清液于 50ml 容量瓶，定容备用；色谱条件为流动相 CH_3OH(色谱级)∶H_2O(超纯水)＝70∶30(V/V)；流速为 1.0ml/min；柱温 25℃；UN 检测波长为 280nm；进样量为 6.0μl，外标法定量。其线性方程为：$Y = 638.24675x - 0.22381$，$R^2 = 0.99958$(赵银春等，2008)。

干物质含量采用恒重法测定。其主要原理是在已知重量的称量皿内，称取试样后置于真空干燥箱，在一定的真空度与加热温度下干燥至恒重。将红熟果切碎置 65℃ 烘箱中烘干至恒重，根据鲜重和干重计算干物质含量。

考马斯亮蓝 G-250 比色法测定蛋白质含量(中国科学院上海植物生理研究所和上海市植物生理学会，1999)。考马斯亮蓝 G-250 在游离状态下呈红色，最大光吸收在 488nm；当它与蛋白质结合后变为青色，蛋白质-色素结合物在 595nm 波长下有最大光吸收。其光吸收值与蛋白质含量成正比，因此可用于蛋白质的定量测定。

干物质、蛋白质及辣椒碱含量测试由贵州师范大学分析与测试中心完成，测试数据如表 3-10 所示。

表 3-10 辣椒生化指标含量(%)

地点	干物质	蛋白质	辣椒碱
羊场镇桶井村	88.00	15.29	0.19
黄泥塘	89.00	14.17	0.02
羊场	86.20	11.95	0.08
遵义 2 号★	37.58	—	0.57
遵义 1 号★	38.27	—	0.56

注：★数据来源于张恩让等(2006)，蛋白质和辣椒碱含量为干物质中的含量。

大方辣椒中干物质含量为 86.20%～89.00%，平均值为 87.73%，即 100g 鲜重的干物质含量 87.73g。刘金兵等(2000)研究发现苏椒 3 号紫熟果期，露地中每 100g 鲜重的辣椒干物质含量 13.09g，而大棚内则为 11.63g。遵义辣椒是贵州的名牌辣椒产品，如表 3-10 所示，其干物质含量分别是 37.58% 和 38.27%，远低于大方辣椒。可见大方辣椒中干物质含量较高，和其品质上乘直接相关。粗脂肪、粗纤维是植物中含有的有机物质，即干物质。干物质的积累与气温周期变化有关。夜晚温度偏低，植株可减少呼吸消耗，有利于干物质的积累。遵义平均海拔 1000m，大方县位于贵州省西部的毕节地区，海拔 720～2325m，比较而言，该地区白天温度上升快，晚上降温也快，昼夜温差较大有利于干物质的积累，因此大方辣椒干物质含量较遵义辣椒高出很多。

大方辣椒蛋白质含量为 11.95%～15.29%，表 3-10 所示大方县三个采样点辣椒中蛋白质含量分别为 15.29%、14.17%、11.95%。据河南永城大羊角椒的检测结果，每 100g 干椒含粗蛋白质 12.5g(刘春艳，2006)，与河南永城大羊角椒相比，大方辣椒蛋白质含量较高。

由表 3-10 得知，大方辣椒的辣椒碱含量为 0.02％～0.19％。羊场镇桶井村辣椒的辣椒碱含量最高达 0.19％。黄泥塘辣椒的辣椒碱含量最低为 0.02％。与一般辣椒果实中辣椒碱 0.2％～1.0％的含量相比较，大方辣椒的辣味不重。辣椒果实中辣椒碱的含量因品种不同差异极大，与果实的成熟度也有相关性。辣椒碱一般在大型果中含量较少，小型果中含量较多；幼嫩时含量少，成熟期含量多。同时与果实发育时期的环境有关，在高温及强日照条件下发育的果实辣椒碱含量较高。辣椒碱的积累与栽培环境中光、水、温、气和肥等因素关系密切，其中光照影响最大。遵义海拔相对较低，温光较好，其辣椒碱含量明显高于其他地区品种。辣椒品质优劣标准不是绝对的，尤其对于辣椒碱而言，辣椒碱主要影响口感（辣度），此标准因人而异。遵义辣椒的辣椒碱含量最高，以其辣味重而出名。

遵义辣椒独具特色享有较高声誉，与之相比较，大方辣椒的辣椒碱含量比遵义辣椒低，而干物质含量较遵义辣椒高；在风味品质上，大方辣椒较遵义辣椒香，而没有遵义辣椒辣。

（三）元素对辣椒品质的影响

各种矿质元素不仅影响植物的正常生长发育，而且还以多种方式直接或间接地影响农作物的产量和品质。辣椒对土壤中的 N、P、K 需求较高，特别是结果以后需要供给充足的 N、P、K 养分，以促使增产增收。此外还要吸收 Ca、Mg、Fe、B、Mo 和 Mn 等多种常量和微量元素。不同的生长时期，辣椒对各种营养物质的需要量不同。幼苗期需养分全面且肥量大，否则会妨碍花芽分化，导致落花落果，诱发病害。下面介绍几种对辣椒品质产生诸多影响的元素。

辣椒生长与结果要求足够的 N，N 不足则植株矮小、分支少、果实小。而偏施氮肥，如果缺乏 P 和 K 又会使植株徒长，并易感染病害。

P 的重要性在于其促进辣椒植株进行光合作用并参与细胞核蛋白、淀粉素、糖类和磷脂等重要成分的代谢过程，是辣椒能量（ATP）代谢、碳水化合物代谢物质运移的媒介。施用磷肥能促进辣椒根系发育并提早开花结果，故 P 水平能影响辣椒果实干物质的含量。

K 与碳水化合物、蛋白质代谢活性酶的存在关系十分密切，K 充分时，淀粉、蛋白质等高分子化合物含量高，促进辣椒茎秆健壮和果实膨大，能提高农作物的产量和质量。K 对辣椒果实干物质形成的作用主要是由于 K 参与了光合作用，促进光合产物的运转，并在协同氮代谢作用中起到显著的影响，所以 K 能显著提高干物质含量。维生素 C 含量的多少与 K 含量呈显著相关，增施钾肥可以极大地提高辣椒果实中维生素 C 的含量，而 P、K 对辣椒碱合成的影响主要表现在 P 能提高蛋白酶的活性，K 能提高氮的活性与吸收，故 P、K 也对辣椒碱的合成有一定的影响，所以应配施增施磷肥和钾肥（黄科等，2002）。

Mn 参与叶绿素的形成，同时 Mn 是很多酶的活化剂及部分活性酶的成分。辣椒生长进入花期时，土壤中缺 Mn 的植株新叶出现较严重的失绿，并伴有皱缩，下部的叶片均开始出现黄化（蔡建华等，2007）。

Cu 在植物体内的功能是多方面的，它是多种酶的组成成分，参与氮素代谢、碳素同化、呼吸作用以及氧化还原过程。它的主要作用是：①促进生长发育；②增强光合作用；

③提高抗病能力；④增强抗寒、抗旱、抗热能力（马扶林等，2009）。因此，Cu 对辣椒的光合作用及抗病性有重要的影响。

Mo 是生物必需的微量元素。Mo 有促进辣椒生长的功能，可提高辣椒产量。Mo 能够缓解镉中毒症状，在硝酸盐含量高的地区，Mo 能使硝酸盐氧化，促使氮在辣椒体内的代谢。另外辣椒合成蛋白质需要 Mo，Mo 能缓解 Cu 过量，反之 Cu 也能缓解 Mo 过量，适量的 Cu 和 Mo 可使辣椒获得丰收。植物蛋白质的合成需要 Mo，Mo 又对辣椒干物质及辣椒碱的形成具有重要影响，从而影响辣椒的品质。

Co 是植物固氮作用所必需的元素，而且能促进植物增产，改进植物品质。Co 对辣椒干物质的形成具有重要影响。

Zn 具有重要的生理功能，它参与细胞的构成，可促使细胞分裂、生长和繁殖。Zn 是植物生长的必需元素，是乳酸菌酶、蛋白质、谷氨酸脱氢酶的组成部分，并参与光合作用（毕坤等，2003）。

综上所述，N、P、K、Mn、Cu、Mo、Co 和 Zn 等元素通过生命活动影响辣椒的淀粉、蛋白质等高分子化合物含量；参与细胞核蛋白、淀粉素、糖类和磷脂的代谢；提高抗病能力；影响辣椒的干物质含量、维生素 C 含量和辣椒碱含量；在许多方面具有重要的生理功能，进而影响辣椒的生长和品质。

由表 3-3 和表 3-4 可知大方县黄泥塘、羊场和响水三地的 K、Mo、Mn、Cu、Co 和 Zn 在耕土中的含量除响水的 Zn 和 Mo 偏低外，其余皆高于中国土壤背景值，特别是耕土 K 含量高出中国土壤背景值 1 倍多；黄泥塘耕土中的 Mn、Cu 和 Co 含量，羊场耕土中的 Co、Zn 和 Mn 含量，都高出中国土壤背景值 2 倍多。大方县辣椒主产区土壤背景有益元素的高含量，为其辣椒的产量和品质以及特色提供了优质条件。

（四）辣椒微量元素评定

辣椒不仅是一种上好的蔬菜和调味品，还能补充人体所必需的微量元素，微量元素含量是辣椒品质的一种反映。研究区辣椒所含微量元素情况如表 3-11 所示。

表 3-11　辣椒、土壤微量元素含量和富集系数

元素	羊场辣椒含量/(mg/kg)			YGF	YZF	黄泥塘辣椒含量/(mg/kg)			HGF	HZF
	果实	植株	土壤			果实	植株	土壤		
V	0.235	1.719	153.112	0.002	0.011	0.630	2.775	160.223	0.004	0.017
Co	0.418	2.477	27.359	0.015	0.091	0.633	1.517	37.551	0.017	0.040
Cu	6.084	15.404	36.667	0.166★	0.420★	15.663	19.558	51.432	0.305★	0.380★
Zn	39.147	51.258	117.941	0.332★	0.435★	43.411	37.527	102.203	0.425★	0.367★
Mo	0.748	1.730	2.262	0.331★	0.765★	1.796	1.905	1.693	1.061★★	1.125★★
Ni	9.071	16.601	40.244	0.225★	0.413★	7.719	4.843	54.524	0.142★	0.089
Bi	0.019	0.107	0.452	0.042	0.237★	0.130	0.052	0.408	0.319★	0.127★
Li	0.769	3.282	220.228	0.003	0.015	1.043	2.234	116.608	0.009	0.019
Be	—	0.087	3.175	—	0.027	—	0.138	4.225	—	0.033

元素	羊场辣椒含量/(mg/kg)			YGF	YZF	黄泥塘辣椒含量/(mg/kg)			HGF	HZF
	果实	植株	土壤			果实	植株	土壤		
Ga	0.092	0.311	20.723	0.004	0.015	0.184	0.473	23.334	0.008	0.020
Ge	—	0.037	1.670	—	0.022	0.010	0.035	1.597	0.006	0.022
Rb	15.012	37.631	116.096	0.129★	0.324★	12.61	14.112	121.100	0.104★	0.117★
Sr	3.318	219.558	26.780	0.124★	8.199★★	9.373	87.725	41.581	0.225★	2.110★★
Zr	0.353	1.037	231.054	0.002	0.004	0.610	1.511	320.086	0.002	0.005
In	—	0.004	0.084	—	0.048	0.002	0.001	0.100	0.020	0.010
Sn	0.146	0.200	2.137	0.068	0.094	0.508	0.135	2.299	0.221★	0.059
Sb	0.281	0.181	1.146	0.245★	0.158★	0.332	0.123	1.520	0.218★	0.081
Cs	0.026	0.132	6.758	0.004	0.020	0.047	0.124	7.516	0.006	0.016
Ba	4.148	32.980	255.659	0.016	0.129★	16.186	20.132	266.233	0.061	0.076
Hf	0.009	0.037	6.254	0.001	0.006	0.015	0.050	8.534	0.002	0.006
Ta	0.002	0.002	1.893	0.001	0.001	0.012	0.001	2.504	0.005	0.000
W	0.109	0.209	3.161	0.034	0.066	0.177	0.127	2.562	0.069	0.050
Tl	0.021	0.213	0.737	0.028	0.289★	0.016	0.054	0.671	0.024	0.080
Ag	0.017	0.035	1.077	0.016	0.032	0.012	0.033	1.485	0.008	0.022
As	0.385	0.401	18.820	0.020	0.021	1.112	0.691	17.297	0.064	0.040
Cd	0.371	1.420	0.236	1.572★★	6.017★★	0.120	0.532	0.325	0.369★	1.637★★
Cr	10.428	16.374	89.024	0.117★	0.184★	2.465	4.602	101.664	0.024	0.045
Pb	—	3.881	32.072	—	0.121★	0.073	1.698	30.158	0.002	0.056

注：YGF、YZF 分别代表羊场镇的辣椒果实、辣椒植株的元素富集系数；HGF、HZF 分别代表黄泥塘的辣椒果实、辣椒植株的元素富集系数。★★为强富集元素，★为中等富集元素。

生物富集系数(bio-enrichment coefficient)也称吸收系数，是指植物中某元素的平均含量与土壤中该元素含量之比，富集系数与元素在植物和土壤中的含量有关。富集系数表征土壤-植物体系中元素迁移的难易程度，这是反映植物将土壤中矿质元素吸收转移到体内能力的评价指标。富集系数大于 1，为强富集元素；富集系数为 0.1~1 时为中等富集元素。富集系数越高，表明植物地上部分矿质元素富集质量分数大(聂发辉，2005)，同时也表示植物对元素的必需程度。一般来说，中等吸收以上的元素，是植物从土壤中主动选择吸收进来的，应该是其生理所必需的元素；吸收系数较小的元素，不一定都不是植物所需，只能靠相关性筛选(玄兆业，2008)。土壤作为植物的营养库，能够提供给植物生命活动所必需的多种营养元素，但是并不是土壤中的所有元素都能够被植物吸收和利用。

由表 3-11 可以看出，羊场辣椒果实中的中等富集元素有 Cu、Zn、Mo、Ni、Rb、Sr、Sb 和 Cr，其富集系数为 0.117~0.332；Cd 为强富集元素，富集系数为 1.572。黄泥塘辣椒果实中的中等富集元素有 Cu、Zn、Ni、Bi、Rb、Sr、Sn、Sb 和 Cd，其富集系数为 0.104~0.425；Mo 为强富集元素，富集系数为 1.061。羊场、黄泥塘辣椒果实中共同的中等富集元素是 Ni、Cu、Zn、Rb、Sr 和 Sb。

　　大方辣椒含有丰富的 Cu、Zn、Mo 和 Ni 等矿质元素。与其他地区相比较，大方羊场、黄泥塘辣椒 Zn 的含量分别是 39.147mg/kg 和 43.411mg/kg。而采自贵州金沙的朝天椒 Zn 的含量为 23.20mg/kg（杨玉琼和刘红，2009），贵阳辣椒 Zn 的含量仅为 15.800mg/kg；大方羊场、黄泥塘辣椒中 Co、Zn、Ni 和 Cr 的含量远大于贵阳地区辣椒的含量，其他三种微量元素 V、Cu、Mo 在辣椒中的含量顺序为：黄泥塘＞贵阳＞羊场，见表 3-12，大方辣椒中所含元素整体上较贵阳辣椒丰富，品质较好，但是要注意大方辣椒重金属元素 Cr 与 Cd 的含量监测。

表 3-12　大方辣椒与贵阳辣椒微量元素含量　　　单位：mg/kg

元素	羊场	黄泥塘	贵阳
V	0.235	0.630	0.540
Co	0.418	0.633	0.050
Ni	9.071	7.719	2.600
Cu	6.084	15.663	11.200
Zn	39.147	43.411	15.800
Mo	0.748	1.796	0.880
Cr	10.428	2.465	0.720

注：贵阳地区辣椒数据来源于徐磊和吴国钧（2004）。

第六节　大方县辣椒种植区划

　　大方县特色农产品辣椒的产出受到当地土壤地质地球化学背景、地形地貌、气候条件等自然因素的多重影响。通过农业地质、环境地质和地球化学研究，运用图形空间叠置法求出大方县辣椒种植的生态地质背景区划，将大方县划分为辣椒种植优质区、辣椒种植适宜区以及辣椒种植不适宜区三大类别。

一、地质生态环境与辣椒品质

　　(1)大方县优质辣椒主要产于三叠系永宁镇组的岩石地质背景，该地层岩性为溶塌角砾白云岩、蠕虫状灰岩、泥质灰岩、泥质白云岩、白云质泥岩、钙质泥岩、泥岩以及白云岩质灰岩。泥质相对丰富，元素相对丰富。其风化形成的土壤中含有未风化完全的泥灰岩和白云岩碎块、质地疏松、透水保肥能力好，恰好满足种植辣椒的土壤要求。

　　(2)与中国土壤背景值比较，研究区的常量元素 K、Fe、Al、Mg 和 Ti 等含量较高，均超过平均值，具有整体优势，特别是 K 含量很高，与生产优质辣椒有着直接关系。研究区 Na、Ca 含量偏低，而 V、Co、Cu、Zn 和 Mn 等 5 种微量元素为富集或显著富集，5 种微量元素含量充分满足辣椒生长需要，对辣椒没有毒害作用，有利于高品质的辣椒生长。

　　黄泥塘、羊场土壤稀土元素总量皆高于中国土壤背景值，响水略低。土壤与基岩的稀土元素分布模式基本一致，表明土壤稀土元素配分主要受母岩控制，更说明土壤与原岩风化残积产物的因果关系。加之土壤清晰的风化层序、厚度等其他因素，可以初步判定研究区土壤是由三叠系永宁镇组岩石风化残积形成的产物。

对各土壤剖面 As、Pb、Cd 和 Cr 等 4 种重金属元素含量进行测定，响水剖面的 As 和 Pb 含量小于中国土壤背景值，其余的大于中国土壤背景值。研究区 Cd、As 和 Pb 等重金属元素含量都在限值范围（GB15618−2018），属一级到二级土壤类别之间，响水剖面土壤 Cd、As 和 Pb 等重金属元素含量达到一级土壤类别。

（3）辣椒对土壤的酸碱性反应非常敏感，在中性或弱酸性（pH 为 6.2～7.2）的土壤中生长良好。研究区土壤 pH 为 6.32～7.64，适合辣椒的生长。在这个 pH 范围内，若不考虑其他因素的影响，氮的有效性可以达到最高，磷的有效性最大，钾的有效性最高。因此，研究区土壤 pH 可以满足辣椒对氮、磷、钾肥的需要，同时在此 pH 范围内，土壤的物理性状也最佳，能够生长优质的辣椒。

（4）大方县地处乌蒙山脉东麓的黔西高原向黔中山原丘陵过渡的斜坡地带，属中山山地地貌类型，海拔 720～2325m，年平均气温 11.8℃，年正常积温在 4000～5000℃，年均降水量为 1150.4mm。大方县空气湿度较大，符合辣椒对空气湿度的要求。降水集中在 5～9 月，恰好是辣椒生长旺盛时期，需水量较多。

（5）大方县属长江流域，以海马箐、九龙山连续山脉为分水岭，南部是乌江水系，流域面积达 2803.7km²，占土地总面积的 79.10%；北部为赤水河水系，流域面积为 741km²，占土地总面积的 20.90%，水利资源较丰富。

（6）大方辣椒干物质含量为 86.20%～89.00%，蛋白质含量为 11.95%～15.29%，辣椒碱的含量为 0.02%～0.19%。与遵义辣椒比较，遵义辣椒干物质含量 37.58%～38.27%，远低于大方辣椒；遵义辣椒碱的含量为 0.56%～0.57%，辣椒辣味重，比较起来，大方辣椒碱的含量低得多。

（7）大方辣椒含有丰富的 Ni、Cu、Zn、Mo 等矿质元素。羊场、黄泥塘辣椒果实中 Ni、Cu、Zn、Rb、Sr 和 Sb 等为中等富集元素；羊场的 Cd 和黄泥塘的 Mo 为强富集元素；与贵阳辣椒比较，Co、Ni、Zn 等元素含量都比较高。大方辣椒中丰富的矿质元素组合形成了其特殊的品质。

二、辣椒种植优质条件

生态地质环境与辣椒品质具有密切关系，不同地层岩石组合影响土壤各种元素组成，土壤酸碱性控制土壤各种元素的赋存，海拔反映了地形地貌、温度、湿度、降水量和日照等自然地理条件。地质背景、土壤环境和自然地理条件构成了适宜辣椒优质高产栽培的基本条件，地层、土壤 pH 和海拔三个方面集中体现了生态环境的诸多因素。据此，对适宜辣椒生长环境的栽培地带进行区划。

（一）地质背景条件

大方最适宜辣椒生长的地层为三叠系永宁镇组。据野外实际调查，大方县辣椒种植区，大部分分布在三叠系永宁镇组地层分布区。永宁镇组由蠕虫状灰岩、白云质泥岩、泥岩、泥质白云岩、泥质灰岩和白云岩等组成，相对碎屑岩风化的土壤富集 K；该地层风化形成的土壤为灰黑色、土黄色砾质土，厚 1～2m，质地疏松，含砾石及未风化完全的白云岩、泥质灰岩以及泥岩碎块，透水性好；在土壤地球化学条件方面，永宁镇组地层风化土壤的常量元素、微量元素和稀土元素含量较丰富。多种矿质元素高于中国土壤背景值，适合辣椒的生长需要。

（二）土壤 pH

土壤 pH 对辣椒生长有重要影响。研究区的土壤 pH 为 6.32～7.64，属于微酸性和中性土壤，有利于辣椒的生长，在此 pH 范围内，氮、磷、钾有效性最大。同时，在此范围内土壤的物理性状也最佳。

（三）海拔

辣椒比较耐热，对海拔要求不甚严格，若土壤选择适宜，且有适当遮阴条件，夏季在低海拔地方都能种植。但在高海拔地区，为提高质量和产量，减少病虫害，一般应选择海拔 800m 以上、1800m 以下的地段。海拔较高，则不宜播种，因在低温条件下，幼苗生长缓慢，且遇霜雪会冻死幼苗。

综上所述，大方县适宜种植优质辣椒的条件：一是三叠系永宁镇组地层分布地区；二是土壤 pH 为 6.2～7.2 的地块；三是海拔为 800～1800m 的地带。

三、大方县辣椒种植区划

综合考虑研究区辣椒品质、有利种植地层分布、土壤地球化学特征、气候、地形及海拔等因素，运用图形空间叠置法求得研究区辣椒的种植区划，根据不同的生态地质背景，规划出有利辣椒生长的优势区域，在此基础上，叠加海拔因素将研究区划分为辣椒种植优质区、适宜区以及不适宜区。

辣椒种植优势区主要分布在大方县的东部、东南部及西部地区。遍及普底乡、黄泥塘镇、羊场镇、理化乡、鸡场乡、马场镇、牛场乡、鼎新乡、文阁乡、响水乡、绿塘乡、星宿乡和三元乡等乡镇。这些地区主要为三叠系永宁镇组地层分布地区，其表层土壤中含有辣椒生长所需的各种矿质元素，具有优越的自然条件，适合区划为辣椒种植的优势区域。

在上述可发展优势辣椒的地质背景基础上，还要考虑海拔因素。根据调查，适合辣椒生长的海拔为 800～1800m；优质辣椒生产区海拔划定在 1400～1800m。因此，大方辣椒种植应选择永宁镇组地层分布区且海拔为 1400～1800m 的地带作为优质辣椒的发展基地；永宁镇组地层分布区，海拔 800～1400m 的地带作为辣椒种植适宜区发展基地。

（一）辣椒种植优质区

大方县辣椒种植优质区划定在普底乡、黄泥塘镇、理化乡、鸡场乡、马场镇、牛场乡、鼎新乡、文阁乡、响水乡、绿塘乡、星宿乡和三元乡等乡镇。其地质背景为永宁镇组地层，海拔为 1400～1800m 的地块，并以坐西朝东、坐北朝南、坐南朝北的地形方向为最佳。

（二）辣椒种植适宜区

大方县辣椒种植适宜区划定在马场镇和双山镇，其地质背景为永宁镇组地层，海拔为 800～1400m 地区及坐西朝东地块。

（三）辣椒种植不适宜区

大方县鼎新乡和普底乡少数永宁镇组地质背景分布区，海拔在 1800m 以上的地块，划定为辣椒种植不适宜区。

其他缺少永宁镇组的分布区均为不适宜辣椒种植区。

第四章　六盘水市马铃薯品质与地质背景关系

马铃薯是重要的农产品，也是我国西部地区人们日常需求最多的蔬菜品种之一。马铃薯为人体提供丰富的蛋白质、淀粉、钙、磷、铁、烟酸、维生素 B_2、维生素 B_1、胡萝卜素和维生素 C 等多种营养物质。改革开放以后，我国马铃薯产业得到较快发展，特别是贵州省，在"十二五"期间，其马铃薯的种植面积和产量在全国已经名列前茅。六盘水市在贵州省马铃薯产业中占有重要的地位，是贵州主要的马铃薯产区之一，马铃薯也是当地的主要特色农产品。六盘水市马铃薯主要种植于二叠系峨眉山玄武岩、二叠系龙潭组与茅口组、三叠系关岭组以及石炭系等地层风化的土壤中。研究优质马铃薯产地的地质背景、土壤地球化学特征及马铃薯品质特征，探讨马铃薯品质与地质背景的关系，对指导六盘水市优质马铃薯规模化种植将起到积极作用。

第一节　六盘水市概况

一、自然地理与经济

六盘水市位于贵州省西部，北纬 $25°19'44''\sim26°55'33''$、东经 $104°18'20''\sim105°42'50''$，与昆明、成都、重庆、贵阳和南宁等五个城市的距离在 $300\sim500$ km，是贵州省第三大城市，以煤炭采掘工业为基础，是在冶金、电力、建材和矿山机械工业等方面综合发展的能源型重工业城市。六盘水市东与安顺市相连，南与黔西南布依族苗族自治州接壤，西与云南省曲靖市交界，北与毕节市毗邻。

六盘水市岩溶地貌类型齐全，发育典型，山峦众多，延绵起伏；沟壑纵横，地势险峻。地势西北高，东南低。可种植作物的土壤面积达 933.03×10^4 hm²，占土地总面积的 62.74%。六盘水市绝大部分地区处于北亚热带云贵高原山地季风湿润气候区。水城西北部海拔 1800m 以上地区属暖温带季风湿润气候区；盘县刘官以南地区属中亚热带季风湿润气候区，整体气温变化幅度小，年均温 $13\sim14$℃，年降水量 1300mm，年平均日照 1108h 左右。

六盘水市处于华南、西南铁路大通道交会点，滇黔铁路、内昆铁路和水柏铁路等多条铁路经由六盘水市，形成北上四川入江，南下广西入海，东出湖南到华东，西进云南进入东南亚的铁路大"十"字。六盘水逐渐成为西南地区又一重要的铁路枢纽城市。镇胜高速、瑞杭高速和毕水兴高速等十余条高速公路四通八达，月照机场也已建成。良好的交通条件对促进相关地区的物资交流、繁荣市场及发展区域经济都有着重要作用。

二、区域地质背景

(一)地层

地层、岩石及其风化成土情况是研究区域环境地球化学特征的基础。六盘水出露的地层从泥盆系至第四系都有，在采样区域主要出露的地层有：古近系—新近系（E-N）；上三叠统（T_3）、中三叠统法郎组（T_2f）和关岭组（T_2g）、下三叠统永宁镇组（T_1yn）；上二叠统龙潭组（P_3l）和峨眉山玄武岩组（$P_3\beta$）、中二叠统茅口组（P_2m）和栖霞组（P_2q）；上石炭统马平群（C_3mp）和中石炭统黄龙群（C_2h）。

各组地层的岩性特征描述如下。

古近系（E）—新近系（N）：区内较少量分布出露，为紫红色砂质泥岩夹砾岩，上部夹褐煤二层。厚度为 $0\sim136m$。

三叠系：研究区内分布很广泛，分别有上三叠统，中三叠统法郎组、关岭组和下三叠统永宁镇组。

上三叠统（T_3），上部黄色、土黄色泥质粉砂岩、粉砂质泥岩；下部黄灰色含长石石英砂岩。厚度为 $0\sim205m$。

法郎组（T_2f），上部灰白色白云质灰岩；下部浅灰色厚层灰岩。上下均含不规则燧石团块。厚度为 $0\sim300m$。

关岭组（T_2g）分为三段。

第一段（T_2g^1）：紫、紫红、蓝灰、黄绿等杂色薄层泥岩、砂质泥岩、粉砂岩与黄色白云岩、泥灰岩互层。底部为厚 $0.2\sim0.3m$ 的玻屑凝灰岩（绿豆岩）。厚度为 $118\sim218m$。

第二段（T_2g^2）：灰、深灰色薄至中厚层状灰岩、泥质灰岩与蠕虫状灰岩互层，夹泥灰岩、白云质灰岩。厚度为 $140\sim720m$。

第三段（T_2g^3）：浅灰、灰白色薄至中厚层状微至细晶白云岩。下部夹灰质白云岩，上部夹角砾状白云岩。厚度为 $116\sim613m$。

永宁镇组（T_1yn）分为两段。

第一段（T_1yn^1）：浅灰色中厚层状灰岩，中下部夹黄绿、紫色薄层泥岩、粉砂岩。厚度为 $73\sim695m$。

第二段（T_1yn^2）：上部为浅灰色中厚层状白云岩、岩溶角砾岩；下部为浅灰色薄至中厚层状白云岩夹泥岩。厚度为 $3\sim673m$。

二叠系：在研究区内广泛分布，分别有上二叠统龙潭组及峨眉山玄武岩组；中二叠统茅口组和栖霞组。

龙潭组（P_3l）：灰、深灰色粉砂岩、砂质泥岩夹砂岩、泥岩，含煤 $7\sim54$ 层，上部偶夹灰岩 $1\sim3$ 层，底部为黏土岩。含菱铁矿透镜体。厚度为 $103\sim360m$。

峨眉山玄武岩组（$P_3\beta$）分为三段。

第一段（$P_3\beta^1$）：深灰色玄武质熔岩集块岩或玄武质火山集块岩及深灰色拉斑玄武岩，组成 $1\sim3$ 个喷发韵律，$3\sim10$ 个喷发层。厚度为 $0\sim138m$。

第二段（$P_3\beta^2$）：深灰色厚层至块状拉斑玄武岩。部分地区夹少量玄武质熔岩角砾岩、凝灰岩等火山碎屑岩。顶部多为凝灰岩。全段包括 $1\sim3$ 个喷发韵律，$3\sim7$ 个喷发层。厚度为 237～387m。

第三段（$P_3\beta^3$）：深灰色拉斑玄武岩，夹多层杂色凝灰岩或少量玄武质熔岩集块岩、玄武质火山角砾岩、玄武质凝灰熔岩等，研究区东北部、中南部等局部地区近顶部夹玄武岩屑砂岩、黏土岩及煤层。厚度为 36～161m。

茅口组（P_2m）：顶部灰白色至深灰色块状灰岩，常具白云质斑块；向下为浅灰色至深灰色中至厚层灰岩、燧石灰岩和生物灰岩；底部为深灰色薄至中厚层燧石灰岩夹燧石层，有辉绿岩岩床、岩墙侵入。厚度为 29～760m。

栖霞组（P_2q）：上部深灰色或浅灰色块状灰岩；中部浅灰色厚层斑块状含白云质灰岩；下部为灰—灰黑色中厚层灰岩夹黑色页片状泥灰岩，有辉绿岩株侵入。厚度为37～228m。

石炭系：在研究区内大量出露，分别有上石炭统马平群与中石炭统黄龙群。

马平群（C_3mp）：上部浅灰、灰白色中厚层致密灰岩，具球状、豆状结构，局部含白云质；下部浅灰色中厚层结晶灰岩；底部时夹 1～2 层瘤状灰岩。厚度为 70～671m。

黄龙群（C_2h）：上部浅灰色厚层至块状致密灰岩夹生物灰岩，泥质灰岩及鲕状灰岩；下部浅灰色块状白云岩夹似层状、透镜状灰岩。板桥—纸厂—杨梅以南全为浅灰色灰岩及白云质灰岩。厚度为 30～700m。

（二）构造

自古生代以来，贵州西部经历了漫长的构造发展和演变，至燕山期逐渐稳定，形成了复杂的断裂和褶皱系统，纵横交织的各种构造带，组合成为特殊的构造格局，如"垭都—紫云北西向斜列式构造带""郎岱三角形构造""黔西山字形构造"等（乐光禹，1991）。

对六盘水影响较大的是垭都—紫云北西向斜列式构造带，该构造带斜贯贵州西部，西北段伸入云南，东南段延入广西。这一构造带有两重意义：作为表层构造，它主要是在中生代晚期形成的压剪性褶皱断裂带，具有雁行式或斜列式组合，可称为垭都—紫云北西向斜列式构造；作为深层构造，它切入基底，甚至部分切入上地幔，是一种长期发展的古断裂，一般称为"垭都—紫云基底断裂"或"垭都—紫云—罗甸深断裂"（乐光禹，1991），如图 4-1 所示。

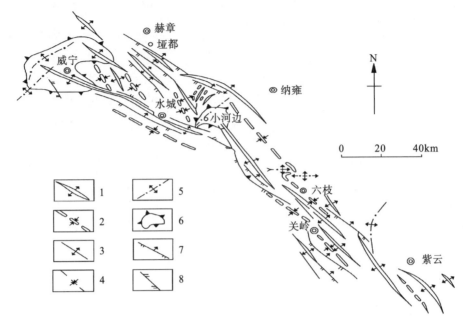

图 4-1　垭都—紫云斜列式构造带(乐光禹，1991)

1. 主干褶皱(背斜)；2. 主干褶皱(向斜)；3. 侧羽褶皱(背斜)；4. 侧羽褶皱(向斜)；5. 后期叠加褶皱；6. 复合穹窿；7. 压(剪)性断裂；8. 剪(压)性断裂

第二节　样品采集

通过对六盘水市土地利用图的全面分析，结合野外实地调查，并根据研究内容的要求尽量选取相同品种的马铃薯种植地块采集岩土样品。马铃薯样品采集一般为威芋2号品种，个别采取乌芋样品。

一、岩石及土壤样品

岩石和土壤样品主要采集于马铃薯种植区，分别在六枝特区、盘县和水城县采集33件土壤样品和4件岩石样品，并在水城县纸厂乡、杨梅乡煤冲分别采集了一个土壤剖面(图 4-2 和图 4-3)。

水城纸厂土壤剖面：土壤剖面位于山坡之上，如图 4-2 所示，为人工挖掘露头，此处地势较高，排水通畅。该剖面自上而下共采集 3 件样品(编号为 LPST-13~LPST-15)，取样时清除受雨水、风尘影响的外表层，露出新鲜土壤。土壤厚约 4m，下部基岩出露较好。

水城纸厂土壤剖面的第一层是耕土层，为疏松状土，黄褐色，含根系非常多，含有少量的碎石，土壤硬度及颗粒均较大，土壤通气性较差，透水性较差，pH 为 6.72；第二层为黄色土层，含有比较多的根系，碎石较少，有一定的固水性，土壤硬度较小，黏性较大，pH 为 6.96；第三层为深褐色土层，根系明显比第二层减少，含有大量未风化的泥质白云岩碎屑，土壤硬度较大，黏性较低，固水性较差，pH 为 5.79；第四层为剖面底层基岩，岩性为泥质白云岩。

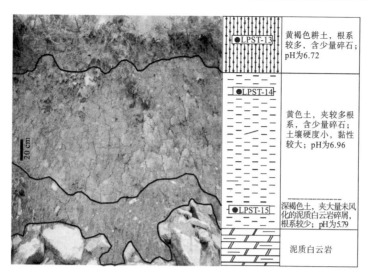

图 4-2 水城纸厂土壤剖面图

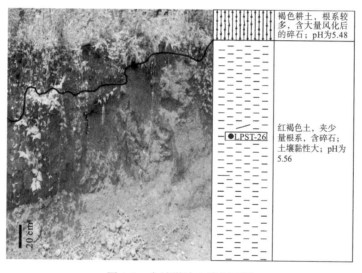

图 4-3 水城煤冲土壤剖面图

水城煤冲土壤剖面为自然风化剖面，如图 4-3 所示，该剖面采集土壤样品 1 件（编号为 LPST-26）。其第一层为耕土层，呈褐色，内含大量的根系及风化后形成的碎石，土壤硬度较低，颗粒较小，黏性不大，土壤的通气性较差，透水性较差，固水性一般，pH 为 5.48；第二层为红褐色土壤，土壤中含有少量的植物根系，含有碎石，土壤黏性较大，可塑性不高，固水性较差，pH 为 5.56。

二、马铃薯样品

在六枝特区、盘县和水城县采集了 20 件马铃薯样品，样品以威芋 2 号品种为主，个别采集了乌芋样品。选择有代表性的马铃薯采样，每一个采集点均采集马铃薯果实样品 1000g 左右。用蒸馏水洗涤 2～3 次，以除去表面残留的肥料、泥土等，晾干后装入保鲜袋内及时送样。

第三节　马铃薯种植区地球化学特征

一、岩石地球化学特征

(一)岩性特征

六盘水马铃薯研究区采集的岩石样品涉及以下三种岩石类型。

玄武岩：为基性喷出岩，其化学成分与辉长岩相似，主要成分是 SiO_2、Al_2O_3、Fe_2O_3、CaO 及 MgO 等(还有少量的 K_2O、Na_2O)，其中以 SiO_2 含量最多，占 45％～50％。

灰岩：以方解石为主要成分的碳酸盐岩，有时含有白云石、黏土矿物和碎屑矿物，有灰、灰白、灰黑、黄、浅红和褐红等色，硬度一般不大，与稀盐酸反应剧烈。

泥质白云岩：主要由白云石组成的碳酸盐岩，常混入石英、长石和方解石，含较多黏土矿物，呈灰白色，性脆，硬度小，用铁器易划出擦痕，遇稀盐酸缓慢起泡或不起泡。

(二)常量元素

采集岩石样品 4 件：水城玉舍玄武岩(LPSJY-34)、水城海坪茅口组灰岩(LPSJY-35)、盘县彭家屯关岭组泥质白云岩(LPSJY-36)和六枝粮蕨坝石炭系灰岩(LPSJY-37)，分析测试各岩石样品的 K、Na、Ca、Mg、Fe、Al 和 Ti 等 7 种常量元素含量，见表 4-1。

表 4-1　岩石常量元素含量(％)

样品号	地点	岩性	K	Na	Ca	Mg	Fe	Al	Ti
LPSJY-34	水城玉舍	玄武岩	0.05	0.12	1.35	0.79	7.94	2.09	0.698
LPSJY-35	水城海坪	茅口组灰岩	0.01	0.02	>25.00	0.30	0.08	0.04	<0.005
LPSJY-36	盘县彭家屯	关岭组泥质白云岩	0.31	0.02	14.10	1.05	2.08	1.84	0.014
LPSJY-37	六枝粮蕨坝	石炭系灰岩	0.01	0.02	>25.00	0.21	0.11	0.09	<0.005

由表 4-1 可知：样品 LPSJY-35 和 LPSJY-37 为灰岩，Ca 含量特别高，都超过了 25％；常量元素 K、Na、Mg、Fe 和 Al 的总含量，水城玉舍玄武岩最高为 10.99％、其次是盘县彭家屯关岭组泥质白云岩 5.30％，水城海坪茅口组灰岩和六枝粮蕨坝石炭系灰岩分别是 0.45％和 0.44％，明显低于前两者；常量元素 K、Na、Mg、Fe 和 Al 的总含量由高到低的排序为玄武岩＞关岭组泥质白云岩＞茅口组灰岩＞石炭系灰岩。

(三)微量元素

分析测试 4 件岩石样品的 V、Co、Cu、Zn、Mo、Mn、P、Sr、Ga、La、Sb、Sc、Y、Se、S、Ce、U、Th、Ba、W、Te、Cs 和 Ge 等 23 种微量元素的含量(表 4-2)。

表 4-2　岩石微量元素含量　　　　　　　单位：mg/kg

样品号	V	Co	Cu	Zn	Mo	Mn	P	Sr	Ga	La	Sb	Sc
LPSJY-34	217	36.3	246.0	112	1.37	697	1710	71	12.60	39.1	0.09	5.6
LPSJY-35	7	0.8	2.4	4	0.10	53	60	685	0.15	14.5	0.23	0.7
LPSJY-36	44	10.1	17.6	38	0.46	421	400	407	5.75	17.8	0.23	5.4
LPSJY-37	4	0.9	1.9	8	0.25	46	50	2680	0.24	4.4	0.08	0.9

样品号	Y	Se	S	Ce	U	Th	Ba	W	Te	Cs	Ge
LPSJY-34	21.10	0.7	1000	83.80	0.68	4.3	110	0.14	<0.01	<0.05	0.28
LPSJY-35	15.50	0.3	4000	4.92	1.44	0.2	<10	<0.05	<0.01	<0.05	<0.05
LPSJY-36	10.75	0.2	4000	36.90	0.77	4.7	40	<0.05	0.01	1.23	0.07
LPSJY-37	9.86	0.3	3000	3.18	2.20	0.3	10	<0.05	0.01	0.18	<0.05

（1）玄武岩和泥质白云岩中的 V、Co、Cu、Zn、Mo、Mn 和 P 等 7 种对马铃薯生长有益的微量元素，其含量远大于灰岩且相差甚多，如 P 含量最多相差 33 倍多，V 含量最多相差 53 倍多；Ga、La、Sc、Th、Ce、Ba 和 Ge 等 7 种元素也有类似规律。

（2）样品 LPSJY-37 灰岩中 Sr 的含量为 2680mg/kg，LPSJY-36、LPSJY-35 和 LPSJY-34 样品含量分别是 407mg/kg、685mg/kg 和 71mg/kg，差别较大，最大相差 36 倍多。由于 Sr 化学性质稳定，高含量异常可能是古沉积环境不同导致的。

（3）微量元素 Ba、W、Te、Cs 和 Ge 的含量存在不确定性，不进行含量比对讨论，但是 Ba、W 和 Ge 等元素在玄武岩样品 LPSJY-34 中的含量明显高于另外三件岩石样品。

（4）从表 4-2 中前 16 种微量元素总量来看，排除 LPSJY-37 中 Sr 出现的异常干扰，不同地层的岩石样品微量元素含量排序为：关岭组泥质白云岩>玄武岩>茅口组灰岩>石炭系灰岩。玄武岩中的 S 含量最低，造成排序上的一些变化。整体上看，二叠系玄武岩和关岭组泥质白云岩的微量元素含量均丰富。如果不考虑 Sr 和 S 的影响，则不同地层微量元素含量排序为玄武岩>关岭组泥质白云岩>茅口组灰岩>石炭系灰岩。

综上所述，对马铃薯生长、人体健康有较大影响的微量元素中，有益元素含量高的地层为玄武岩，这是种植马铃薯的最优地质背景选择，其次为关岭组泥质白云岩，第三为茅口组灰岩，石炭系灰岩大多数微量元素含量较低。

（四）重金属元素

岩石重金属含量见表 4-3，As、Cd、Cr、Hg 和 Pb 这五种对人体健康有害的元素，从总量上看，茅口组灰岩最低，关岭组泥质白云岩最高，石炭系灰岩和玄武岩介于两者之间。

表 4-3　岩石重金属含量　　　　　　　单位：mg/kg

样品号	岩性	As	Cd	Cr	Hg	Pb	总计
LPSJY-34	玄武岩	0.4	0.20	29	0.01	4.6	34.21
LPSJY-35	茅口组灰岩	7.0	0.17	9	0.03	0.3	16.50
LPSJY-36	关岭组泥质白云岩	7.0	0.13	35	<0.01	8.4	50.53
LPSJY-37	石炭系灰岩	4.0	0.53	17	0.02	0.6	22.15

二、土壤物理性状和地球化学特征

研究区土壤类型主要有黄壤、山地灌木丛草甸土、山地黄棕壤、石灰土、水稻土、紫色土、潮土和沼泽土等8种类型，分为24个亚类，74个土属，141个土种。可种植作物的土壤面积达$933.03×10^4 hm^2$，占土地总面积的62.74%。黄壤是境内地带性土类，分布广，面积为$422.32×10^4 hm^2$，占土地总面积的28.40%。

最适宜种植马铃薯的土壤为表土层深厚、富含有机质、结构疏松、排水通气良好的土壤；特别是种植在孔隙度大、通气良好的砂壤土上的马铃薯，出苗快，块茎形成早，薯块整齐，产量和淀粉含量均高(张小静等，2010)。

(一)土壤物理性状

土壤物理性状是影响马铃薯生长发育的重要因素，是反映土壤肥力的重要指标。不同的土壤物理性状会造成土壤水、气、热的差异，影响土壤中矿质养分的供应状况，从而影响马铃薯的生长发育。

不同质地的土壤有不同的空气、水分、养分、热量和力学状况，土壤物理性状在很大程度上左右着土壤肥力和马铃薯生产潜力。马铃薯对土壤的要求不高，在高寒山区玄武岩、灰岩和泥岩等风化形成的土壤中均可以种植。这些岩石风化不彻底，往往含有大量的碎石、砂粒等，土壤通气性好，有利于马铃薯块茎膨大。

六盘水市的六枝—濫坝背斜石炭系出露区域，石炭系灰岩节理发育，风化形成的土壤含有大量的细小灰岩碎石、灰岩砂等，土壤透气性好，植被发育，如图4-4(a)~图4-4(d)、图4-5(a)~图4-5(c)所示，土壤呈碱性，适合马铃薯生长。

水城玉舍—杨梅一带，高海拔的二叠系茅口组灰岩，岩石风化不彻底，往往含大量未完全风化的砂状灰岩，使土壤呈砂状，土壤透气性较好，如图4-4(e)、图4-5(d)、图4-5(f)所示，土壤呈碱性，适合马铃薯生长。

水城的四格、杨梅玉舍和盘县上纸厂等地玄武岩分布区域，玄武岩风化形成的土层厚，土质松散，透气好，植被发育，生态环境好，如图4-4(g)~图4-4(i)、图4-5(e)、图4-5(g)所示，土壤中含有大量矿物质，最适合马铃薯的生长。

六枝陇脚、岩脚、水城纸厂和盘县中部鸡场坪等地，三叠系地层出露，结晶结构或碎屑结构，灰色、灰白色，质地较致密，母质中石砂含量较高，土壤质地疏松，透水性较好，适合马铃薯的生长，如图4-5(h)。

对六盘水马铃薯优质集中种植区实地调查发现：一是土层较厚，马铃薯植株根系细长、数量多，易吸取土壤养分，土壤矿物质容易分解，马铃薯植株营养丰富；二是土壤中含大量母岩碎屑，风化不彻底，土壤疏松、多孔，保水保肥性好，有利于根系对水分、养分的吸收。

总之，六盘水马铃薯种植区二叠系玄武岩地层的砂土、砂黏比例合理，保肥保水能力强、透气性好。此外，土壤下部为砂砾石或黏土砂砾层，具有质地疏松、通气性好的优点，热量容易传递与吸收，这对马铃薯生长是一个很有利的因素。石炭系地层的土壤通气性没有二叠系玄武岩地层好，影响马铃薯品质。

图 4-4　马铃薯种植区土壤与地质环境

（a）石炭系灰岩；（b）石炭系灰岩风化碎石土壤；（c）石炭系灰岩风化的含碎石耕土；（d）石炭系灰岩分布区马铃薯种植山地环境；（e）茅口组灰岩风化土壤种植的马铃薯；（f）喀斯特环境马铃薯种植；（g）玄武岩风化的碎石土壤；（h）玄武岩风化的耕土；（i）玄武岩耕土种植的马铃薯

　　　　　　(g)　　　　　　　　　　　　　　　　(h)

图 4-5　马铃薯种植区土壤

(a)六枝粮蕨坝石炭系耕土；(b)六枝粮蕨坝石炭系原生土；(c)六枝陇脚村二关寨石炭系耕土；(d)盘县梁家山茅口组耕土；(e)盘县上纸厂玄武岩耕土；(f)水城海坪茅口组原生土；(g)水城玉舍玄武岩耕土；(h)水城纸厂前龙三叠系原生土

(二)土壤地球化学特征

　　岩石、土壤样品及其对应的地层如图 4-6 所示，土壤矿质元素构成与马铃薯的生长和品质密切相关，土壤中的耕土部分与马铃薯直接接触关系更是密切。因此，研究土壤中的常量元素、微量元素和重金属元素，掌握土壤地球化学特征，揭示土壤地质背景是马铃薯种植环境区划的唯一途径。

1. 常量元素

　　K、Na、Ca、Mg、Fe、Al 和 Ti 等 7 种常量元素在土壤中的分布特征与植物生长关系密切，为方便比较将 S 也纳入常量元素中讨论。原生土样品 14 件，各种常量元素含量见表 4-4；耕土样品 19 件，各种常量元素含量见表 4-5。从总量上看，土壤样品 8 种常量元素之和大于 20％的有盘县洒基、盘县二关寨、水城大房子和水城煤冲 4 件原生土样品以及盘县新营和水城大房子 2 件耕土样品。原生土及耕土常量元素总量小于 5％的有 5 件样品，皆出自于石炭系地层，分别是六枝粮蕨坝和水城小田坝的原生土及耕土样品。

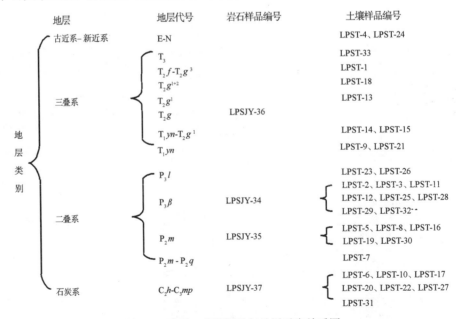

图 4-6　岩石、土壤样品与地层对应关系图

表 4-4　原生土常量元素含量（%）

样品	地层	地点	K	Na	Ca	Mg	Fe	Al	Ti	S	总量
LPST-4	E-N	盘县二关寨	0.18	0.02	15.40	0.24	2.47	2.04	<0.005	0.04	20.39
LPST-14	T_1yn-T_2g^1	水城纸厂上部	0.24	0.01	0.13	0.33	4.95	3.95	0.017	0.04	9.67
LPST-15	T_1yn-T_2g^1	水城纸厂下部	0.38	0.01	0.29	0.43	5.11	3.16	0.012	0.02	9.41
LPST-21	T_1yn	盘县新营	0.58	0.01	0.05	0.63	5.74	3.46	0.013	0.03	10.51
平均值			0.40	0.01	0.16	0.46	5.27	3.52	0.014	0.03	9.86
LPST-23	P_3l	水城发耳湾子	0.10	0.01	0.17	0.08	3.15	2.52	<0.005	0.01	6.04
LPST-26	P_3l	水城煤冲	0.06	0.01	0.03	0.08	17.75	4.46	0.239	0.04	22.67
平均值			0.08	0.01	0.10	0.08	10.45	3.49	0.012	0.025	14.25
LPST-2	$P_3\beta$	盘县洒基	0.03	0.01	0.14	0.07	13.85	9.03	0.146	0.09	23.37
LPST-25	$P_3\beta$	水城大房子	0.07	0.01	0.08	0.09	15.20	5.69	0.250	0.04	21.43
LPST-28	$P_3\beta$	盘县上纸厂	0.09	0.01	0.08	0.35	9.90	6.43	0.495	0.10	17.46
平均值			0.06	0.01	0.10	0.17	12.98	7.05	0.297	0.076	20.74
LPST-30	P_2m	盘县梁家山	0.21	<0.01	0.24	0.20	6.52	4.84	0.013	0.02	12.04
LPST-5	P_2m	水城海坪	0.06	0.01	0.11	0.09	3.99	2.54	0.015	0.04	6.86
LPST-19	P_2m	盘县梁家山	0.25	0.01	0.19	0.19	7.53	6.42	0.017	<0.01	14.61
平均值			0.17	0.01	0.18	0.16	6.01	4.6	0.015	0.023	11.17
LPST-22	C_2h-C_3mp	水城小田坝	0.10	0.01	0.23	0.11	2.28	1.50	<0.005	0.01	4.24
LPST-17	C_2h-C_3mp	六枝粮蕨坝	0.03	<0.01	0.06	0.04	2.67	1.21	0.007	0.01	4.03
平均值			0.07	0.01	0.15	0.08	2.48	1.36	0.006	0.01	4.17

注：含量小于 0.01% 的在计算总量时计为 0。

表 4-5　耕土常量元素含量（%）

样品	地层	地点	K	Na	Ca	Mg	Fe	Al	Ti	S	总量
LPST-24	E-N	盘县二关寨	0.29	0.02	6.16	1.83	3.00	2.25	<0.005	0.07	13.62
LPST-33	T_3	水城前龙	0.33	0.01	0.37	0.33	4.46	2.56	0.014	0.03	8.10
LPST-1	T_2f-T_2g^3	六枝把士寨	0.27	0.02	3.00	1.71	3.89	3.80	0.017	0.15	12.86
LPST-18	T_2g^{1+2}	盘县彭家屯	0.34	0.02	14.75	0.77	2.07	1.82	0.014	0.04	19.82
LPST-13	T_2g^1	水城纸厂	0.38	0.01	0.39	0.46	5.08	2.91	0.013	0.02	9.26
LPST-9	T_1yn	盘县新营	0.23	0.03	12.65	4.49	2.54	1.69	0.018	0.16	21.81
平均值			0.31	0.02	6.23	1.55	3.61	2.56	0.015	0.08	14.38
LPST-3	$P_3\beta$	水城玉舍	0.14	0.02	2.04	0.62	9.90	4.89	0.597	0.07	18.28
LPST-29	$P_3\beta$	水城煤冲	0.09	0.01	0.76	0.17	12.05	6.29	0.216	0.08	19.67
LPST-32	$P_3\beta$	水城大房子	0.07	0.01	0.13	0.08	14.85	5.05	0.238	0.05	20.48
LPST-11	$P_3\beta$	盘县包包寨	0.14	0.02	0.74	0.71	9.73	4.88	0.718	0.04	16.98
LPST-12	$P_3\beta$	盘县上纸厂	0.10	0.01	0.13	0.21	10.70	6.36	0.462	0.09	18.06
平均值			0.11	0.01	0.76	0.36	11.45	5.49	0.446	0.07	18.70

续表

样品	地层	地点	K	Na	Ca	Mg	Fe	Al	Ti	S	总量
LPST-8	P_2m	水城海坪	0.06	0.01	0.17	0.10	3.01	2.35	0.016	0.05	5.77
LPST-16	P_2m	水城海坪	0.08	<0.01	0.19	0.10	2.85	2.36	0.014	0.03	5.62
LPST-7	P_2m-P_2q	水城甘塘	0.06	0.01	0.91	0.09	4.36	1.53	0.033	0.03	7.02
	平均值		0.07	0.01	0.42	0.10	3.41	2.08	0.021	0.04	6.15
LPST-6	C_2h-C_3mp	六枝粮蕨坝(上)	0.02	<0.01	0.16	0.03	1.85	0.74	0.006	0.02	2.83
LPST-10	C_2h-C_3mp	六枝粮蕨坝(下)	0.07	0.01	0.73	0.10	1.82	1.19	0.007	0.05	3.98
LPST-20	C_2h-C_3mp	水城小田坝	0.09	0.01	1.29	0.12	2.11	1.24	<0.005	0.03	4.89
LPST-27	C_2h-C_3mp	水城小田坝	0.09	0.01	2.63	0.15	2.48	1.02	<0.005	0.04	6.42
LPST-31	C_2h	水城后菁	0.08	0.02	6.88	0.63	1.40	1.02	0.012	0.09	10.13
	平均值		0.07	0.01	2.34	0.21	1.93	1.04	0.007	0.05	5.66
	总平均值		0.15	0.02	2.85	0.67	5.17	2.84	0.15	0.06	11.91

注：含量小于0.01%的在计算总量时计为0。

土壤样品中K、Na、Ca、Mg、Fe、Al、Ti和S等8种元素总量与母岩岩石样品中各元素总量具有显著相关关系，即母岩元素总量高，风化的土壤元素总量也高。

(1)33件土壤样品，K含量最高的前10件样品中多数属于三叠系地层风化的土壤，含量最高的背景为盘县新营永宁镇组，土壤K含量是0.58%，其次为关岭组，第三是古近系—新近系风化的土壤，二叠系和石炭系风化的土壤K含量较低。岩石样品中，三叠系地层的K含量远远高出其他地层，与土壤样品中的含量关系相同。这与三叠系地层含大量岩盐、含钾矿物有关。中国土壤K含量背景值为1.86%，研究区耕土平均含量为0.15%，与之比较尚有差距。

马铃薯是喜K作物，K是马铃薯生长发育和块茎膨大所需最多的元素，因此其含量直接影响着马铃薯的品质。

(2)Na在14件原生土样品中的含量除盘县二关寨为0.02%外，其余均小于或等于0.01%；耕土层19件样品中12件样品Na含量小于或等于0.01%。耕土中三叠系地层风化土壤Na含量较高，但是，与中国土壤Na含量背景值1.02%比较，其含量也低。Na可以促进马铃薯对K的吸收，使马铃薯中K含量增加，从而提高马铃薯的品质。

(3)Ca含量排序前5位的是盘县二关寨原生土和盘县彭家屯、新营、二关寨和水城后菁的耕土，其含量分别是15.40%、14.75%、12.65%、6.16%和6.88%；含量为1%~3%的样品4件，含量小于1%的有24件样品，总体含量水平不高。三叠系与石炭系地层风化耕土的Ca含量平均值分别为6.23%和2.34%，均高于二叠系玄武岩地层风化的耕土土壤。中国土壤Ca含量背景值为1.54%。研究区耕土Ca含量的高低与土壤所处地质背景密切相关。

(4)Mg在33件土壤样品中，含量最高的是盘县新营的样品LPST-9，为三叠系永宁镇组风化土壤样品，其含量为4.49%，远远高于其他样品；其次为盘县二关寨样品LPST-24、三叠系法郎组—关岭组风化土壤样品LPST-1，含量分别是1.83%、1.71%；

其余的样品 Mg 含量都小于 1%。研究区耕土 Mg 含量平均值为 0.67%，中国土壤 Mg 含量背景值为 0.78%，研究区略低。

（5）Fe 在土壤中含量最高的样品为 LPST-26，Fe 含量达 17.75%，其地层为二叠系龙潭组。研究区原生土与耕土 Fe 平均值分别为 7.22% 和 5.17%，中国土壤 Fe 含量背景值为 2.94%，相比之下，研究区土壤 Fe 含量较高。二叠系峨眉山玄武岩组中 Fe 含量高，这是玄武岩的特征之一，最低为石炭系地层。岩土样品中 Fe 含量高低排序具有类似关系，表现出土壤与岩石的继承性。

Fe 是马铃薯发育过程中必需的元素之一，对于叶绿素的形成、一级营养品质中的蛋白质合成都有着重要的作用。

（6）Al 含量最高的样品为 LPST-2，其含量为 9.03%，为二叠系峨眉山玄武岩第二段风化的土壤样品，在 33 个土壤样品中 Al 含量排在前 11 位的均属于二叠系地层风化的土壤，其次为三叠系、古近系—新近系及石炭系风化的土壤。研究区原生土与耕土 Al 平均值分别为 4.09% 和 2.84%，中国土壤 Al 含量背景值为 6.62%，相比之下研究区土壤 Al 含量略低。在岩石样品中，Al 的含量由高到低为：玄武岩＞三叠系＞石炭系＞茅口组，与土壤中各地层 Al 含量关系相吻合。

Al 与马铃薯品质指标之一的淀粉呈中度相关关系，因此 Al 的含量会影响马铃薯的加工品质。

（7）Ti 含量最高的是盘县包包寨，为 0.718%，含量大于 0.1% 的样品中有 8 个产于玄武岩地层背景土壤。研究区原生土与耕土 Ti 平均值分别为 0.11% 和 0.15%，中国土壤 Ti 含量背景值为 0.38%，研究区略低。

（8）土壤样品中含 S 最高的为耕土样品 LPST-9，含量为 0.16%；其次为 LPST-1，含量为 0.15%，两者均属于三叠系地层风化的土壤；第三是原生土 LPST-28，含量为 0.10%，属玄武岩地层背景土壤；其他样品含 S 较低，在 0.01%～0.09%，多数为 0.03%～0.04%。研究区岩石样品中 S 含量不同地层的排序是：三叠系＝茅口组＞石炭系＞玄武岩。耕土中 S 的平均值最高为三叠系，其次为玄武岩，茅口组最低，与岩石有所不同。S 是马铃薯生长发育所必需的元素，是马铃薯生成蛋白质以及氨基酸的主要组成的影响元素。

综上所述，可以总结出研究区母岩、风化土壤常量元素含量具有以下特征。

（1）耕土样品中常量元素含量分别与岩石样品进行对比，发现母岩与耕土之间元素含量具有相同变化趋势，即元素含量高的玄武岩与三叠系地层，其风化形成的土壤元素含量也高；元素含量较低的茅口组与石炭系地层，其风化形成的土壤元素含量也低。

（2）耕土中常量元素与马铃薯生长发育有着密切的关系，比较研究区主要地层背景的耕土中所含 S、K、Na、Ca、Mg、Fe、Al 和 Ti 等 8 种元素含量的平均值，排序如下。

S：三叠系＞玄武岩＞石炭系＞茅口组

K：三叠系＞玄武岩＞茅口组＝石炭系

Na：三叠系＞玄武岩＝茅口组＝石炭系

Ca：三叠系＞石炭系＞玄武岩＞茅口组

Mg：三叠系＞玄武岩＞石炭系＞茅口组

Fe：玄武岩＞三叠系＞茅口组＞石炭系

Al：玄武岩＞三叠系＞茅口组＞石炭系

Ti：玄武岩＞茅口组＞三叠系＞石炭系

（3）从常量元素总量来看，各地层原生土元素总量排序为玄武岩＞三叠系＞石炭系；耕土中元素总量排序也是玄武岩＞三叠系＞石炭系；常量元素含量最多的是玄武岩风化形成的土壤，玄武岩有益元素含量多，最适宜马铃薯的生长发育，直接影响马铃薯的营养组分蛋白质和淀粉的形成。其次为三叠系风化的土壤，石炭系风化形成的土壤常量元素含量最小。茅口组原生土中的常量元素总量高于石炭系；茅口组耕土中的常量元素总量也高于石炭系。

2. 微量元素

分析测试 33 件土壤样品中的 34 种微量元素，重点讨论土壤中 V、Co、Cu、Zn、Mo、Mn、P 和 Se 等 8 种微量元素含量特征，土壤微量元素含量情况如表 4-6 和表 4-7 所示。整体上 P 和 Mn 的含量较高。由表 4-6 可知，从 8 种微量元素总量来看，原生土中玄武岩背景的各种元素含量最高，石炭系最低。各地质背景 8 种微量元素总量排序依次为玄武岩＞龙潭组＞三叠系＞茅口组＞古近系—新近系＞石炭系，其总量分别为2454.35mg/kg、 2333.93mg/kg、 1554.79mg/kg、 1100.27mg/kg、 983.06mg/kg 和483.81mg/kg。由表 4-7 可知，耕土中 8 种微量元素总量以玄武岩背景的各种元素含量最高，石炭系最低。各地质背景 8 种微量元素总量排序依次为玄武岩＞三叠系＞古近系—新近系＞茅口组＞石炭系，其总量分别为 3722.96mg/kg、2321.37mg/kg、2275.59mg/kg、1734.02mg/kg 和 1059.64mg/kg。

耕土中 8 种微量元素总量平均值为 2263.02mg/kg，原生土中 8 种元素总量平均值为1567.63mg/kg，说明耕土中元素总体上富集。研究区 P、Mn、Zn、Mo 和 Se 等 5 种元素在各地层的总平均值，原生土中含量低，耕土中含量高，这 5 种元素在古近系—新近系、三叠系、二叠系和石炭系各个地层中，除去 Mo 以外，其余的均显示出富集特征。

表 4-6　原生土微量元素含量　　　　　　　　单位：mg/kg

样品	地层	地点	V	Co	Cu	Zn	Mo	Mn	P	Se	总量
LPST-4	E-N	盘县二关寨	59	10.6	15	40	1.16	487	370	0.8	983.06
LPST-14	T_1yn-T_2g^1	水城纸厂上部	87	14.6	40	56	3.04	630	730	0.7	1561.64
LPST-15	T_1yn-T_2g^1	水城纸厂下部	79	29.8	53	83	3.91	1280	470	0.6	1999.51
LPST-21	T_1yn	盘县新营	89	18.2	63	66	0.81	386	480	0.4	1103.21
	平均值		85	20.87	52	68.33	2.59	765.33	560	0.57	1554.79
LPST-23	P_3l	水城发耳湾子	94	23.5	167	59	0.97	298	240	0.7	883.17
LPST-26	P_3l	水城煤冲	452	84.3	291	76	0.88	2190	690	0.5	3784.68
	平均值		273	53.9	229	67.5	0.93	1244	465	0.6	2333.93
LPST-2	$P_3\beta$	盘县洒基	426	13.0	111	51	1.24	643	910	0.7	2155.94
LPST-25	$P_3\beta$	水城大房子	436	37.5	298	77	1.08	1060	690	0.5	2600.08
LPST-28	$P_3\beta$	盘县上纸厂	305	32.8	209	117	2.23	1040	900	1.0	2607.03
	平均值		389	27.77	206	81.67	1.52	914.33	833	0.73	2454.35
LPST-30	P_2m	盘县梁家山	102	28.0	42.5	49	1.24	459	360	0.4	1042.14

样品	地层	地点	V	Co	Cu	Zn	Mo	Mn	P	Se	总量
LPST-5	P_2m	水城海坪	101	27.7	40.0	66	1.47	467	300	0.8	1003.97
LPST-19	P_2m	盘县梁家山	133	28.0	48.4	57	1.92	656	330	0.4	1254.72
	平均值		112	27.90	43.63	57.33	1.54	527.33	330	0.53	1100.27
LPST-22	C_2h-C_3mp	水城小田坝	38	7.1	5.6	50	2.16	376	90	0.6	569.46
LPST-17	C_2h-C_3mp	六枝粮蕨坝	39	2.3	6.9	19	1.45	239	90	0.5	398.15
	平均值		38.5	4.7	6.25	34.5	1.81	307.5	90	0.55	483.81
	总平均值		174.29	25.53	99.3	61.86	1.68	729.36	475	0.61	1567.63

表 4-7　耕土微量元素含量　　　　　　　单位：mg/kg

样品	地层	地点	V	Co	Cu	Zn	Mo	Mn	P	Se	总量
LPST-24	E-N	盘县二关寨	76	13.6	26.3	67	1.69	1300	790	1.0	2275.59
LPST-33	T_3	水城前龙	72	27.1	46.6	90	3.51	1470	820	0.6	2529.81
LPST-1	T_2f-T_2g^3	六枝把士寨	99	17.3	30.3	117	2.40	1660	1610	0.8	3536.80
LPST-18	T_2g^{1+2}	盘县彭家屯	40	10.9	20.7	47	0.43	472	780	0.4	1371.43
LPST-13	T_2g^1	水城纸厂	74	29.8	54.0	104	3.58	1370	560	0.6	2195.98
LPST-9	T_1yn	盘县新营	53	11.7	39.4	871	1.62	515	480	1.1	1972.82
	平均值		67.6	19.36	38.2	245.8	2.31	1097.4	850	0.7	2321.37
LPST-3	$P_3\beta$	水城玉舍	307	63.9	292	205	1.37	2300	1720	1.2	4890.47
LPST-29	$P_3\beta$	水城煤冲	347	35.4	212	112	2.19	1100	2470	0.8	4279.39
LPST-32	$P_3\beta$	水城大房子	431	51.3	291	88	1.17	1400	810	0.4	3072.87
LPST-11	$P_3\beta$	盘县包包寨	308	45.5	206	154	2.40	1420	1450	1.1	3587.00
LPST-12	$P_3\beta$	盘县上纸厂	343	25.0	184	110	1.58	811	1310	1.0	2785.08
	平均值		347.2	44.22	236.9	133.8	1.742	1406.2	1552	0.9	3722.96
LPST-8	P_2m	水城海坪	75	32.8	52.0	103	1.49	931	690	1.0	1886.29
LPST-16	P_2m	水城海坪	77	27.9	40.2	87	1.27	406	610	0.7	1250.07
LPST-7	P_2m-P_2q	水城甘塘	117	16.5	25.8	84	1.59	1020	800	0.8	2065.69
	平均值		89.67	25.73	39.33	91.33	1.45	785.67	700	0.83	1734.02
LPST-6	C_2h-C_3mp	六枝粮蕨坝(上)	31	2.8	4.6	31	1.46	112	240	0.4	423.26
LPST-10	C_2h-C_3mp	六枝粮蕨坝(下)	31	5.4	28.5	54	1.72	241	770	0.8	1132.42
LPST-20	C_2h-C_3mp	水城小田坝	35	5.1	7.7	71	2.12	310	250	0.8	681.72
LPST-27	C_2h-C_3mp	水城小田坝	37	8.3	11.9	194	1.88	728	450	0.8	1431.88
LPST-31	C_2h	水城后菁	27	5.0	22.1	153	1.00	450	970	0.8	1628.90
	平均值		32.20	5.32	14.96	100.60	1.64	368.20	536	0.72	1059.64
	总平均值		74	20.35	36.45	78.5	2.6	1385	805	0.8	2263.02

　　33 件土壤样品中，Mn 和 P 整体上含量最高。P 含量最高的前 10 件样品中有 7 件样品属于玄武岩风化的土壤，2 件属于三叠系风化的土壤，1 件为石炭系黄龙—马平群风化的土壤；古近系—新近系地层风化的土壤样品中 P 含量大于二叠系茅口组地层风化的土

壤，石炭系地层风化的土壤含 P 均低，最低的样品 LPST-17 和 LPST-22 中 P 含量仅为 90mg/kg，远低于含量最高的 2470mg/kg(玄武岩风化的土壤)。耕土样品中 P 含量明显继承了母岩的特征，都表现为玄武岩>三叠系>茅口组>石炭系。P 是对马铃薯生长、品质有重要影响的元素之一，土壤中 P 的含量显著影响马铃薯的生长及品质。

Mn 在水城玉舍样品 LPST-3 中含量最高，为 2300mg/kg，是玄武岩风化的土壤，总含量最高的前 10 件样品中有 5 件属于二叠系风化的土壤，4 件属于三叠系风化的土壤，1 件为古近系—新近系风化的土壤。石炭系地层风化的土壤样品 Mn 含量均低，最低的仅为 112mg/kg，明显低于其他地层风化的土壤。耕土样品中 Mn 含量明显继承了母岩的特征，耕土与岩石的 Mn 含量都表现为玄武岩>三叠系>茅口组>石炭系。Mn 对马铃薯生长发育有影响，Mn 可延长光合作用的时间，积累更多的碳水化合物。

各个地层风化形成的耕土微量元素相对富集系数如表 4-8 所示，具有如下规律。

(1)古近系—新近系地层背景的耕土微量元素 V、Zn 和 Mo 含量相对于中国土壤元素背景值(王云和魏复盛，1995)为亏损；Mn、Co、Cu 和 Se 则都处于相对富集状态。

(2)三叠系地层背景的耕土中，除去 V 以外，其他 Mn、Co、Cu、Zn、Mo 和 Se 等 6 种元素的含量平均值均处于富集状态。特别是 Zn 和 Se 相对富集系数较高，分别为中国土壤元素背景值的 3.31 倍和 2.41 倍，满足马铃薯的生长需要。

(3)二叠系主要研究玄武岩和茅口组灰岩背景的耕土，微量元素含量及富集情况如下所述。

二叠系玄武岩地层风化的耕土中，与中国土壤元素背景值比较，Mo 亏损，Cu、Zn、Mn、V、Co 和 Se 等 6 种元素的含量平均值则都处于富集状态，特别是 Cu 的相对富集系数高达 10.48，Zn 的相对富集系数为 1.80 较低，其余的 Mn、V、Co 和 Se 都处于较高水平，分别为中国土壤元素背景值的 2.41 倍、4.21 倍、3.48 倍和 3.10 倍。

二叠系茅口组灰岩地层风化的耕土中，与玄武岩地层类似，Mo 为亏损，其余 Cu、Zn、Mn、V、Co 和 Se 等 6 种元素的含量平均值则都处于富集状态，但相对富集系数不如二叠系玄武岩地层高，多为 1~2。

(4)石炭系地层背景的耕土中，Mn、V、Co、Cu 和 Mo 都处于相对亏损状态。只有 Zn 及 Se 的含量平均值分别为中国土壤元素背景值的 1.36 倍和 2.48 倍，相对富集。

上述各地层背景下 8 种微量元素的总量在原生土和耕土中表现出同样的规律，即微量元素总含量最高的都是玄武岩地层风化的土壤，最低的都是石炭系风化的土壤，三叠系、茅口组介于两者之间，其地层背景排序为玄武岩>三叠系>茅口组>石炭系。

比较研究区主要地层玄武岩、三叠系、茅口组和石炭系背景的土壤与岩石，Mn、V、Cu 和 P 等 4 种微量元素含量，在岩石样品中元素含量高的，则风化形成的原生土和耕土样品中相对元素含量也高；岩石样品元素含量低者，其风化形成的原生土和耕土样品中元素相对含量也低，表明上述 4 种微量元素在岩石和土壤中具有继承性的特征。

表 4-8　耕土主要微量元素相对富集系数

	V	Co	Cu	Zn	Mo	Mn	Se
古近系—新近系	0.92	1.07	1.16	0.90	0.85	2.23	3.45
三叠系	0.82	1.52	1.69	3.31	1.15	1.88	2.41

	V	Co	Cu	Zn	Mo	Mn	Se
玄武岩	4.21	3.48	10.48	1.80	0.87	2.41	3.10
茅口组	1.09	2.03	1.74	1.23	0.73	1.34	2.86
石炭系	0.39	0.42	0.66	1.36	0.82	0.63	2.48

3. 其他微量元素

这里的其他微量元素指 Ba、W、Cs、Ga、Ge、Sr、Ta、Te、Th、U、Sc、Y、Ce 和 La，包括 Sc、Y、Ce 和 La 等 4 种稀土元素。

这 14 种微量元素对于农作物、对于马铃薯的生长以及品质的影响机理尚不完全明确，但其中的稀土元素对农作物有益是明确的，各元素的含量如表 4-9 所示。

（1）表 4-9 中，这 14 种微量元素总量平均值最高的是玄武岩风化土壤，为390.99mg/kg，最低的是石炭系地层风化的土壤，为 173.88mg/kg，介于两者之间的三叠系为 337.86mg/kg，二叠系茅口组、龙潭组分别为 262.15mg/kg、332.60mg/kg。

（2）Ba、Ce 和 Sr 等 3 种元素在各个地层风化的土壤中含量比例大，由表 4-9 可知，3种元素的总量占各自地层风化土壤微量元素总量的 70%～86%。

（3）研究区的玄武岩、龙潭组、茅口组和三叠系四个地层中，Sc、Y、Ce 和 La 等 4种稀土元素总和的平均含量分别为 29.89mg/kg、42.15mg/kg、27.95mg/kg 和32.07mg/kg，龙潭组最高，茅口组最低。

4. 重金属元素

中国土壤中 As、Cd、Cr、Hg 及 Pb 的平均含量分别为 11.2mg/kg、0.097mg/kg、61mg/kg、0.065mg/kg 和 26mg/kg（王云和魏复盛，2003），中国土壤（未受污染的土壤）中有害微量元素含量均在植被和农作物可利用范围内。

表4-9　土壤其他微量元素含量

单位:mg/kg

样品号	地层	Ba	W	Cs	Ga	Ge	Sr	Ta	Te	Th	U	Sc	Y	Ce	La	总量
LPST-4	E-N	40	0.13	0.98	7.1	0.07	265.0	0.01	0.06	5.1	0.93	7.3	35.90	43.4	18.6	424.58
LPST-24	E-N	80	0.18	0.92	7.3	0.09	110.5	0.01	0.05	5.1	1.29	7.0	38.40	60.6	27.7	339.14
平均值		60	0.16	0.95	7.2	0.08	187.8	0.01	0.06	5.1	1.11	7.2	37.15	52.0	23.2	382.02
LPST-9	T_1ym	300	0.08	0.60	5.8	0.07	209.0	<0.01	0.03	2.6	2.49	5.2	8.15	43.5	13.4	590.92
LPST-18	T_2g^{1+2}	100	0.06	1.12	5.6	0.08	392.0	<0.01	0.03	4.4	0.82	5.1	11.05	36.5	17.0	573.76
LPST-1	$T_2f\text{-}T_2g^3$	120	0.37	1.97	11.4	0.11	67.3	0.01	0.07	5.9	1.77	8.3	43.10	68.9	34.7	363.90
LPST-14	$T_1ym\text{-}T_2g^1$	50	0.16	2.19	14.0	0.13	8.6	0.01	0.09	2.5	2.57	6.4	35.60	71.9	58.5	252.65
LPST-13	T_2g^1	60	0.10	1.18	11.0	0.09	17.2	<0.01	0.07	5.5	2.77	9.5	17.55	95.9	24.1	244.96
LPST-15	$T_1ym\text{-}T_2g^1$	60	0.10	1.45	11.8	0.10	13.5	<0.01	0.07	6.0	2.76	10.1	11.15	98.9	18.7	234.63
LPST-33	T_3	70	0.10	1.26	9.8	0.10	17.0	<0.01	0.05	3.7	2.41	7.4	14.60	86.0	27.7	240.12
LPST-21	T_1ym	30	<0.05	1.33	13.6	0.11	7.7	<0.01	0.04	8.1	2.06	12.4	8.06	95.3	20.9	199.60
平均值		99	0.14	1.39	10.4	0.10	91.5	<0.01	0.06	4.8	2.21	8.1	18.66	74.6	26.9	337.86
LPST-26	P_3l	50	<0.05	0.88	30.9	0.29	6.0	0.01	0.05	5.2	1.15	37.9	19.15	129.5	35.1	316.13
LPST-23	P_3l	200	<0.05	0.23	7.9	0.10	20.9	<0.01	0.02	3.4	0.77	10.0	20.20	59.2	25.8	348.52
平均值		125	0.05	0.56	19.4	0.20	13.5	0.01	0.04	4.3	0.96	24.0	19.68	94.4	30.5	332.60
LPST-19	P_2m	90	0.07	3.34	23.9	0.12	10.6	<0.01	0.05	13.4	3.28	17.0	17.35	157.5	32.2	368.81
LPST-30	P_2m	80	0.07	2.36	19.9	0.12	12.4	<0.01	0.06	9.5	2.41	15.2	17.75	121.0	30.5	311.27
LPST-16	P_2m	30	0.12	2.52	8.5	0.07	26.0	<0.01	0.07	3.4	2.16	8.5	10.75	85.2	16.2	193.49
LPST-5	P_2m	30	0.12	2.57	10.4	0.07	14.9	<0.01	0.09	3.8	2.25	8.1	7.73	74.2	11.5	165.73
LPST-7	$P_2m\text{-}P_2q$	50	0.12	1.80	6.8	0.07	22.8	<0.01	0.07	1.9	2.05	4.0	11.00	32.7	13.5	146.81
LPST-8	P_2m	30	0.14	2.78	8.2	0.07	17.2	<0.01	0.06	0.8	2.61	4.4	12.00	80.4	15.0	173.66

续表

样品号	地层	Ba	W	Cs	Ga	Ge	Sr	Ta	Te	Th	U	Sc	Y	Ce	La	总量
平均值		67	0.11	2.52	18.5	0.12	17.6	0.01	0.08	5.4	2.31	15.5	14.00	98.7	20.3	262.15
LPST-3	$P_3\beta$	450	<0.05	0.65	25.6	0.31	88.5	0.01	0.04	4.0	0.89	21.4	42.00	109.5	51.7	794.60
LPST-32	$P_3\beta$	80	<0.05	1.62	31.1	0.22	15.9	0.01	0.03	5.9	1.33	34.4	12.85	128.5	28.8	340.66
LPST-25	$P_3\beta$	60	<0.05	1.79	31.7	0.22	14.0	0.01	0.04	6.1	1.33	34.5	8.69	124.5	18.6	301.48
LPST-2	$P_3\beta$	40	<0.05	2.84	38.0	0.25	8.3	0.01	0.08	8.9	1.84	36.2	18.95	111.5	29.7	296.57
LPST-11	$P_3\beta$	170	<0.05	1.94	26.2	0.21	34.7	0.01	0.04	6.0	1.69	21.0	23.70	77.6	36.9	399.99
LPST-29	$P_3\beta$	90	<0.05	2.65	28.8	0.17	32.3	<0.01	0.10	5.6	2.03	30.3	10.15	107.0	18.1	327.20
LPST-28	$P_3\beta$	120	<0.05	2.59	28.2	0.19	10.5	0.01	0.13	4.7	2.24	26.2	23.70	121.0	25.2	364.66
LPST-12	$P_3\beta$	80	<0.05	2.04	31.6	0.17	11.6	0.01	0.06	5.2	1.73	26.1	15.60	109.5	20.7	304.31
平均值		136	0.05	2.02	30.2	0.22	26.92	0.01	0.07	5.8	1.64	28.8	19.46	111.1	28.7	390.99
LPST-31	C_2h	90	0.18	1.35	3.4	0.06	316.0	<0.01	0.01	0.7	1.30	2.2	19.60	21.7	13.6	470.10
LPST-27	C_2h-C_3mp	40	0.09	0.61	2.8	0.05	173.5	<0.01	0.02	2.0	0.83	3.3	8.41	20.0	7.7	259.31
LPST-20	C_2h-C_3mp	40	0.11	1.13	3.6	<0.05	84.3	<0.01	0.03	2.4	0.90	3.0	5.14	16.0	5.2	161.81
LPST-10	C_2h-C_3mp	40	0.18	1.69	4.2	<0.05	52.3	<0.01	0.04	0.8	1.06	2.3	7.00	18.6	7.6	135.77
LPST-22	C_2h-C_3mp	30	0.11	1.18	4.3	<0.05	25.5	<0.01	0.04	3.5	0.66	2.6	2.40	15.0	2.9	88.19
LPST-6	C_2h-C_3mp	10	0.16	0.86	2.8	<0.05	20.6	<0.01	0.03	1.6	0.75	2.0	4.01	9.2	3.3	55.31
LPST-17	C_2h-C_3mp	10	0.18	1.14	4.6	0.06	12.1	<0.01	0.03	4.0	0.77	2.3	1.81	6.6	3.7	47.29
平均值		37	0.14	1.14	3.7	0.06	97.8	0.01	0.03	2.1	0.90	2.5	6.91	15.3	6.3	173.88

　　对马铃薯生长与品质产生影响的重金属 As、Cd、Cr、Hg 及 Pb 等元素进行分析测试, 六盘水土壤中重金属元素含量情况如表 4-10～表 4-12 所示。

　　原生土 5 种重金属元素总量上各地层的排序是茅口组>三叠系>玄武岩>石炭系>龙潭组。由表 4-11 可知, 茅口组地层除 Hg 外, 其他 As、Cd、Cr 和 Pb 等 4 种重金属元素的含量都是最高的, 相比之下, 龙潭组最低, 玄武岩、三叠系和石炭系处于两者之间。

表 4-10　原生土重金属元素含量　　　　　　　　　单位: mg/kg

样品号	采样点	地层	As	Cd	Cr	Hg	Pb	总量
LPST-4	盘县二关寨	E-N	17.0	0.67	34	0.07	18.7	70.44
LPST-14	水城纸厂上部	T_1yn-T_2g^1	18.3	0.21	47	0.13	25.1	90.74
LPST-15	水城纸厂下部	T_1yn-T_2g^1	21.3	0.22	40	0.08	28.5	90.10
LPST-21	盘县新营	T_1yn	18.0	0.05	52	0.04	20.1	90.19
LPST-23	水城发耳湾子	P_3l	1.0	0.22	46	0.03	13.3	60.55
LPST-26	水城煤冲	P_3l	1.1	0.05	47	0.03	10.9	59.08
LPST-25	水城大房子	$P_3\beta$	1.6	0.07	59	0.06	12.5	73.23
LPST-2	盘县洒基	$P_3\beta$	5.1	0.02	87	0.17	16.3	108.59
LPST-28	盘县上纸厂	$P_3\beta$	3.2	0.35	53	0.27	14.2	71.02
LPST-5	水城海坪	P_2m	21.2	0.43	70	0.22	22.3	114.15
LPST-30	盘县梁家山	P_2m	15.8	0.31	72	0.04	24.1	112.25
LPST-19	盘县梁家山	P_2m	20.8	0.02	84	0.08	27.8	132.70
LPST-22	水城小田坝	C_2h-C_3mp	10.2	0.10	51	0.07	10.8	72.17
LPST-17	六枝粮蕨坝	C_2h-C_3mp	12.9	0.11	58	0.19	10.0	81.20

表 4-11　原生土重金属元素平均含量　　　　　　　　单位: mg/kg

地层	As	Cd	Cr	Hg	Pb	合计
三叠系	19.20	0.16	46.33	0.08	24.56	90.33
龙潭组	1.05	0.14	46.50	0.03	12.10	59.82
玄武岩	3.30	0.15	66.33	0.17	14.33	84.28
茅口组	19.27	0.25	75.33	0.11	24.73	119.69
石炭系	11.55	0.11	54.50	0.13	10.40	76.69

表 4-12　耕土重金属元素含量　　　　　　　　　　单位: mg/kg

样品号	采样点	地层	As	Cd	Cr	Hg	Pb	总量
LPST-24	盘县二关寨	E-N	17.7	0.95	42	0.07	30.7	91.42
LPST-33	水城前龙	T_3	19.0	1.31	36	0.07	35.9	92.28
LPST-1	六枝把士寨	T_2f-T_2g^3	21.6	1.55	44	0.14	42.8	110.09
LPST-13	水城纸厂	T_2g^1	21.1	0.83	38	0.08	31.3	91.31

样品号	采样点	地层	As	Cd	Cr	Hg	Pb	总量
LPST-18	盘县彭家屯	T_2g^{1+2}	5.0	0.22	35	0.01	10.6	50.83
LPST-9	盘县新营	T_1yn	17.0	11.55	23	0.39	169.0	220.94
	平均值		16.74	3.09	35.2	0.14	57.92	113.09
LPST-32	水城大房子	$P_3\beta$	1.5	0.36	53	0.06	15.3	70.22
LPST-3	水城玉舍	$P_3\beta$	4.5	2.69	37	0.08	89.9	134.17
LPST-11	盘县包包寨	$P_3\beta$	5.4	1.20	62	0.06	21.1	89.76
LPST-12	盘县上纸厂	$P_3\beta$	3.6	1.43	53	0.21	27.7	85.94
LPST-29	水城煤冲	$P_3\beta$	6.4	1.52	66	0.13	28.8	102.85
	平均值		4.3	1.44	54.2	0.11	36.6	96.59
LPST-8	水城海坪	P_2m	23.4	1.53	68	0.17	28.2	121.30
LPST-16	水城海坪	P_2m	20.9	1.63	64	0.21	26.9	113.64
LPST-7	水城甘塘	P_2m-P_2q	41.6	2.26	86	0.19	35.5	165.55
	平均值		28.63	1.81	72.7	0.19	30.2	133.50
LPST-31	水城后菁	C_2h	11.5	8.12	28	0.09	29.7	77.41
LPST-10	六枝粮蕨坝（下）	C_2h-C_3mp	11.2	0.47	34	0.17	14.4	60.24
LPST-6	六枝粮蕨坝（上）	C_2h-C_3mp	11.5	0.30	38	0.12	9.5	59.42
LPST-20	水城小田坝	C_2h-C_3mp	11.0	0.82	41	0.09	22.6	75.51
LPST-27	水城小田坝	C_2h-C_3mp	15.4	2.31	34	0.06	41.3	93.07
	平均值		12.12	2.40	35	0.11	23.5	73.13

　　耕土直接与马铃薯发生作用，其重金属含量与马铃薯品质密切相关，如表4-12所示。和原生土一样，耕土中元素总量平均值在不同地层中的排序也是茅口组＞三叠系＞玄武岩＞石炭系。为查明研究区不同地层耕土重金属元素的富集情况，将耕土重金属含量与中国土壤背景值比较求得相对富集系数。按照土壤分级 GB 15618—2018 标准，对比研究区耕土环境质量，耕土中不同地层重金属含量情况如下。

　　（1）三叠系地层风化的耕土中，重金属元素及富集情况。

　　As：含量为 5.0～21.6mg/kg，含量平均值为 16.74mg/kg，与中国土壤背景值比较，相对富集系数为 1.49。

　　Cd：含量为 0.22～11.55mg/kg，含量平均值为 3.09mg/kg，与中国土壤背景值比较，相对富集系数为 31.86。

　　Cr：含量为 23～44mg/kg，含量平均值为 35.2mg/kg，与中国土壤背景值比较，相对富集系数为 0.58。

　　Hg：含量为 0.01～0.39mg/kg，含量平均值为 0.14mg/kg，与中国土壤背景值比较，相对富集系数为 2.15。

　　Pb：含量为 10.6～169.0mg/kg，含量平均值为 57.92mg/kg，与中国土壤背景值比较，相对富集系数为 2.23。

　　在三叠系地层风化的土壤中，As、Cd、Cr、Hg 及 Pb 的含量平均值分别为中国土壤背景值的 1.49 倍、31.86 倍、0.58 倍、2.15 倍和 2.23 倍。Cr、Hg 含量达到一级土类水平，As、Pb 含量达到二级土类水平，Cd 含量超标。

　　(2)玄武岩地层风化的耕土中，重金属元素含量及富集情况如下。

　　As：含量为 1.5～6.4mg/kg，含量平均值为 4.3mg/kg，与中国土壤背景值比较，相对富集系数为 0.38。

　　Cd：含量为 0.36～2.69mg/kg，含量平均值为 1.44mg/kg，与中国土壤背景值比较，相对富集系数为 14.85。

　　Cr：含量为 37～66mg/kg，含量平均值为 54.2mg/kg，与中国土壤背景值比较，相对富集系数为 0.89。

　　Hg：含量为 0.06～0.21mg/kg，含量平均值为 0.11mg/kg，与中国土壤背景值比较，相对富集系数为 1.69。

　　Pb：含量为 15.3～89.9mg/kg，含量平均值为 36.6mg/kg，与中国土壤背景值比较，相对富集系数为 1.41。

　　玄武岩地层风化的土壤中 As 和 Cr 含量相对中国土壤背景值亏损，As、Hg 和 Cr 含量达到我国一级土类水平，Pb 为我国二级土类水平，Cd 超标较多。

　　(3)茅口组地层风化的耕土中，重金属元素含量及富集情况如下。

　　As：含量为 20.9～41.6mg/kg，含量平均值为 28.63mg/kg，与中国土壤背景值比较，相对富集系数为 2.56。

　　Cd：含量为 1.53～2.26mg/kg，含量平均值为 1.81mg/kg，与中国土壤背景值比较，相对富集系数为 18.66。

　　Cr：含量为 64～86mg/kg，含量平均值为 72.7mg/kg，与中国土壤背景值比较，相对富集系数为 1.19。

　　Hg：含量为 0.17～0.21mg/kg，含量平均值为 0.19mg/kg，与中国土壤背景值比较，相对富集系数为 2.92。

　　Pb：含量为 26.9～35.5mg/kg，含量平均值为 30.2mg/kg，与中国土壤背景值比较，相对富集系数为 1.16。

　　茅口组地层风化的耕土中，重金属元素含量较高，与中国土壤背景值比较，5 种重金属元素都处于富集状态。Cd 为高值，其富集系数达到 18.66。其中 Cr、Pb 含量达到我国一级土类水平，As、Hg 含量为我国二级土类水平。

　　(4)石炭系地层风化耕土，重金属元素及富集情况如下。

　　As：含量为 11～15.4mg/kg，含量平均值为 12.12mg/kg，与中国土壤背景值比较，相对富集系数为 1.08。

　　Cd：含量为 0.30～8.12mg/kg，含量平均值为 2.40mg/kg，与中国土壤背景值比较，相对富集系数为 24.74。

　　Cr：含量为 28～41mg/kg，含量平均值为 35mg/kg，与中国土壤背景值比较，相对富集系数为 0.57。

　　Hg：含量为 0.06～0.17mg/kg，含量平均值为 0.11mg/kg，与中国土壤背景值比较，相对富集系数为 1.69。

Pb：含量为 9.5～41.3mg/kg，含量平均值为 23.5mg/kg，与中国土壤背景值比较，相对富集系数为 0.90。

石炭系地层风化耕土中的重金属含量相对较低，As、Cd、Cr、Hg 及 Pb 的含量平均值分别为中国土壤背景值的 1.08 倍、24.74 倍、0.57 倍、1.69 倍和 0.90 倍，Cr 及 Pb 处于相对亏损状态，As、Cd 和 Hg 相对富集，Cd 超常富集，除 Cd 外其他 4 种重金属元素含量均在一级土类规定范围。

(5)耕土样品中上述 5 种重金属元素平均值的总量，石炭系地层风化的耕土最低，为 73.13mg/kg，其次是玄武岩地层风化的耕土，为 96.59mg/kg，三叠系风化的耕土为 113.09mg/kg，茅口组的耕土重金属含量最高，为 133.50mg/kg。重金属元素平均值的总量排序为：茅口组>三叠系>玄武岩>石炭系。

5. pH

马铃薯适宜在弱酸性土壤中生长。据研究，当土壤 pH 为 4.8～7.0 时，马铃薯生长发育比较正常。土壤 pH 为 5.0～5.5 时最适宜马铃薯的生长发育。土壤 pH 在 4.8 以下时，部分品种植株会早衰减产。土壤 pH 高于 7.0 时，产量也会下降，在强碱性土壤中种植马铃薯，播种后有些品种不能出苗。土壤 pH 为 6.0～7.0 时，马铃薯生长发育虽然正常，但马铃薯疮痂病发生严重，影响马铃薯的商品性。

由表 4-13 和表 4-14 可知：

(1)土壤样品的 pH 为 5.0～5.5 的共有 3 件，样品号分别为：LPST-12、LPST-29 和 LPST-33，采样地层分别为玄武岩、玄武岩、三叠系上统土壤。

(2)土壤样品的 pH 高于 7.0 的共有 6 件，分别是：LPST-1、LPST-4、LPST-9、LPST-17、LPST-22、LPST-24，采样地层分别为三叠系法郎组—关岭组、古近系—新近系、三叠系永宁镇组、石炭系黄龙—马平群、石炭系黄龙—马平群、古近系—新近系土壤。

(3)土壤样品中 pH 最高的是 LPST-22，为 7.516，属于石炭系背景的土壤；pH 最低的是 LPST-23，为 4.756，属于二叠系龙潭组土壤。

(4)土壤样品中 pH 在 5.5 以上、7 以下的有 22 件样品，pH 在 6 以下的有 12 件样品，反映了研究区域土壤 pH 的主体面貌。

(5)对于耕土来说，玄武岩地层耕土 pH 的平均值为 5.987，最低，偏酸性，其次为二叠系茅口组地层的 pH，平均值为 6.380，有利于马铃薯生长。古近系—新近系最高，为 7.048，石炭系耕土的较高，为 6.700，三叠系地层耕土介于中间，为 6.660。

以适宜马铃薯生长的耕土 pH 来看，二叠系地层的土壤为最佳，其次是三叠系地层土壤，第三为石炭系背景土壤，古近系—新近系地层的土壤 pH 为 7.0 以上，对马铃薯的生长会产生一定的影响，制约马铃薯的品质。

表 4-13　土壤 pH

样品号	第一次	第二次	第三次	平均值	样品号	第一次	第二次	第三次	平均值
LPST-1	7.042	7.053	7.059	7.051	LPST-18	6.850	6.821	6.839	6.837
LPST-2	5.962	5.991	6.007	5.987	LPST-19	6.511	6.531	6.539	6.527
LPST-3	6.682	6.701	6.710	6.698	LPST-20	6.992	6.999	7.008	7.000
LPST-4	7.492	7.507	7.478	7.492	LPST-21	5.621	6.602	5.593	5.939
LPST-5	6.757	6.791	6.781	6.776	LPST-22	7.516	7.502	7.531	7.516
LPST-6	6.794	6.802	6.779	6.792	LPST-23	4.774	4.741	4.753	4.756
LPST-7	6.890	6.917	6.928	6.912	LPST-24	7.038	7.040	7.067	7.048
LPST-8	6.451	6.430	6.433	6.438	LPST-25	5.669	5.653	5.645	5.656
LPST-9	7.187	7.199	7.207	7.198	LPST-26	5.549	5.561	5.564	5.558
LPST-10	6.356	6.412	6.387	6.385	LPST-27	6.717	6.726	6.732	6.725
LPST-11	6.332	6.353	6.330	6.338	LPST-28	5.512	5.502	5.524	5.513
LPST-12	5.320	5.331	5.301	5.317	LPST-29	5.473	5.476	5.482	5.477
LPST-13	6.720	6.701	6.739	6.720	LPST-30	6.087	6.097	6.121	6.102
LPST-14	6.956	6.947	6.971	6.958	LPST-31	6.587	6.599	6.611	6.599
LPST-15	5.790	5.804	5.787	5.794	LPST-32	5.583	5.594	5.607	5.595
LPST-16	5.821	5.797	5.781	5.800	LPST-33	5.488	5.504	5.481	5.491
LPST-17	7.229	7.201	7.217	7.216					

表 4-14　耕土 pH

样品号	采样点	地层	pH	样品号	采样点	地层	pH
LPST-24	盘县二关寨	E-N	7.048	LPST-29	水城煤冲	$P_3\beta$	5.477
LPST-33	水城前龙	T_3	5.491		平均值		5.987
LPST-1	六枝把士寨	$T_2f\text{-}T_2g^3$	7.051	LPST-8	水城海坪	P_2m	6.438
LPST-13	水城纸厂	T_2g^1	6.720	LPST-16	水城海坪	P_2m	5.800
LPST-18	盘县彭家屯	T_2g^{1+2}	6.837	LPST-7	水城甘塘	$P_2m\text{-}P_2q$	6.912
LPST-9	盘县新营	T_1yn	7.198		平均值		6.380
	平均值		6.660	LPST-31	水城后菁	C_2h	6.599
LPST-32	水城大房子	$P_3\beta$	5.595	LPST-10	六枝粮蕨坝(下)	$C_2h\text{-}C_3mp$	6.385
LPST-3	水城玉舍	$P_3\beta$	6.698	LPST-6	六枝粮蕨坝(上)	$C_2h\text{-}C_3mp$	6.792
LPST-11	盘县包包寨	$P_3\beta$	6.338	LPST-20	水城小田坝	$C_2h\text{-}C_3mp$	7.000
LPST-12	盘县上纸厂	$P_3\beta$	5.317	LPST-27	水城小田坝	$C_2h\text{-}C_3mp$	6.725
					平均值		6.700

第四节　马铃薯种植的地理影响因素

一、气候条件

(一)温度

与贵州省内其他地区相比较，六盘水气候特点主要表现为：春季温度上升快，夏季升温慢，秋季降温也不猛。按照天气气候学四季划分的标准，全市 3 月上中旬入春，7月初入夏(水城除外)，入秋时间不太一致，11 月上旬入冬。春秋两季的持续时间最长，在 200d 以上；冬季次之，为 100~130d；夏季持续时间最短，不到 50d，夏季平均气温不超过 20℃，六月平均气温 18.3℃，最热的 7 月平均气温只有 19.8℃，8 月平均气温19.2℃，历史上的极端最高气温只有 31.2℃。水城则常年无夏，春秋相连。

马铃薯不耐高温，生长发育期间以日平均气温 17~21℃ 为适宜。发芽期适温为 12~18℃；茎叶生长要求较高温度，以 20℃ 左右最适宜；块茎膨大要求较低温度，最适土温为16~18℃。高于 25℃ 时生长趋于停止，−1℃ 时地上部分受冻害，−4℃ 时块茎也受冻害、芽眼死亡。在马铃薯种植的季节里，六盘水的气温条件符合优质马铃薯生长的最适宜温度。

(二)日照时长

马铃薯是喜光作物，生长期要求有充足阳光，怕弱光。日照对马铃薯各个生长发育时期最有利的条件是：幼苗时期照射日光时间短、强光、适当高温；块茎形成期照射日光时间长、强光、适当高温；块茎增长及淀粉积累期照射日光时间短、强光、适当低温和较大的昼夜温差。

六盘水由东北向西南年日照时数逐渐增强，六枝特区的年日照时数在 1200~1500h，水城县为 1400~1600h，盘县为 1500~1700h，整个六盘水平均每日的日照时数在3.29~4.66h，每日的日照时间相差不大，因此马铃薯因日照时数引起的品质差距较小。

(三)降水量

马铃薯喜干燥气候，怕潮湿天气，要求相对湿度以 70%~80% 较理想。同时，马铃薯喜湿润土壤，怕干、怕渍，发芽期土壤湿度应维持在土壤最大持水量的 70%~80%；发芽期后期要适当控制供水，土壤湿度应由 80% 降到 60%；结薯期土壤湿度应提高到 80%~85%。

六盘水市年均降水量情况：六枝东部地区、盘县南部地区为 1400mm 左右，水城西北部地区为 1000mm 左右，其余地区为 1200mm，雨量充沛，适合马铃薯种植。

二、地形地貌

六盘水市大地构造属扬子准地台上扬子台褶带，位于扬子准地台(Ⅰ级构造)上扬子台褶带(Ⅱ级构造)的威宁至水城叠陷褶断束、黔西南叠陷褶断束以及黔中早古拱褶断束和黔南古陷褶断束的极西边缘。地势西高东低，北高南低，中部因北盘江的强烈切割侵蚀，起伏剧烈，海拔为1400~1900m。海拔最高点在钟山区二塘乡韭菜坪，为2900.3m，同时也是贵州省海拔最高点，人称"贵州屋脊"；最低点在六枝特区毛口乡北盘江河谷，海拔586m，相对高差2314.3m。地貌景观以山地、丘陵为主，还有盆地、高原、台地等地貌类型。

由于海拔较高，气候寒冷，六盘水市适合马铃薯种植。马铃薯对温度和土壤的要求限制了其种植的海拔环境。六盘水马铃薯主产区海拔基本上处于1700m左右的区域。海拔低于1500m的地区，仅进行小规模种植，海拔高于2000m不适宜种植。因此，海拔1500~2000m是六盘水马铃薯种植优选区域。

六盘水海拔为1500~2000m的区域占据了很大的比例，而且自东向西海拔呈现增高的趋势；六盘水的中部由于有北盘江及其支流存在，海拔普遍在1500m以下；六盘水中西部的坪地、洒基等地海拔较高，普遍为2000~2500m，局部还有海拔超过2500m的地区，这些地区由于海拔较高，不适宜马铃薯的种植。

六盘水地理环境复杂，植被种类多样，地理区域分异明显。天然植被有针叶林、竹林、阔叶林、灌丛及灌草丛、沼泽与水生等五类植被；地带性植被为中亚热带常绿阔叶林。东部植被为湿润性中亚热带常绿阔叶林；南部植被为具有热带成分的河谷季雨林；西部植被为中亚热带半湿润常绿阔叶林。植被在水平分布上表现出南北过渡和东西过渡的特征。由于海拔差异大，植被垂直分布特征明显。原生植被破坏严重，现存植被多为次生植被。森林面积为50.86×10⁴hm²，灌林面积为61.45×10⁴hm²，森林覆盖率为48.5%。

三、水环境特征

六盘水地处长江水系和珠江水系的分水岭地区。分水线为乌蒙山脉东支岭脊和苗岭山脉西端岭脊，由水城的纸厂、城关、白腻、滥坝、陡箐、冷坝至六枝郎节坝老马地大山与苗岭相接，再延至六枝、木岗。分水线以北为长江水系，以乌江上游三岔河为干流，展布于市境北部；分水线以南为珠江水系，以北盘江为干流，由西向东横贯市境中部，南盘江支流分布于市境南部边缘。境内长度10km以上的河流有43条，其中长江水系9条，珠江水系34条。地表河网多呈现河谷深切、河床狭窄、水流急、落差大等特征。

全市年降水量为1200~1500mm，总水量约为142.18×10⁸m³，其中地表水体平均年流量64×10⁸m³，地下水体年平均流量52.68×10⁸m³，表水体25.5×10⁸m³。

第五节　马铃薯品质特征

马铃薯品质是指马铃薯产品的质量和经济价值，贵州马铃薯的种植规模在全国名列前茅，六盘水市具有独特的地理条件和地质背景条件，是贵州主要的马铃薯产区，其马铃薯品质亦独具特色。

一、马铃薯生化品质

（一）生化指标选择

根据专家经验法结合众多文献资料，选择蛋白质、淀粉及干物质三个主要指标对六盘水马铃薯生化品质进行测试分析和评价。

1. 蛋白质

马铃薯的蛋白质具有较高的营养价值。马铃薯的蛋白质优于其他植物蛋白，其蛋白质功效比值 PER 达到 2.3(Desborough，1985)，而精米的 PER 为 1.76、玉米面的 PER 为 1.43、芝麻的 PER 为 1.73、黑麦粉的 PER 为 1.29、面粉的 PER 只有 0.77(Leiner，1977)。维持人体氮平衡实验证明马铃薯的蛋白质优于其他作物蛋白(Meister and Thompson，1976)。

马铃薯中不仅含有丰富的蛋白质，而且其氨基酸组成也是相当均衡的，可与鱼粉和脱脂奶粉媲美。据科学工作者测定，马铃薯内含有 18 种人体所需的氨基酸和多种微量元素。此外，马铃薯还能供给人体大量黏体蛋白质，黏体蛋白质是一种多糖蛋白的混合物，能预防心血管系统的脂肪沉积，保持动脉血管的弹性，防止动脉粥样硬化的过早发生，并可预防肝脏、肾脏中结缔组织的萎缩，保持消化道、呼吸道的润滑。德国专家指出，马铃薯是低热量、高蛋白、多种维生素和元素食品。由于马铃薯的营养成分均衡，所以宜做减肥食品，不必担心食用后肥胖。

2. 淀粉

马铃薯淀粉是最为独特的(陈贻芳，2012)，一是马铃薯淀粉的糊浆具有极高的黏度。二是马铃薯淀粉颗粒较大，其内部结构较弱，在分子结构中有磷酸基团，基团内又含有相互排斥的磷酸基电荷，进而促进了膨胀作用。所以马铃薯淀粉具有很高的膨胀力，马铃薯淀粉的膨胀力比玉米淀粉高 48 倍。三是马铃薯淀粉的蛋白质和脂肪残留量低、含磷量高，颜色洁白，具有天然的磷光溶液。四是马铃薯淀粉口味特别温和，基本无刺激。由于蛋白质残留量低，通常低于 0.1%，因此它不具有玉米淀粉和小麦淀粉那样典型的谷物口味。五是马铃薯淀粉虽然也含有直链淀粉，但由于其直链部分的大分子量及磷酸基团的取代作用，马铃薯淀粉糊很少出现凝胶或老化现象(宿飞飞，2006；刘凯，2008；刘凯等，2008；张攀峰，2012)。

由此可见，马铃薯淀粉较其他淀粉而言具有独特的性能，由于马铃薯不仅是重要的粮食、蔬菜作物，同时又是重要的轻工业原料，特别是淀粉加工的原料，食品加工的基础材料，所以马铃薯淀粉有着巨大的应用和发展空间。

3. 干物质

和辣椒一样，马铃薯中的干物质是衡量植物有机物积累、营养成分多寡的一个非常重要的指标，也是马铃薯品质的主要指标。

马铃薯产量的形成是干物质积累的结果，干物质在各器官的分配方向是决定块茎产量的重要因素(卢建武，2012)。在马铃薯的生长发育期内，马铃薯干物质分配随生长进程的推进、生长中心的转移而发生变化，在不同的生长阶段，各器官中的分配比例是不同的。马铃薯中干物质的积累是马铃薯种植以及生产过程的重要环节，在马铃薯生长与发育过程中占据至关重要的地位。

(二)马铃薯营养成分检测

选择所采集的六盘水各地马铃薯样品 12 件，由贵州省理化中心实验室进行蛋白质、淀粉和干物质分析测试，测试结果见表 4-15，从测试数据可以得到下述三点认识。

表 4-15 六盘水马铃薯营养成分含量（%）

样品号	采样点	地层	蛋白质	淀粉	干物质	总量平均值
LPS-12	水城纸厂	T_3	2.18	17.1	27.1	15.46
LPS-6	水城煤冲	P_3l	2.10	13.5	33.9	16.50
LPS-4	水城玉舍	$P_3\beta$	2.50	14.1	28.7	
LPS-5	盘县四格上纸厂—杨梅大房子	$P_3\beta$	1.92	14.8	31.9	
LSP-16	盘县四格上纸厂—包包寨—台沙	$P_3\beta$	2.22	13.2	33.5	
LPS-19	水城台沙乌玉	$P_3\beta$	2.24	17.1	28.2	
SCLB-3	水城滥坝大水沟	$P_3\beta$	2.05	15.7	33.7	
	平均值		2.19	14.98	31.2	16.12
LPS-1	盘县梁家山	P_2m	1.99	15.7	30.1	
SCHP-4	水城海坪（白马铃薯）	P_2m	1.69	17.1	27.4	
LPS-18	水城海坪（黄马铃薯）	P_2m	2.05	15.8	26.8	
	平均值		1.91	16.2	28.1	15.40
LPS-2	六枝粮蕨坝	C_2h-C_3mp	1.73	19.1	28.9	
LPS-9	六枝堕却—粮蕨坝下	C_2h-C_3mp	1.93	14.1	25.7	
	平均值		1.83	16.6	27.3	15.24

（1）蛋白质含量前三位的样品均属于玄武岩背景种植的马铃薯，其含量分别为2.50％、2.24％和2.22％。三叠系和龙潭组的马铃薯只有一个样品，蛋白质含量分别为2.18％和2.10％，茅口组的三个样品蛋白质的平均含量为1.91％，石炭系地层的马铃薯蛋白质的平均含量最低，为1.83％；各地层蛋白质平均含量由高到低排序为：玄武岩＞三叠系＞龙潭组＞茅口组＞石炭系。

（2）各地层淀粉含量平均值最高的是三叠系地层背景的马铃薯，为17.1％；其次是石炭系地层背景的马铃薯，平均含量为16.6％；玄武岩背景的马铃薯，平均含量为14.98％，龙潭组最低，为13.5％；各地层淀粉平均含量由高到低排序为：三叠系＞石炭系＞茅口组＞玄武岩＞龙潭组。

（3）干物质含量龙潭组最高，为33.9％；玄武岩种植的马铃薯平均含量为31.2％，排列第二；第三是茅口组，平均含量28.1％；第四是石炭系，平均含量27.3％；三叠系地层背景上种植的马铃薯中干物质含量最低，为27.1％。各地层干物质平均含量由高到低排序为：龙潭组＞玄武岩＞茅口组＞石炭系＞三叠系。

综合上述，从所含对人体有益的营养成分来看，玄武岩地层种植的马铃薯相对最好，不论是蛋白质的含量还是干物质的含量，均处于较高水平，玄武岩背景生长的马铃薯其蛋白质、淀粉及干物质等营养成分的总量平均值为16.12％，仅次于龙潭组的16.50％，特别是干物质含量突出反映了其生长背景富含各种有益元素，为优良的种植环境。石炭系地层的马铃薯营养成分的总量平均值含量最低，为15.24％；但是，从商品价值来看，石炭系的马铃薯淀粉含量较高，为理想的马铃薯加工原料。各地层马铃薯营养成分总量平均值由高到低排序为：龙潭组＞玄武岩＞三叠系＞茅口组＞石炭系。

二、马铃薯元素地球化学特征

马铃薯所含矿质元素种类很多，其中含量最多的是常量元素：K、Na、Ca、Mg、Fe和Al等，S和P含量较高，也归在常量元素中讨论；微量元素包含Co、Cu、Zn、Mo、Mn、Ce、Ga、Ge、Sc和Sr等；还有As、Cd、Cr、Hg和Pb等5种对马铃薯生长有害的重金属微量元素。

（一）矿质元素的作用

国内外以往的研究普遍认为影响马铃薯品质的元素主要有P、K、Ca、Mg、Fe、Al、S、Cu、Zn、Mo和Mn等十余种，并且各元素对马铃薯品质有着不同程度的影响，现列举以下18种元素与马铃薯生长的关系以及对其品质产生的影响。

1. 氮（N）

氮是蛋白质、核酸的主要成分，对生命活动有特殊作用（Walworth and Carling，2002；Zvomuya et al.，2002）。

氮肥施用量与马铃薯淀粉含量关系密切。适量的氮肥可促进马铃薯茎叶生长茂盛，使叶色浓绿，减缓茎叶衰老，有利于块茎数量增加和体积增大，有利于光合物质的同化与积累，从而提高块茎产量和蛋白质、淀粉含量。郑顺林等（2009）研究表明，在合理的氮、磷、钾供给水平下，马铃薯块茎淀粉含量均高于高营养水平和低营养水平条件下的马铃薯，过高或者过低的营养水平都会降低马铃薯块茎淀粉含量。由于测试技术原因，本次研究缺乏氮在岩土和马铃薯中含量的数据。

2. 磷（P）

磷是核酸、磷脂和糖蛋白的主要成分，它与蛋白质合成、细胞分裂、细胞生长有密切关系，并且它还参与碳水化合物的运输与代谢，对马铃薯块茎的生长有利。磷在马铃薯体内以无机元素形态存在的含量仅次于钾，占各种无机元素总含量的7%～10%。由于磷在植株体内极易流动，所以在整个生长发育期间，磷含量随着生长中心的转移而变化。一般在幼嫩的器官中分布较多，如根尖、茎生长点和幼叶。随着生长中心由茎叶向块茎转移，磷向块茎中的转移量也增加，到淀粉积累期磷大量向块茎中转移，成熟马铃薯块茎中磷的含量约占全株磷总含量的80%～90%（谢云开等，2006）。块茎也是磷代谢的主要归宿场所之一。

缺磷时，马铃薯植株矮小，植株生长缓慢或细弱僵立，缺乏弹性，叶片变小卷曲呈杯状，叶片与叶柄均向上直立，光合作用能力差，引起马铃薯产量降低；严重缺磷时，植株基部小叶的叶尖会褪绿变褐，并逐渐向全叶扩展，最后整片叶片枯萎脱落。缺磷还会使马铃薯的根系数量减少，根系长度变短，影响马铃薯的品质。

3. 钾（K）

马铃薯是喜钾作物，钾肥是马铃薯生长发育和块茎膨大所需最多的肥。钾与氮、磷不同，它在马铃薯体内呈离子态，具有高度的流动性、渗透性和可再利用的特点。它不参加马铃薯体内有机物质组成，而是在细胞中呈一价阳离子状态或吸附状态，主要分布在生长活跃的部分，如生长点、形成层、幼叶等部位。钾对酶的活化作用是钾在马铃薯生长发育过程中主要功能之一，现已发现钾是60多种酶的活化剂。因此，钾同马铃薯体内的许多代谢过程密切相关，如呼吸作用、光合作用和碳水化合物、蛋白质、脂肪的合成等。钾可提高马铃薯的光合效率，促进碳水化合物的合成与运输，提高马铃薯植株的保水能力，可使茎秆增粗、减轻倒伏，增强抗病性和抗寒性。钾充足时可以加强马铃薯体内的代谢过程，促进植株的光合作用，延迟叶片衰老进程，促进植株体内蛋白质、淀粉、纤维素及糖类的合成，促进叶片的碳水化合物向块茎运输，从而提高马铃薯的产量和品质(周洋，2011)。

相反，缺钾首先表现在马铃薯老叶片上，叶片皱缩出现轻微的黑色素沉积，严重缺钾则引起叶缘枯萎，甚至枯死脱落，光合作用能力降低，块茎小，产量低，品质差。

4. 硫(S)

硫是马铃薯生长发育所必需的元素，它的作用仅次于 P。硫参与马铃薯中细胞质膜结构和功能的表达，是马铃薯中氨基酸、蛋白质的组成成分，是酶化反应的必需元素，是叶绿素、辅酶、甾醇和谷胱甘肽等化学反应过程的重要介质，还是铁氧还蛋白的重要组分(王珊珊，2010)。

缺硫会阻碍马铃薯植株中蛋白质的合成，使非蛋白氮在体内积累，从而限制马铃薯的生长(Friedrich and Schrader，1978)，所以硫的含量对马铃薯生理生化功能有着很大影响。

5. 钙(Ca)

钙是细胞内重要的信号分子，参与马铃薯从种子萌发、生长分化、形态建成到开花结果的全过程，参与马铃薯的激素调控、光合磷酸化和细胞的向性运动等。因此，钙是马铃薯生长发育的重要调节因子，对马铃薯的生理活动进行广泛的调节(辛建华，2008)。同时钙也是马铃薯中重要的营养元素，对产品器官的品质起着极其重要的作用。马铃薯产量的形成是同化产物积累的结果，同化产物在各器官的分配随着马铃薯生长发育进程的不同而不同，合理的栽培技术措施和充足的养分供应可促进同化产物的积累与合理分配，提高作物的产量和品质。缺钙会导致马铃薯生长发育中某些生理活动紊乱，引起马铃薯褐斑病、内部空洞和细菌性软腐病等生理性病害，造成马铃薯的产量和品质下降，严重制约马铃薯产业的快速发展和经济效益的增加。

6. 镁(Mg)

镁对光合作用具有重要意义，它位于叶绿素分子结构的中间，是构成叶绿素分子的唯一的金属原子，约占叶绿素分子量的 2.7%，对维持叶绿体分子结构具有十分重要的作用(汪洪和褚天铎，1999)。镁作为呼吸过程中酶的活化剂而影响着呼吸过程和能量代谢，几乎所有的磷酸化酶和激酶都需要 Mg^{2+} 活化(王珊珊，2010)。

缺镁将使植物的光合能力严重下降，CO_2 同化能力下降(Mengel et al.，2001)，同时减缓蛋白质的合成，导致植株矮小，生长缓慢，严重影响马铃薯的产量和品质。大田作物的芝麻、水稻、花生，经济作物类的菠萝、柑橘、香蕉、烟草及蔬菜作物中的马铃薯、番茄等都是需镁较多的作物。

7. 铁(Fe)

铁是马铃薯生长发育过程中必需的元素之一。铁在土壤中的含量较高，但主要是以不溶态的化合物形式存在（黄益宗等，2004），而能被马铃薯吸收利用的可溶态铁只占土壤中铁含量的一小部分。铁在马铃薯生长发育过程中行使着重要的功能。首先，铁参与马铃薯叶绿素的合成。铁虽不是叶绿素的组成成分，但是马铃薯中的铁有90％以上存在于叶绿体内，主要是以马铃薯铁蛋白、细胞色素、铁硫蛋白和血红蛋白等形式存在。其次，铁参与马铃薯细胞内的氧化还原反应和电子传递，所有生命形式的氧化还原反应均有铁硫蛋白的参与。另外，铁是许多重要酶的组成成分。

马铃薯植株缺铁会引发失绿症，其症状主要表现为顶端或幼嫩部位失绿，初期叶片由浅绿色变为灰绿；严重缺铁时整个叶片枯黄、发白或脱落，甚至整株叶片顶端枯萎、全部脱落、嫩枝死亡。相反，铁过量也会对马铃薯产生毒害。

8. 铝（Al）

铝是地壳中含量最丰富的金属元素，在自然条件下，铝通常以难溶性的硅酸盐或氧化铝的形式存在，对马铃薯的生长发育没有太大影响。但近年来，由于酸雨的影响和农业化肥的使用，土壤酸度明显增加，难溶性铝转化成可溶性铝，产生的毒害作用愈发严重（应小芳，2005）。较低浓度的铝能增加马铃薯种子萌发率和促进幼苗的生长，但浓度过高会对马铃薯产生毒害作用，抑制马铃薯种子的萌发和幼苗的生长。铝对马铃薯根际土壤中的微生物区系及其代谢也有较大影响，铝通过对土壤微生物的这些作用来影响土壤肥力供应水平，从而影响马铃薯根系的生长和对土壤中营养元素的吸收。其中，硝化细菌和反硝化细菌可作为土壤铝富集程度的敏感性指标。

9. 锰（Mn）

Mn对马铃薯整个生长发育期都有影响，Mn可增加马铃薯的株高，促进叶片生长，延缓叶片衰老，增加马铃薯的叶面积，能够延长光合作用的时间，积累更多的碳水化合物。锰对马铃薯生长发育后期的作用较明显，对种子萌发作用不大。Mn含量过高虽然会延缓马铃薯出苗，但会延长块茎膨大的时间，有利于后期光合产物向地下产品器官的转移和积累，为产量的形成奠定了一定的基础（张振洲等，2011）。

10. 铜（Cu）

铜在叶绿素合成、作物的光合作用及抗逆性的提高方面起着非常重要的作用，是马铃薯必需的微量元素。铜能提高马铃薯中磷化物的含量，改善马铃薯体内的能量代谢与物质代谢。铜还可以提高植株硝酸还原酶活性，有利于马铃薯对氮素的吸收利用，促进蛋白质的合成，延缓叶片的衰老（白宝璋等，1994；白嵩等，1996）。一些研究者认为铜具有降低马铃薯株高、增加茎粗、提高体内营养水平的作用，叶面喷施铜肥可以增加叶绿素含量、提高光合速率而最终提高产量，并改变产量性状，提高淀粉含量（刘效瑞等，1996；杜长玉等，1999；郭洪芸等，1999）。

11. 锌（Zn）

锌是马铃薯生长发育所必需的微量元素，土壤缺Zn将直接影响马铃薯的代谢活动，但过量的Zn又会导致作物产量、品质降低和土壤退化。土壤中Zn的含量一般为10～300mg/kg，平均为50mg/kg，过度施用Zn肥可导致土壤中Zn含量高达13500mg/kg以上，过量的Zn易被马铃薯吸收而造成毒害，进而可通过食物链污染农产品和威胁人畜健康。

锌能使马铃薯维生素C含量有明显提高（张振洲等，2011）。马铃薯的大小直接影响着它的商品价值，淀粉含量则直接决定着它的品质，而锌的含量则对马铃薯的淀粉含量有着不同程度的影响。

12. 钼（Mo）

微量元素 Mo 在马铃薯生长发育中必不可少。Mo 是固氮酶和硝酸还原酶的重要组分，参与氮代谢（李军等，2002）。缺 Mo 时，马铃薯叶片褪色、变小、叶面积下降，鲜薯产量和品质降低。缺 Mo 会导致植株不能有效地利用和转化养分，造成营养分布失衡，降低硝酸还原酶的活性（杜祥备，2011）。

13. 硼（B）

马铃薯对微量元素 B 有着特殊的要求。B 含量适宜促进马铃薯的生长发育，但当 B 轻度过量时，会降低叶绿素含量与光合速率；当 B 严重过量时，会抑制植株体内氮素同化代谢与蛋白质合成。缺 B 时，叶片褪色、变小、叶面积下降，鲜薯产量和品质降低，影响植株蛋白质、肽酶的活性，影响植株体内正常的氮素同化代谢（杜祥备，2011）。

14. 砷（As）

环境中的 As 能抑制作物种子萌发时蛋白酶、淀粉酶的活性和呼吸强度，降低贮存物质的分解速度，使种子萌发所必需的营养物质和能量供应受阻，从而使种子萌发率降低，严重影响作物的成活率。As 在马铃薯幼苗生长过程中会毒害根系，抑制根尖细胞有丝分裂，影响根系正常发育，干扰酶促反应，对马铃薯的幼苗生长产生不良影响（杨居荣，1986）。

15. 镉（Cd）

土壤中过量的 Cd 会严重影响马铃薯的生长和发育。Cd 会破坏叶片的叶绿素结构，降低叶片中叶绿素的含量，使叶片褪绿，发黄。由于叶片受损严重，光合作用减弱，马铃薯的植株会变得矮小，生长缓慢。Cd 还会改变马铃薯体内与氮代谢、硫代谢和糖代谢相关的酶的活性，使植株组织细胞代谢异常，影响马铃薯生长发育。Cd 被马铃薯吸收后在马铃薯可食部分积累，通过食物链进入人体，当含量超过一定限值时，会对人体健康造成危害。Cd 会抑制人体骨骼的正常代谢，引发骨质疏松、萎缩、变形等一系列症状（白瑞琴等，2012）。

16. 铬（Cr）

铬是在马铃薯生长发育中不可缺少的微量元素之一，在正常生长发育过程中，马铃薯体内一般都含有一定量的铬。含量适度时，铬可促进马铃薯的生长，增强其抗病能力，而含量超过一定限度时，铬则抑制或破坏马铃薯的生长。铬会使马铃薯粗淀粉、粗蛋白含量显著下降，赖氨酸含量与氨基酸总量亦明显减少，从而降低其营养价值（郭卉，2008）。

17. 汞（Hg）

马铃薯中的汞主要来源于土壤。作为马铃薯生长的有害元素，汞影响马铃薯种子的发芽和马铃薯的形态建成。汞能降低马铃薯种子活力，抑制马铃薯的细胞分裂和根系伸长，刺激和抑制一些酶的活性，影响组织蛋白合成，降低光合作用和呼吸作用，伤害细胞膜系统，最终抑制马铃薯生长，降低产量（鲁洪娟等，2005）。

18. 铅（Pb）

铅不是马铃薯生长发育的必需元素，铅被动进入马铃薯根、茎或叶后，就会积累在里面，影响马铃薯的生长发育。铅对马铃薯生长的影响与铅的浓度、盐的类别、马铃薯种类等因素有关。一般而言，在高浓度和长时间胁迫时，铅对马铃薯的伤害作用显著，而在低浓度时，铅对马铃薯的代谢过程或酶的活性具有促进作用。铅对马铃薯的影响主要包括种子萌发、植株生长、光合作用、水分代谢、矿质元素吸收及酶的活性等（王翠，2010）。

（二）常量元素含量

对六盘水地区 20 件马铃薯样品进行常量元素分析，具体测试 K、Na、Ca、Mg、Fe、Al、S 以及 P 等 8 种元素。由于 P 和 S 在马铃薯中含量较高，以及 P 的重要性，故把这两个元素放在常量元素中讨论。Al 和 Na 两种元素在马铃薯样品中，含量均为小于等于 0.01%，没有可比性，不进行讨论；盘县二关寨与水城煤冲只有 1 个样品不便对比。测试结果见表 4-16。

表 4-16　马铃薯常量元素含量

样品号	采样点	地层	K/%	Ca/%	Mg/%	Fe/%	S/%	总计/%	P/(mg/kg)
LPS-7	盘县二关寨	E-N	1.68	0.09	0.09	0.30	0.22	2.38	3480
LPS-12	水城前龙	T_3	1.59	0.04	0.07	0.03	0.14	1.87	1350
LPS-10	六枝把士寨	T_2f-T_2g^3	2.00	0.04	0.09	0.06	0.17	2.36	3500
LPS-3	盘县新营	T_1yn	2.08	0.05	0.08	0.04	0.19	2.44	2470
	平均值		1.89	0.04	0.08	0.04	0.17	2.22	2440
LPS-6	水城煤冲	P_3l	1.60	0.05	0.06	0.07	0.13	1.91	2670
LPS-5	盘县上纸厂	$P_3\beta$	1.74	0.02	0.07	0.07	0.15	2.05	1380
LPS-4	水城玉舍	$P_3\beta$	1.90	0.05	0.08	0.08	0.16	2.27	2340
LPS-14	水城台沙	$P_3\beta$	1.44	0.04	0.07	0.05	0.12	1.72	1410
LPS-16	水城台沙	$P_3\beta$	1.83	0.03	0.08	0.12	0.14	2.20	1860
LPS-19	水城台沙	$P_3\beta$	1.74	0.03	0.08	0.04	0.13	2.02	1490
LPS-20	盘县包包寨	$P_3\beta$	1.31	0.04	0.07	0.10	0.17	1.69	2460
LPS-11	水城大房子	$P_3\beta$	1.19	0.04	0.06	0.06	0.17	1.52	1760
	平均值		1.59	0.04	0.07	0.07	0.15	1.92	1814
LPS-1	盘县梁家山	P_2m	1.76	0.05	0.08	0.11	0.14	2.14	1210
LPS-18	水城海坪	P_2m	1.17	0.03	0.05	0.06	0.13	1.44	1980
LPS-15	水城甘塘	P_2m-P_2q	1.10	0.05	0.06	0.03	0.12	1.36	2040
	平均值		1.34	0.04	0.06	0.07	0.13	1.64	1743
LPS-17	水城后菁	C_2h	1.77	0.07	0.07	0.07	0.12	2.10	1930
LPS-2	六枝粮蕨坝（上）	C_2h-C_3mp	1.65	0.03	0.09	0.05	0.19	2.01	2270
LPS-8	六枝粮蕨坝	C_2h-C_3mp	1.94	0.05	0.07	0.04	0.14	2.24	2720
LPS-9	六枝粮蕨坝	C_2h-C_3mp	1.90	0.06	0.08	0.31	0.23	2.58	2680
LPS-13	水城小田坝	C_2h-C_3mp	1.44	0.06	0.08	0.05	0.17	1.80	2190
	平均值		1.74	0.05	0.08	0.10	0.17	2.14	2358

注：LPS-16 为水城台沙玄武岩砂土土豆，LPS-19 为水城台沙玄武岩砂土乌玉

(1)统计元素 K、Ca、Mg、Fe 及 S 的含量之和在 2% 以上的有 12 件样品，其中 4 件样品属于玄武岩组风化土壤种植的马铃薯，4 件为石炭系地层的马铃薯，其余为三叠系、古近系—新近系、茅口组地层背景种植的马铃薯；从 K、Ca、Mg、Fe 及 S 等 5 种元素的总含量来看，各地层的总含量为 1.36%~2.58%，一般为 2% 左右，茅口组地层偏低。主要地层的上述 5 种元素总含量排序为三叠系＞石炭系＞玄武岩＞茅口组。

(2)20 件马铃薯样品中，P 含量最高的 LPS-10 号样品是三叠系法郎组—关岭组地层的马铃薯，含量为 3500mg/kg；其次是古近系—新近系地层的马铃薯 LPS-7，P 含量为 3480mg/kg，第三为石炭系地层的马铃薯 LPS-8，含量为 2720mg/kg。主要地层 P 含量平均值的排序为三叠系＞石炭系＞玄武岩＞茅口组，三叠系、石炭系地层的马铃薯 P 含量平均值分别为 2440mg/kg 和 2358mg/kg，含量较高；龙潭组地层的马铃薯也高，该地层的马铃薯只有 1 个样品，P 含量为 2670mg/kg；玄武岩和茅口组地层的马铃薯 P 含量平均值较低，分别是 1814mg/kg 和 1743mg/kg。

(3)马铃薯是喜 K 作物，K 在马铃薯中含量较高，各样品中 K 含量均占 K、Ca、Mg、Fe 和 S 这五种元素含量之和的 71% 以上，其中样品 LPS-8 的 K 含量占 5 种元素总量的 86.6%。

由表 4-16 可知，三叠系永宁镇组马铃薯样品 LPS-3 的 K 含量最高，为 2.08%，其次是三叠系的 LPS-10 样品，K 含量为 2%。K 含量在 1.8%~2% 的样品有 LPS-4、LPS-16、LPS-8 和 LPS-9 等，其含量分别为 1.90%、1.83%、1.94% 和 1.90%，这四个马铃薯样品分属玄武岩和石炭系地层。耕土中三叠系的 K 含量排列在各个地层中的第一位，三叠系地层背景产出的马铃薯 K 含量也在各地层中排列第一位，三叠系地层马铃薯中的 K 含量与土壤样品中 K 含量对比，二者具有明显的继承性，K 相对富集。但是，石炭系的岩土背景值 K 最低，而马铃薯中的 K 含量却排列第二。各地层马铃薯 K 平均含量排序是三叠系＞石炭系＞玄武岩＞茅口组。

(4)马铃薯样品中 Ca 含量在 0.02%~0.09%，样品之间相差并不大。古近系—新近系地层风化土壤的马铃薯样品 LPS-7 中 Ca 含量要略高些，为 0.09%；三叠系、茅口组和玄武岩等地层马铃薯 Ca 平均含量都为 0.04%；石炭系地层马铃薯 Ca 平均含量为 0.05%。

(5)Mg 含量在各地层马铃薯中基本相似，平均值为 0.06%~0.09%，样品之间相差不大，茅口组地层稍低，为 0.06%。

(6)Fe 在石炭系地层马铃薯样品 LPS-9 中的含量高达 0.31%，较为异常，估计是施肥所致，石炭系地层的其他马铃薯样品 Fe 含量为 0.04%~0.07%。古近系—新近系地层样品 LPS-7 中 Fe 含量也很高，为 0.30%。Fe 含量高于 0.1%，小于 0.3% 的共有 3 件样品，分别为 LPS-16、LPS-1 及 LPS-20，其中 2 件样品取自玄武岩，这与玄武岩地层及风化土壤中 Fe 含量高有关。其他 15 件样品中，Fe 含量为 0.03%~0.08%，变化不大。

(7)S 含量在各地层马铃薯中差别不大，石炭系和三叠系地层马铃薯 S 含量最高，为 0.17%；茅口组最低，为 0.13%。三叠系地层风化的土层中 S 含量高，其中种植的马铃薯 S 含量也高，二叠系茅口组地层的土壤中 S 含量较低，其种植的马铃薯 S 含量也较低。

另外，分析中发现有特殊情况，马铃薯样品 LPS-9 中 Fe、S 的含量均高于其他同为石炭系地层上种植的马铃薯样品，且采样点相距较近，猜测是受施肥的影响。

(三)微量元素含量

马铃薯中含有种类较多的微量元素，虽然含量甚微，在马铃薯生长过程中所需的量也很少，但对马铃薯的生长却起着极其重要的作用。分析测试了20件马铃薯样品中的23种微量元素含量，包含 Co、Cu、Zn、Mo、Mn、Ce、Ga、Ge、Sc 和 Sr 等 10 种微量元素；另外，B、Ba、Cs、La、Sb、Se、Ta、Te、Th、U、V、W 和 Y 等 13 种微量元素，因在所测的马铃薯样品中含量甚微或无法测得准确的含量，在此不便对比讨论。例如：元素 Ta 的含量均低于 0.01mg/kg、元素 Th 的含量均低于 0.2mg/kg、元素 B 和 Ba 的含量均低于 10mg/kg。

Co、Cu、Zn、Mo 和 Mn 等 5 种微量元素含量见表 4-17，这 5 种微量元素在农作物中的作用都是明确的，它们对马铃薯生长及品质影响较大，单独列出讨论。和常量元素类似，古近系—新近系地层马铃薯在表 4-17 中 10 种微量元素总量为 72.86mg/kg，远高于其他地层，龙潭组地层马铃薯的 10 种微量元素含量也较高，为 46.57mg/kg。因为这两个地层只有一个样品，缺乏代表性。二叠系玄武岩地层的马铃薯 10 种微量元素总含量平均值为36.37mg/kg，与石炭系的 37.49mg/kg 相差不多；茅口组与三叠系地层较低，分别为 33.86mg/kg 和 34.35mg/kg。

表 4-17 马铃薯微量元素含量 单位：mg/kg

样品号	采样点	地层	Co	Cu	Zn	Mo	Mn	Ce	Ga	Ge	Sc	Sr	总量
LPS-7	盘县二关寨	E-N	0.2	10.0	21	0.49	37	0.11	0.1	0.06	0.1	3.8	72.86
LPS-12	水城前龙	T_3	0.1	7.0	10	0.20	7	0.06	<0.05	0.05	0.1	1.4	25.91
LPS-10	六枝把士寨	T_2f-T_2g^3	0.1	9.3	20	0.48	11	0.05	<0.05	0.06	0.1	1.8	42.89
LPS-3	盘县新营	T_1yn	0.1	8.4	16	0.36	6	0.04	<0.05	0.06	0.1	3.2	34.26
LPS-6	水城煤冲	P_3l	0.2	8.4	23	0.15	13	0.11	0.05	0.06	0.1	1.5	46.57
LPS-5	盘县上纸厂	$P_3\beta$	0.2	7.7	14	0.06	14	0.11	0.05	0.05	0.1	0.9	37.18
LPS-4	水城玉舍	$P_3\beta$	0.2	8.1	13	0.27	12	0.09	0.05	0.05	0.1	2.2	36.06
LPS-14	水城台沙	$P_3\beta$	0.1	3.4	9.0	0.33	9	0.06	<0.05	0.05	0.1	1.3	23.34
LPS-16	水城台沙	$P_3\beta$	0.7	10.2	15	0.15	20	0.29	0.07	<0.05	0.1	1.2	47.71
LPS-19	水城台沙	$P_3\beta$	0.2	6.9	9	0.05	10	0.16	<0.05	0.05	0.1	2.2	28.66
LPS-20	盘县包包寨	$P_3\beta$	0.2	8.4	16	0.28	17	0.08	0.05	0.05	0.1	1.5	43.66
LPS-11	水城大房子	$P_3\beta$	0.4	9.0	16	0.16	11	0.12	0.05	0.05	0.1	1.1	37.98
LPS-1	盘县梁家山	P_2m	0.3	6.9	16	0.15	14	0.24	0.12	0.05	0.2	1.7	39.66
LPS-18	水城海坪	P_2m	0.4	5.9	19	0.18	11	0.06	<0.05	0.05	0.1	0.9	37.59
LPS-15	水城甘塘	P_2m-P_2q	0.1	4.8	10	0.51	7	0.07	<0.05	0.05	0.1	1.7	24.33
LPS-17	水城后菁	C_2h	0.1	3.7	11	0.40	10	0.04	<0.05	0.05	0.1	3.1	28.49
LPS-2	六枝粮蕨坝(上)	C_2h-C_3mp	0.1	5.2	15	0.11	10	0.07	0.05	0.05	0.1	2.1	32.78
LPS-8	六枝粮蕨坝	C_2h-C_3mp	0.1	4.6	14	0.44	7	0.04	<0.05	0.05	0.1	2.5	28.84
LPS-9	六枝粮蕨坝	C_2h-C_3mp	0.2	6.6	17	0.38	35	0.13	0.1	0.07	0.1	5.3	64.88
LPS-13	水城小田坝	C_2h-C_3mp	0.1	4.9	14	0.37	9	0.04	<0.05	0.05	0.1	3.9	32.46

(1)Co 的含量在样品 LPS-16 中最高，为 0.7mg/kg，地层背景是水城台沙的玄武岩，其他样品 Co 含量均在 0.1～0.4mg/kg；各地层背景马铃薯中的 Co 平均含量排序为玄武岩＞茅口组＞石炭系＞三叠系，玄武岩与茅口组耕土中的 Co 平均含量也是排第一、第二位。

(2)Cu 含量在样品 LPS-16 中最高，为 10.2mg/kg，地层背景是水城台沙玄武岩。整体来看，三叠系地层的马铃薯中 Cu 含量较高，石炭系背景种植的马铃薯最低。各地层背景马铃薯中的 Cu 平均含量排序为三叠系＞玄武岩＞茅口组＞石炭系。

(3)Zn 在三叠系地层背景的马铃薯中平均含量最高，为 15.33mg/kg，茅口组地层种植的马铃薯为 15mg/kg，玄武岩地层种植的马铃薯平均含量最低，为 13.14mg/kg。各地层背景马铃薯中 Zn 的平均含量排序为三叠系＞茅口组＞石炭系＞玄武岩。

(4)Mo 在石炭系地层种植的马铃薯中平均含量为 0.34mg/kg，在三叠系地层的马铃薯中为 0.35mg/kg，两者相差不大；但均高于二叠系地层的马铃薯，茅口组的马铃薯 Mo 平均含量是 0.28mg/kg，玄武岩的马铃薯 Mo 平均含量为 0.19mg/kg。

(5)Mn 含量最高的是古近系—新近系背景马铃薯样品 LPS-7，为 37mg/kg；其次是石炭系的 LPS-9，为 35mg/kg；第三是玄武岩 LPS-16，为 20mg/kg；其他马铃薯样品的 Mn 含量均低于 20mg/kg。各地层马铃薯 Mn 含量的平均值排序为石炭系＞玄武岩＞茅口组＞三叠系。

(6)Ge 与 Sc 的含量在各个地层种植的马铃薯中几乎没有差异。Ga 的含量在样品 LPS-1、LPS-7、LPS-9 中较高，在其余样品中差异不大。Sr 的平均含量在古近系—新近系地层的马铃薯中为 3.8mg/kg；在石炭系地层的马铃薯中为 3.38mg/kg；在三叠系和玄武岩的马铃薯中分别为 2.13mg/kg 和 1.49mg/kg；茅口组最低，为 1.43mg/kg。Ce 的平均含量在玄武岩上种植的马铃薯中最高，为 0.13mg/kg；在茅口组地层的马铃薯中为 0.12mg/kg；在石炭系和三叠系的马铃薯中分别为 0.06mg/kg 和 0.05mg/kg。

总之，Mn、Co、Cu、Zn、Mo 和 Ge 等 10 种微量元素在马铃薯中总含量由高到低依次是古近系—新近系、龙潭组、石炭系、玄武岩、三叠系和茅口组；含量分别为 72.86mg/kg、46.57mg/kg、37.49mg/kg、36.37mg/kg、34.35mg/kg 和 33.86mg/kg。龙潭组只有一个样品不便比较，古近系—新近系也只有一个样品缺乏代表性。玄武岩和石炭系地层背景的马铃薯微量元素含量较高，三叠系的马铃薯微量元素含量较低，二叠系茅口组的马铃薯最低。

(四)马铃薯元素影响评价

综合评价马铃薯的品质，将 K 和 P 这两种对马铃薯生长极为重要的元素单列作为两个因子，Ca、Mg、Fe、S 等 4 种常量元素含量的和作为一个因子，Co、Cu、Zn、Mo、Mn、Ce、Ga、Ge、Sc 和 Sr 等 10 种微量元素含量总和作为一个因子；为了使不同的因子在同一标准下比较，对 20 件样品的上述 4 个因子的数据缩小或放大进行量化；设最小值为 0、最大值为 100，量化数值为 0～100，小数点之后保留 2 位；将样本值放到量化区间中，然后求 4 个因子的权重，将各权重值相加再取其平均值，由此确定马铃薯样品元素的影响情况(陈蓉等，2013)，见表 4-18。

表 4-18　马铃薯元素含量影响评价表

样品号	采样点	地层	权重平均值/%	常量元素含量/%	常量元素含量权重/%	钾含量/%	钾含量权重/%	磷含量/(mg/kg)	磷含量权重/%	微量元素含量/(mg/kg)	微量元素含量权重/%
LPS-7	盘县二关寨	E-N	85.48	2.38	83.60	1.68	59.18	3480	99.13	35.84	100.00
LPS-12	水城前龙	T_3	29.41	1.87	41.80	1.59	50.00	1350	6.11	18.93	19.71
LPS-10	六枝把士寨	$T_2f\text{-}T_2g^3$	88.92	2.36	81.97	2.00	91.84	3500	100.00	32.02	81.86
LPS-3	盘县新营	T_1yn	77.39	2.44	88.52	2.08	100.00	2470	55.02	28.68	66.00
LPS-6	水城煤冲	P_3l	62.45	1.91	45.08	1.60	51.02	2670	63.76	33.72	89.93
LPS-4	水城玉舍	$P_3\beta$	62.45	2.27	74.59	1.90	81.63	2340	49.34	24.10	44.25
LPS-5	盘县上纸厂	$P_3\beta$	42.62	2.05	56.56	1.74	65.31	1380	7.42	23.45	41.17
LPS-11	水城大房子	$P_3\beta$	26.26	1.52	13.11	1.19	9.18	1760	24.02	27.15	58.74
LPS-14	水城台沙	$P_3\beta$	18.23	1.72	29.51	1.44	34.69	1410	8.73	14.78	0.00
LPS-16	水城台沙	$P_3\beta$	58.84	2.20	68.85	1.83	74.49	1860	28.38	28.18	63.63
LPS-19	水城台沙	$P_3\beta$	37.74	2.02	54.10	1.74	65.31	1490	12.23	18.85	19.33
LPS-20	盘县包包寨	$P_3\beta$	40.36	1.69	27.05	1.31	21.43	2460	54.59	27.07	58.36
LPS-1	盘县梁家山	P_2m	45.68	2.00	63.93	1.76	67.35	1210	0.00	25.61	51.42
LPS-15	水城甘塘	$P_2m\text{-}P_2q$	12.48	1.36	0.00	1.10	0.00	2040	36.24	17.66	13.68
LPS-18	水城海坪	P_2m	26.99	1.44	6.56	1.17	7.14	1980	33.62	27.55	60.64
LPS-2	六枝粮蕨坝(上)	$C_2h\text{-}C_3mp$	48.60	2.01	53.28	1.65	56.12	2270	46.29	22.93	38.70
LPS-8	六枝粮蕨坝	$C_2h\text{-}C_3mp$	64.39	2.24	72.13	1.94	85.71	2720	65.94	21.89	33.76
LPS-9	六枝粮蕨坝	$C_2h\text{-}C_3mp$	79.64	2.58	100.00	1.90	81.63	2680	64.19	30.10	72.74
LPS-13	水城小田坝	$C_2h\text{-}C_3mp$	39.00	1.80	36.07	1.44	34.69	2190	42.79	23.72	42.45
LPS-17	水城后菁	C_2h	44.93	2.10	60.66	1.77	68.37	1930	31.44	18.83	19.23

由表 4-18 可知，常量元素、微量元素、K 和 P 等这 4 个因子的权重平均值中，古近系—新近系背景的马铃薯最高，为 85.48%；其次是三叠系背景的马铃薯，为 65.24%，石炭系的马铃薯为 55.31%，玄武岩地层的马铃薯为 40.93%，最低为茅口组的马铃薯，为 28.38%。不同地层背景种植的马铃薯元素总体含量由高到低为古近系—新近系＞三叠系＞石炭系＞玄武岩＞茅口组。

（五）马铃薯生化品质与矿质元素关系

马铃薯选择性地从环境和土壤吸收多种矿质元素，为其生长发育提供所需。这些矿质元素直接或间接地参与、促进了马铃薯品质的形成。应用聚类分析方法对比分析六盘水马铃薯蛋白质、淀粉和干物质等营养成分含量，与马铃薯中 P、K、Ca、Mg、Fe、Al、Mn、Cu、Zn、Mo 和 S 等 11 种矿质元素的相关性，利用离差平方和法得出的相关性分析图（图 4-7），相关系数统计表见表 4-19。

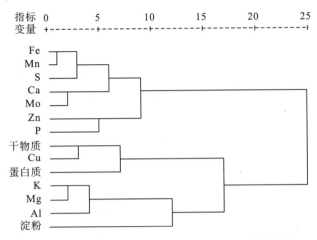

图 4-7　马铃薯生化品质与矿质元素系统聚类谱系图

表 4-19　马铃薯生化品质与元素的相关系数统计表

	K	Ca	Mg	Fe	Al	Cu	Zn	Mo	Mn	P	S
蛋白质	0.551**	0.610**	0.804**	0.577**	0.698**	0.089	0.339*	0.648**	0.580**	0.936**	0.220
淀粉	0.377*	0.307	0.439*	0.180	0.615**	0.008	0.222	0.278	0.117	0.350*	0.893**
干物质	0.623**	0.517**	0.896**	0.483*	0.260	0.020	0.318*	0.147	0.723**	0.949**	0.199

注：*表示 5% 置信度下呈显著相关；**表示 1% 置信度下呈显著相关。

从图 4-7 和表 4-19 中可以看出：

马铃薯生化品质中的生化指标蛋白质与矿质元素 Mg、P 呈高度相关关系($|r| \geqslant$ 0.8)，与矿质元素 Al、Ca、Fe、K、Mo 和 Mn 呈中度相关关系($0.5 \leqslant |r| < 0.8$)，与矿质元素 Zn 呈低度相关关系($0.3 \leqslant |r| < 0.5$)；

马铃薯生化品质中淀粉与矿质元素 S 呈高度相关关系，与矿质元素 Al 呈中度相关关系，与矿质元素 Ca、K、Mg 和 P 呈低度相关关系；

马铃薯生化品质中的干物质与矿质元素 Mg、P 呈高度相关关系，与矿质元素 Ca、K 和 Mn 呈中度相关关系，与矿质元素 Fe、Zn 呈低度相关关系。

由此可见，在马铃薯生化品质的形成过程中，矿质元素 Mg、P 和 S 产生主要影响，其他的 Al、Ca、Fe、K、Mo 和 Mn 等元素对马铃薯的生化品质指标产生较大影响，各种元素主要作用反映在蛋白质、酶类、叶绿素的合成等方面，通过内含有机物再形成马铃薯的蛋白质、淀粉和干物质等营养物质。

三、马铃薯安全品质

六盘水马铃薯重金属含量是否超过国家标准是讨论其安全品质特征的主要内容。对采集的 20 件马铃薯样品，分析测试 As、Cd、Cr、Hg 和 Pb 等 5 种元素的含量，见表 4-20，由表得知：

(1)所有地点采集的马铃薯样品中 As 含量均低于 As 的安全限值 0.5mg/kg。

(2)在 20 件马铃薯样品中，17 件样品 Cd 的含量在安全限值 0.5mg/kg 范围内。样品 LPS-3、LPS-14 中 Cd 的含量接近安全限值，样品 LPS-16、LPS-18 和 LPS-20 超过了安全限值，其中 LPS-18 样品 Cd 含量是安全限值的两倍多，该样品为水城海坪采样点，地层背景是二叠系的茅口组。

（3）在 20 件马铃薯样品中，15 件样品 Cr 的含量在安全限值范围内。而 LPS-7、LPS-9、LPS-16、LPS-18 和 LPS-20 等 5 件样品中 Cr 的含量超过了安全限值 1.0mg/kg，其中茅口组的水城海坪采样点 LPS-18 样品中 Cr 含量最高，达到 5mg/kg；其次是石炭系六枝粮蕨坝的马铃薯样品 LPS-9，Cr 含量为 4mg/kg；古近系—新近系地层的 LPS-7、玄武岩地层的样品 LPS-16 和 LPS-20 中 Cr 含量为 2~3mg/kg，超过了安全限值。

（4）所有马铃薯样品中元素 Hg 含量 ≤0.01mg/kg，均处于极低的含量值，不对人体的健康及马铃薯品质产生负面影响。

（5）Pb 含量中，只有玄武岩组地层的水城台沙采样点马铃薯样品 LPS-16 为 0.5mg/kg，略高于 Pb 的安全限值 0.4mg/kg，其他马铃薯样品的 Pb 含量均小于 0.2mg/kg，低于安全限值。

（6）计算 5 种重金属元素总量，石炭系地层背景的马铃薯样品 LPS-8、三叠系地层的马铃薯样品 LPS-12，重金属元素总量均很低，明显低于其他 18 个样品；各地层 5 种重金属元素总量平均值由高到低依次为古近系—新近系、茅口组、玄武岩、石炭系、龙潭组和三叠系，其总量均值分别为 3.24mg/kg、2.94mg/kg、1.80mg/kg、1.76mg/kg、1.26mg/kg 和 0.98mg/kg。

综上所述，研究区内的马铃薯重金属含量较低，除少数样品某种重金属元素含量高于安全限值外，其他样品均没超过安全限值，不会对人体健康及马铃薯品质造成影响。Cd、Cr 在个别样品中含量较高，应该引起重视，以防止在马铃薯规划种植中重金属元素对马铃薯品质产生不良的影响。

表 4-20　马铃薯重金属含量和指标　　　　　　单位：mg/kg

样品号	采样点	地层	As	Cd	Cr	Hg	Pb	小计
LPS-7	盘县二关寨	E-N	0.1	0.14	3	<0.01	<0.2	3.24
LPS-12	水城前龙	T_3	0.1	0.07	<1	<0.01	<0.2	0.17
LPS-10	六枝把士寨	T_2f-T_2g^3	0.1	0.19	1	<0.01	<0.2	1.29
LPS-3	盘县新营	T_1yn	<0.1	0.48	1	0.01	<0.2	1.49
LPS-6	水城煤冲	P_3l	<0.1	0.26	1	<0.01	<0.2	1.26
LPS-4	水城玉舍	$P_3\beta$	<0.1	0.14	1	0.01	<0.2	1.15
LPS-5	盘县上纸厂	$P_3\beta$	0.1	0.38	1	<0.01	<0.2	1.49
LPS-11	水城大房子	$P_3\beta$	<0.1	0.27	1	<0.01	<0.2	1.27
LPS-14	水城台沙	$P_3\beta$	0.1	0.49	1	<0.01	<0.2	1.59
LPS-16	水城台沙	$P_3\beta$	0.1	0.54	2	<0.01	0.5	3.14
LPS-19	水城台沙	$P_3\beta$	0.1	0.24	1	<0.01	<0.2	1.34
LPS-20	盘县包包寨	$P_3\beta$	0.1	0.51	2	<0.01	<0.2	2.61
LPS-1	盘县梁家山	P_2m	0.2	0.12	1	0.01	<0.2	1.33
LPS-15	水城甘塘	P_2m-P_2q	0.1	0.38	1	<0.01	<0.2	1.48
LPS-18	水城海坪	P_2m	<0.1	1.01	5	<0.01	<0.2	6.01

样品号	采样点	地层	As	Cd	Cr	Hg	Pb	小计
LPS-2	六枝粮蕨坝(上)	C_2h-C_3mp	<0.1	0.25	1	0.01	<0.2	1.26
LPS-8	六枝粮蕨坝	C_2h-C_3mp	<0.1	0.11	<1	0.01	<0.2	0.12
LPS-9	六枝粮蕨坝	C_2h-C_3mp	0.2	0.39	4	0.01	<0.2	4.60
LPS-13	水城小田坝	C_2h-C_3mp	0.1	0.31	1	<0.01	<0.2	1.41
LPS-17	水城后菁	C_2h	<0.1	0.39	1	<0.01	<0.2	1.39
	马铃薯安全限值		≤0.5	≤0.5	≤1.0		≤0.4	

第六节　六盘水市马铃薯种植区划

综合考虑六盘水马铃薯品质、土壤地球化学背景、地貌、气候等因素，运用图形空间叠置法求出研究区马铃薯的种植区划，根据不同的生态地质背景，将六盘水马铃薯种植划分为马铃薯种植优质区、适宜区以及不适宜区。

一、地质环境与马铃薯品质

(一)六盘水出露地层

六盘水出露地层主要有三叠系上统(T_3)、中统法郎组(T_2f)和关岭组(T_2g)、下统永宁镇组(T_1yn)；二叠系上统龙潭组(P_3l)和峨眉山玄武岩($P_3\beta$)、中统茅口组(P_2m)和栖霞组(P_2q)；石炭系上统马平群(C_3mp)和中统黄龙群(C_2h)。其中三叠系分布最广，其次为二叠系和石炭系。

(二)岩石元素地球化学特征

①常量元素含量，玄武岩明显高于关岭组地层，并远高于茅口组和石炭系地层。②如不考虑 S、Sr 两个异常微量元素，有益微量元素含量最高的地层为玄武岩(LPSJY-34)，其次为关岭组泥质白云岩(LPSJY-36)，第三是茅口组灰岩(LPSJY-35)，石炭系灰岩(LPSJY-37)最低。③重金属元素含量排序由高到低依次为三叠系、玄武岩、石炭系和茅口组。

(三)土壤元素地球化学特征

土壤常量元素 K、Ca、Mg、Fe 和 Al 以及 P、S 等元素总含量均值，最高的是玄武岩地层风化的土壤，石炭系风化的土壤中常量元素含量最少。原生土中茅口组地层的土壤常量元素含量高于三叠系风化的土壤，而耕土反之。有益微量元素 Co、Cu、Zn、Mo 和 Mn 等总含量平均值，最高的也是玄武岩地层风化的土壤，其次是三叠系风化的土壤，第三为茅口组地层的土壤，石炭系地层的为最低。重金属元素 As、Cd、Cr、Hg 及 Pb 总含量的平均值原生土与耕土情况一样都表现为：茅口组土壤最高，其次是三叠系的土壤，第三为玄武岩地层土壤，石炭系地层的土壤最低。

（四）自然地理环境

六盘水大部分地区气温为 13～14℃，日照时数为 3.29～4.66h，区域年降水量为 900～1400mm，其海拔较高，最高点海拔 2900.3m，一般地区海拔为 1400～1900m，马铃薯种植集中位于海拔 1700m 左右，区域自然地理条件适合马铃薯种植。研究区土壤 pH 为 4.76～7.52，在二叠系龙潭组地层风化的土壤表现为酸性，石炭系地层背景的土壤偏碱性。

（五）马铃薯组分特征

马铃薯的生化指标蛋白质、淀粉和干物质等代表着其品质的优劣，比较不同地层马铃薯品质，三个指标的总量均值排序为玄武岩＞三叠系＞茅口组＞石炭系。马铃薯中常量元素含量排序为：三叠系＞石炭系＞玄武岩＞茅口组；不同地层马铃薯中有益微量元素 Co、Cu、Mo、Zn 等总含量均值排序为石炭系＞玄武岩＞三叠系＞茅口组。不同地层的马铃薯中的重金属含量排序为茅口组＞玄武岩＞石炭系＞三叠系。马铃薯重金属含量方面的整体情况优良，As、Cd、Cr、Hg 和 Pb 等 5 种重金属元素，除个别样品某种元素含量略高于安全限值，其他样品均未超标，对人类健康和马铃薯品质没有负面影响。

（六）岩石、土壤与马铃薯品质关系

对比土壤与岩石样品中常量元素含量，发现母岩与风化土壤之间元素含量具有显著的继承性，即母岩元素含量高，其风化形成的土壤元素含量也高，母岩元素含量低，其风化形成的土壤元素含量也低。岩土常量元素的排序都是玄武岩最高，三叠系其次，石炭系最低。但是，马铃薯中的常量元素含量在三叠系最高，石炭系其次，第三是玄武岩，最低为茅口组。

微量元素和常量元素表现出同样的含量规律，即玄武岩＞三叠系＞茅口组＞石炭系。整体上表现为从岩石到原生土再到耕土的继承性。而马铃薯中的微量元素却是石炭系最高，玄武岩的含量排列第二，然后是三叠系和茅口组。

岩石中重金属含量的排序是：三叠系＞玄武岩＞石炭系＞茅口组，而原生土中含量的排序是：茅口组＞三叠系＞玄武岩＞石炭系，茅口组从最低含量变成了最高含量，这与岩石风化成土过程的机理相关，其他三个地层的排序没有改变。耕土的重金属含量与原生土排序一致。且茅口组高出三叠系和玄武岩很多，三叠系和玄武岩相差不多。耕土与原生土的重金属含量总体趋势反映出显著的继承性。马铃薯的重金属含量茅口组最高，与耕土背景有关，其次为玄武岩和石炭系，三叠系的马铃薯重金属含量最低。

从对马铃薯的生长及马铃薯的品质影响来看，玄武岩地层风化形成的土壤中有益元素含量最多，最适宜马铃薯的生长发育，直接影响马铃薯的营养成分蛋白质、淀粉和干物质形成。其次为三叠系地层风化形成的土壤，石炭系风化形成的土壤含有益元素最少。各地层中马铃薯营养成分蛋白质、淀粉和干物质总量排序为玄武岩＞三叠系＞茅口组＞石炭系，这与各个地层背景耕土中的常量元素和微量元素的总量排序完全一致，反映了马铃薯种植与不同地质、土壤背景的密切关系。

二、马铃薯种植的优质条件

(一)地质背景

经综合评价确认，六盘水最适宜马铃薯生长的地层为二叠系峨眉山玄武岩。根据野外实际调查，该地层岩石风化强烈，风化土层较厚，呈褐红色，为含大量碎石、砂粒的黏土，土质疏松，透气性好，富含矿物质，风化形成的土壤元素含量丰富，最适合马铃薯种植。因此，在规划时首选二叠系峨眉山玄武岩分布区。其次为三叠系泥岩、泥质白云岩分布区。海拔在1700~2000m的三叠系泥岩、泥质白云岩分布区，岩石风化强烈，风化土层较厚，为含大量碎石、砂粒的黏土，土质较黏，透气性一般，土壤所含元素较为丰富，亦适合马铃薯的种植。最后为茅口组的灰岩分布区及石炭系的灰岩分布区。

(二)土壤pH

生产和实践证明，马铃薯适宜在微酸性土壤中生长，土壤pH为5.0~5.5时最适宜马铃薯的生长发育。土壤pH为4.8~7.0时，马铃薯生长发育比较正常。土壤pH在4.8以下时，部分品种植株会表现早衰减产。土壤pH高于7.0时则产量下降，在强碱性土壤中种植马铃薯，播种后有些品种不能出苗。当土壤pH为6.0~7.0时马铃薯生长发育虽然正常，但马铃薯疮痂病发生严重，影响马铃薯的商品性和种用价值。

(三)海拔

海拔较高，温度较低，马铃薯幼苗生长缓慢，易患各种病害，且遇霜雪幼苗会冻死；海拔太低，则湿度小、温度高，达不到马铃薯适应生长条件。六盘水海拔为1500~2000m的区域为最理想的马铃薯种植区。

综上所述，确定六盘水适宜生产优质马铃薯种植的主要条件是：①地层背景优差顺序依次为二叠系峨眉山玄武岩、三叠系、二叠系茅口组和石炭系分布的地区；②土壤pH为5.0~6.0；③海拔为1500~2000m。

三、六盘水市马铃薯种植区划

综合研究区的马铃薯生化品质、马铃薯种植有利地层分布、土壤地球化学特征、气候、地形及海拔等因素，运用图形空间叠置法求得研究区中马铃薯的种植区划，根据不同的生态地质背景，规划出有利于马铃薯生长的优势地区，将六盘水划分为最优质区、优质1区、优质2区、适宜1区、适宜2区、适宜3区、不适宜1区、不适宜2区和不适宜3区等区域。

六盘水市马铃薯种植区划的各区域概况如下所述。

(1)玉舍东南部、杨梅南部以及盘县南部区域。呈不规则条带状，这些区域主要为二叠系玄武岩分布区，岩石风化强烈，风化土层较厚，呈褐红色，为含大量碎石、砂粒的黏土，土质疏松，透气性好，富含矿物质，最适合马铃薯种植，海拔为1500~2000m，土壤pH为5.3~5.8，是马铃薯种植的最优质区。

(2)水城北部—木果以及洒基以南—盘县北部区域。呈不规则块状，这些区域主要为三叠系泥岩、白云岩、泥质白云岩分布区，岩石风化强烈，风化土层较厚，为含大量碎石、砂粒的黏土，土质较为疏松，透气性较好，土壤所含元素丰富，海拔为 1500～2000m，土壤 pH 为 4.8～6.7，亦为适宜马铃薯种植的优质区域。

(3)六枝—堕却—滥坝—水城一带。位于垭都—紫云北西向斜列式构造带上，这一区域主要为石炭系白云岩分布区，出露地层为石炭系白云岩，岩石风化强烈，风化土层较厚，为含大量碎石、砂粒的黏土，土质较黏，透气性一般，土壤所含元素较丰富，海拔在 1500～2000m，土壤 pH 为 5.6～7.0，较适宜马铃薯的种植。

(4)杨梅、洒基以及盘县这三地的东部区域。块状分布，这些区域主要为二叠系茅口组灰岩分布区以及石炭系白云岩分布区，岩石风化不彻底，往往含大量的未风化完全的砂状灰岩，使土壤呈砂状，含大量碎石、砂粒的黏土，土壤透气性较好，土质较为疏松，土壤所含元素较为丰富。虽然茅口组地质背景各元素较石炭系丰富，马铃薯生化品质也优于石炭系背景，但是茅口组风化土壤较少，土层薄，不利于马铃薯的规模种植。该区域海拔为 1500～2000m，土壤 pH 为 6.0～7.2，划定为适宜马铃薯种植的区域。

(5)六枝、陇脚、岩脚、纸厂、盘县等地附近区域。这些区域的海拔主要在 1000～1500m 和 2000～2500m，土壤 pH 为 6.4～7.5，仅适宜小规模的马铃薯种植。

(6)六枝西部、玉舍—杨梅、发耳—鸡场—四格—洒基、平关北部等区域。这些区域的海拔低于 1000m 或高于 2500m，土壤 pH 为 6.5～7.5，不在马铃薯生长的适宜海拔范围内，因此不适宜种植马铃薯。

第五章　贵阳市乌当区中药材种植地质背景与品质关系

中药材是贵州的特色产业之一，贵阳市乌当区具有得天独厚的地质环境，是全国闻名的"药谷"，适合规模化中药材种植。中药材对地质背景具有较强的选择性和适应性，如贵州的土茯苓主要产于黔东南变质岩森林茂盛的地区，盐肤木、花椒和喜树主要生长在碳酸盐岩分布区，薏苡主要生长在晴隆的二叠系及三叠系碳酸盐岩和碎屑岩分布区等（杨胜元等，2005）。所以，加强道地药材与地质背景关系的研究很有必要。贵阳市乌当区种植的中药材鱼腥草和太子参具有一定规模，调查鱼腥草和太子参生长的地质背景，确定其生长优势区，指导当地鱼腥草和太子参的规模化种植生产，将为农民发展特色农产品、增加经济收入起到积极作用。

第一节　乌当区概况

一、自然地理

（一）地理位置

乌当区位于贵州中部、贵阳丘陵盆地北部（贵阳中心区东北部），属贵阳市新城区，该区交通便利，距贵阳市中心7km，距贵阳龙洞堡国际机场8km，距火车站——贵阳站10km，在贵阳市"三环十六射线"城市骨干路网中，贵开路、水东路、东二环、北二环、北京东路均直通区内。全区面积为686km^2。截至2014年，乌当区下辖6镇、2乡和5个新型社区，即：东风、水田、羊昌、下坝、新场、百宜等6镇，新堡和偏坡2个乡，新天、高新、振新、顺新和创新等5个社区。

（二）自然条件

1. 气候

乌当区具有明显的高原性气候特点，属亚热带季风湿润气候。冬无严寒，夏无酷暑，光、热和水同季，垂直气候差异明显。年平均降水量为1179.8~1271.0mm，年平均相对湿度为78%；年平均气温为14.6℃，年极端最高和最低温度分别为35.1℃和−7.3℃；夏季雨水充沛，夜间降水量占全年降水量的70%。由于地形地貌类型多样，该区形成了多种小气候，适宜农业生产；大部分地区可满足农作物一年两熟、蔬菜一年三至四熟的需要；但也有灾害性天气发生，如干旱、倒春寒、冰雹和凝冻等。

2. 水文

区域内河流均属长江流域乌江水系，具有河床狭窄、坡降大和流速较快等特点。除南明河干流流速较快外均为山区性河流，源短流急、洪水和枯水涨落幅度大。河流长于10km或流域面积大于20km²的河流有16条，总长270km。按河流水系分区为：南明河上游小车河支流区(金钟河)，南明河中、下游及其支流区，长滩河支流区(北部鱼梁河)。

3. 地形地貌

境内山地广布，整个地势北高南低、西部平缓、东部地势起伏较大，平均海拔为1242m。最高和最低海拔分别为1659m(水田镇安多村云雾山北峰)和872m(百宜镇拐九村姜家渡南明河出口处)。全区系岩溶山区，为喀斯特地貌发育区，碳酸盐岩层分布广，约占全区总面积的80%。地貌类型多样，主要以山地、丘陵为主，山间盆地、谷地、洼地相间出现，山地坡陡、土薄、植物覆盖差；丘陵则东部片区多高丘、低丘，缓丘较少，西部片区缓丘较多，高丘较少；坝地土层深厚，地势相对较低，水源条件较好，是粮油和蔬菜的主产区。全区地貌按类型组合和农用价值原则，可分为北部高山、南部低山丘陵2个区。

4. 土壤

乌当区处于亚热带常绿阔叶林黄壤带。由于地质作用和岩性的影响，土壤的变化表现为地带性土壤(黄壤)镶嵌分布着非地带性土壤，主要为黄壤、黄棕壤、石灰土、紫色土和冲积土，pH为3.72~8.48(何腾兵等，2006)，为极强酸性至微碱性。土壤成土母质种类主要有白云岩、页岩、砂页岩、泥质粉砂岩和灰岩。

5. 植被

研究区生态环境优良。辖区处于贵阳市环城林带之间，山环水绕，森林茂密，植被较为完好，森林覆盖率、城市绿化覆盖率、绿地率和人均公共绿地面积分别达49.33%、36.36%、36.98%和9.75m²。全区属于亚热带常绿阔叶林带，现有森林为次生植被且分布不均：北部最多，中部次之。原生植被主要以常绿栎林为主，现有树种多为栲、槠类植物，间有枫树、楸和麻栎等落叶树种；山地主要生长白栎、青冈、杜鹃、棕茅和白茅等；草丛坡主要生长金茅、旱茅和黄茅等。

二、区域地质背景

(一)地层

乌当区区域地层出露较全，除侏罗系外，从震旦系到第四系均有出露。北部主要出露的地层有震旦系、寒武系、奥陶系、二叠系、三叠系等地层，并且以寒武系地层分布最广；岩石类型为白云岩、页岩、砂页岩和泥质粉砂岩，其中白云岩面积最大。中部出露的地层有寒武系、志留系、奥陶系、二叠系、三叠系等地层(贵州省地质矿产局，1987)，其中三叠系分布最广；岩石类型为灰岩、白云岩、白云质灰岩、砂页岩。南部地质构造复杂，出露地层较多，碳酸岩盐与碎屑岩相间分布。主要出露地层的岩性特征描述见表5-1。

表 5-1 乌当区出露地层特征

系	统	组		地层符号	岩石描述
第四系				Q	黏土、砂土、泥砾、砂砾等
古近系				E	紫红色厚层含粉砂质泥岩、含砾砂质泥岩夹透镜状角砾岩
白垩系	上统			K_2	砖红、紫红色砾岩、砂砾岩、含砾岩屑石英砂岩夹黏土岩，偶夹泥晶石灰岩
三叠系	上统	二桥组		T_3e	浅灰、灰黄色(岩屑、长石)石英砂岩、粉砂岩夹深灰、灰黑色黏土岩或互层
		三桥组		T_3s	灰绿色薄至中厚层砂岩及页岩，中部及顶部各夹一套灰岩
	中统	贵阳组	狮子山脚段	T_2gy^1	贵阳、平坝地区为杂色薄至中厚层泥质白云岩夹页岩
		狮子山组		T_2sh	深灰色厚层灰岩，时夹白云岩
		松子坎组		T_2s	灰绿、紫红色页岩与薄至中厚层白云岩、泥质白云岩互层
		花溪组		T_2h	浅灰色薄层至中厚层白云岩、泥质白云岩夹页岩
	下统	夜郎组		T_1y	灰色薄层灰岩，时夹厚层灰岩。底部为灰绿色页岩夹薄层灰岩，顶部为紫红色页岩夹粉砂岩
		茅草铺组	第二段	T_1m^2	灰色中厚层白云岩夹泥质白云岩，顶部为厚层溶塌角砾状白云岩夹薄层白云岩
			第一段	T_1m^1	浅灰至深灰色厚层灰岩
		安顺组	大坝段	T_1a^4	浅灰色厚层白云岩，时夹角砾状白云岩及凝灰质泥岩
			马桑坝段	T_1a^3	紫红色薄层及中厚层白云岩、泥质白云岩夹大量溶塌砾状白云岩
			坡头上段	T_1a^2	灰白色厚层粗粒白云岩，时夹鲕状白云岩
			大洼段	T_1a^1	浅灰色薄层及厚层灰岩
		大冶组	片状灰岩段	T_1d^3	浅灰、灰色片状灰岩，时夹薄至中厚层灰岩，偶夹泥灰岩
			互层段	T_1d^2	浅灰、灰色薄层灰岩与页岩互层，偶夹油页岩。在谷脚一带不夹页岩，长顺、惠水一带页岩大量增加
			页岩段	T_1d^1	黄绿色页岩，时夹薄层灰岩
二叠系	上统	大隆组		P_2d	深灰、褐黑色薄—中厚层硅质岩夹深灰、灰绿、黄绿色黏土岩
		长兴组		P_2c	灰、深灰色厚层块状含硅质岩团块生物碎屑泥晶灰岩
		吴家坪组		P_2w	灰、深灰色中厚层燧石灰岩
		龙潭组		P_2l	灰、深灰、黄褐色黏土岩、粉砂岩、硅质岩、泥晶灰岩夹煤
	中统	茅口组	第三段	P_1m^3	灰、浅灰色厚层块状硅质岩，生物碎屑岩、有硅质岩团块
			第二段	P_1m^2	上部灰白色块状硅质岩，局部夹透镜状灰岩，沙子哨附近以灰岩为主；下部夹玄武岩
			第一段	P_1m^1	浅灰、灰、深灰色厚层块状生物碎屑泥晶灰岩，下部夹白云岩
		栖霞组		P_1q	灰、深灰色中厚层至块状泥晶灰岩及生物碎屑泥晶灰岩，含少量硅质岩块，上部夹白云岩
		梁山组		P_1l	灰、深灰色黏土(页)岩、粉砂岩、砂岩夹硅质岩及煤

续表

系	统	组		地层符号	岩石描述
石炭系	中统	黄龙群		C_2hn	浅灰色厚灰岩，局部含燧石灰岩，下部夹白云岩
	下统	摆佐组		C_1b	上部浅色白云岩夹灰岩、中部深灰色灰岩夹泥灰岩、下部灰色灰岩夹白云岩
		大塘组	上司段	C_1d^2	灰色白云岩，生物碎屑灰岩
			旧司段	C_1d^1	杂色铁铝岩、石英砂岩、黏土岩、偶夹白云岩
泥盆系	上统	高坡场组		$D_{2-3}g$	浅灰、深灰色中层状至块状泥质白云岩、白云岩。化石较多
	中统	马鬃岭组		D_2m	灰黄、灰白色及肉红薄至中厚层石英砂岩，夹砂质页岩、页岩、含铁砂岩
	下统	乌当组		$D_{1-2}w$	紫红、肉红及灰白色薄至中厚层细粒石英砂岩，泥铁质粉砂岩夹鲕状赤铁矿层
志留系	中统	高寨田群		S_2gz	灰绿色黏土岩、页岩。上部夹泥质灰岩及砂岩，下部夹泥灰岩、钙质黏土岩
	下统	后所组		S_1h	灰绿色黏土岩、页岩。上部夹泥质灰岩及钙质粉砂岩
奥陶系	下统	黄花冲组		O_2h	灰色厚层块状灰岩
		湄潭组		O_1m	灰绿色页岩夹砂岩。顶部为灰岩及泥灰岩
		红花园组		O_1h	灰色含硅质岩团块白云岩、内碎屑白云岩
		桐梓组		O_1t	浅灰、灰色中厚层微晶、中晶白云岩、内碎屑白云岩
寒武系	上中统	娄山关群		$\epsilon_{2-3}ls$	灰、深灰色白云岩。上部夹燧石白云岩，底部为数米厚的粉砂岩或粉砂质泥岩
		高台-石冷水组		$\epsilon_2g\text{-}s$	灰色薄层白云岩与紫色薄层状铁质白云岩。底部为页岩、粉砂岩夹白云岩
	下统	清虚洞组		ϵ_1q	灰色白云岩。中部夹薄层泥质粉砂岩，底部为泥质条带灰岩
		金顶山组		ϵ_1j	灰至浅灰绿色石英砂岩、泥质砂岩、粉砂岩及砂质泥岩，夹钙质砂岩
		明心寺组		ϵ_1m	上部黄灰色砂质泥岩、黏土质粉砂岩夹紫红色黏土质粉砂岩；中部灰色古杯灰岩夹砂岩
震旦系	上统	灯影组	上段	Z_bdn^2	深灰、浅灰色白云岩及燧石白云岩。底部为含磷黏土质白云岩及粉砂质黏土岩
			下段	Z_bdn^1	灰色白云质泥岩、泥质白云岩及泥质粉砂岩，夹硅质磷块岩

注：此表由中华人民共和国1：20万地质图——贵阳、息烽和瓮安3幅资料编汇。

　　研究区的中药材种植基地主要分布在寒武系的娄山关群（$\epsilon_{2-3}ls$）、清虚洞组（ϵ_1q）、高台-石冷水组（$\epsilon_2g\text{-}s$）等地层分布区，其次分布在震旦系的灯影组（Z_bdn），二叠系吴家坪组至长兴组（$P_2w\text{-}c$）和三叠系的大冶组（T_1d）地层也有零星分布。

（二）构造

　　地质构造方面，乌当区处于黔中隆起与黔南拗陷的过渡地带，属于北东向构造体系。构造线主要集中表现在羊昌、水田、新堡等乡镇，其他如百宜、新场、下坝等乡镇有局部分布，并且大多呈北东向。

第二节　样品采集与测试

通过前期的调查研究及现场勘察，选取贵阳乌当区的百宜镇作为研究靶区进行采样。样品主要采集了 4 条土壤剖面，包括 3 件岩石样品，26 件土壤样品，土壤样品中耕土样品 16 件，原生土样品 10 件。中药材鱼腥草（根、茎、叶）和太子参（块茎）样品 23 件，岩石、土壤和药材各种样品共计 52 件（表 5-2）。

表 5-2　样品采集情况

采样类型	采样项目		采样点数量	样品个数	合计
岩石	基岩		3	3	3
中药材	鱼腥草	根	6	6	23
		茎和叶		4	
		茎		2	
		叶		2	
	太子参	块茎	9	9	
土壤	耕土		14	16	26
	原生土		7	10	

一、采样点的布设

根据贵阳乌当区 1∶20 万的地质图，分析地层分布状况、地势与地形地貌，对中药材种植基地的分布状况及种植情况进行调查；结合实地勘察对土壤剖面、中药材鱼腥草和太子参种植土壤进行布点采样。分别进行了两次采样：第一次主要针对中药材鱼腥草、相应的种植土壤以及基岩样品进行采集，第二次主要针对中药材太子参、相应的种植土壤及岩石样品进行采集。采样点分布情况见表 5-3。

二、样品采集

（一）岩石和土壤样品

据周围地质环境条件及种植情况，选取乌当区百宜镇具有代表性的土壤剖面进行采集。底部岩石样一般取样 500g 左右；原生土样品主要采自中药材种植基地附近且未耕作或人为活动影响较小的地方，一般采集 1000g 左右；耕土样品采自中药材种植地块，深度 5～30cm，采集时注意避免施肥较为集中的点，去除较大的砾石和其他杂质，一般采集 1000g 左右。各剖面采样情况如下所述。

表 5-3 采样分布情况

地层名称	地层符号	采样点	样品类型	样品号	坐标	海拔/m
清虚洞组第一段	$\in_1 q^1$	绍家庄	太子参(块茎)	SJZTZS-1	26°50′06.7″N, 106°59′21.2″E	1309
			耕土	SJZT-2		
			太子参(块茎)	SJZTZS-2	26°51′07.0″N, 106°57′21.4″E	1309
			耕土	SJZT-3		
清虚洞组第二段	$\in_1 q^2$		基岩	SJZJY	26°51′07.2″N, 106°57′22.2″E	1303
			原生土	SJZT-1		
			太子参(块茎)	SJZTZS-3	26°51′07.5″N, 106°57′20.3″E	1319
			耕土	SJZT-4		
高台-石冷水组	$\in_2 g\text{-}s$	红旗村王土组	鱼腥草根	WTZYXC-1	26°49′26.4″N, 106°55′46.1″E	1422
			鱼腥草茎和叶	WTZYXC-2		
			耕土	WTZT-2		
			原生土	WTZT-1		
		红旗村中寨组	鱼腥草根	ZZZYXC-1	26°49′53.9″N, 106°56′10.0″E	1324
			鱼腥草茎和叶	ZZZYXC-2		
			耕土	ZZZT-4		
			耕土	ZZZT-3		
			原生土	ZZZT-2		
			原生土	ZZZT-1		
		百宜村良田组	鱼腥草根	LTZYXC-1	26°49′30.7″N, 106°57′42.7″E	1356
			鱼腥草茎和叶	LTZYXC-2		
			耕土	LTZT-2		
			原生土	LTZT-1		
		朱家湾	鱼腥草根	ZJWYXC-1	26°50′55.7″N, 106°59′06.6″E	1313
			鱼腥草茎	ZJWYXC-2		
			鱼腥草叶	ZJWYXC-3		
			鱼腥草根(野生)	ZJWYXC-4		
			鱼腥草茎(野生)	ZJWYXC-5		
			鱼腥草叶(野生)	ZJWYXC-6		
			耕土	ZJWT-2		
			耕土	ZJWT-3		
			原生土	ZJWT-1	26°50′58.3″N, 106°59′00.6″E	1302
			基岩	ZJWJY		
			太子参(块茎)	ZJWTZS-1	26°50′52.4″N, 106°59′12.5″E	1321
			耕土	ZJWT-4		
			太子参(块茎)	ZJWTZS-2		
			耕土	ZJWT-5		

地层名称	地层符号	采样点	样品类型	样品号	坐标	海拔/m
娄山关群	$\epsilon_{2\text{-}3}ls$	基仓坝	鱼腥草根	JCBYXC-1	26°50′17.5″N,106°59′01.5″E	1324
			鱼腥草茎和叶	JCBYXC-2		
			耕土	JCBT-2		
			耕土	JCBT-3		
			原生土	JCBT-1	26°50′14.3″N,106°59′06.1″E	1337
			太子参（块茎）	JCBTZS-1		
			耕土	JCBT-4	26°50′14.2″N,106°59′04.7″E	1336
			太子参（块茎）	JCBTZS-2		
		拐吉村	原生土	GJCT-3	26°51′02.7″N,106°59′24.8″E	1384
			原生土	GJCT-2		
			原生土	GJCT-1		
		龙盘水	基岩	GJCJY	26°48′10.69″N,106°57′27.51″E	1394
			太子参（块茎）	LPSTZS-1		
			耕土	LPST-1	26°48′09.1″N,106°57′27.7″E	1401
			太子参（块茎）	LPSTZS-2		
			耕土	LPST-2		

红旗村土壤剖面：剖面位于百宜镇红旗村中寨组一小山丘脚，距公路 400m 左右，为人工挖掘剖面。剖面自上而下共采集 3 件土壤样品（编号为 ZZZT-3～ZZZT-1），如图 5-1 所示。第一层是耕土层，为棕黄色壤土，含有少量细砾石，团粒结构较好，透水、透气性较好，pH 为 6.33；第二层为原生土层上部，黄色黏土，含有较少量较细砾石，团粒结构一般，透水、透气性一般，pH 为 6.63；第三层是原生土层下部，棕黄色黏土，含有少量较细砾石，团粒结构较差，透水、透气性较差，pH 为 6.33。

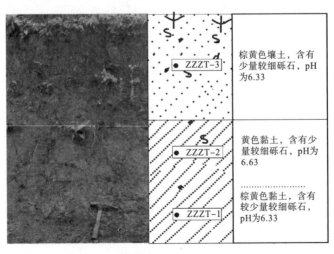

图 5-1　红旗村土壤剖面

　　朱家湾土壤剖面：位于百宜镇朱家湾的公路旁，为人工挖掘剖面。自上而下采集 2 件样品(编号为 ZJWT-1 和 ZJWJY)，如图 5-2 所示。土壤样品(ZJWT-1)采自原生土层，为棕黄色黏土，含有少量较细砾石，团粒结构较差，透水、透气性较差，pH 为 5.97；岩石样品(ZJWJY)采自基岩层的浅灰色泥质白云岩。

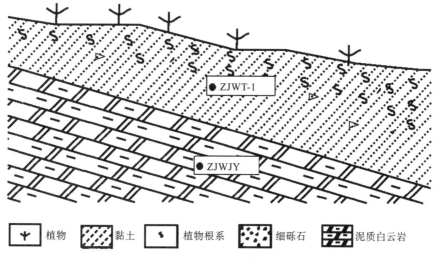

图 5-2　朱家湾土壤剖面

　　拐吉村土壤剖面：剖面位于百宜镇拐吉村的公路旁，为房屋修建所挖掘剖面。自上而下共采集 4 件样品(编号为 GJCT-3~GJCT-1 和 GJCJY)，如图 5-3 所示。土壤样品(GJCT-3)采自原生土层上部，为棕黄色壤土，含有少量较细砾石，团粒结构较好，透水、透气性较好，pH 为 6.15；土壤样品(GJCT-2)为原生土层中部，黄色黏土，含有少量较细砾石，团粒结构一般，透水、透气性一般，pH 为 6.26；土壤样品(GJCT-1)采自原生土层下部，为棕黄色黏土，含有少量较细砾石，团粒结构较差，透水、透气性较差，pH 为 6.78；岩石样品(GJCJY)采自基岩层，为灰色泥质白云岩。

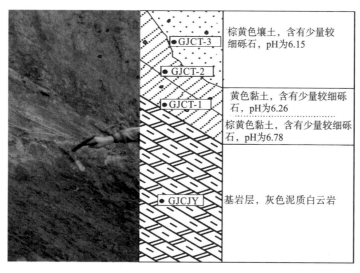

图 5-3　拐吉村土壤剖面

绍家庄土壤剖面：剖面位于百宜镇绍家庄，为人工挖掘剖面。该剖面自上而下共采集 2 件样品（编号为 SJZT-1 和 SJZJY），如图 5-4 所示。土壤样品（SJZT-1）采自原生土层，为棕黄色黏土，含有少量较细砾石，团粒结构较差，透水、透气性较差，pH 为5.07；岩石样品（SJZJY）采自基岩层，为浅灰色黏土岩。

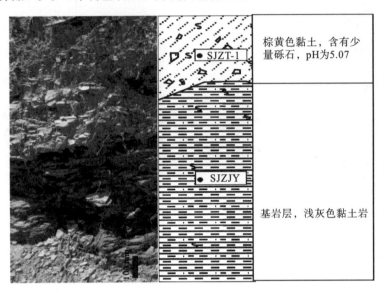

棕黄色黏土，含有少量砾石，pH为5.07

基岩层，浅灰色黏土岩

图 5-4　绍家庄土壤剖面

贵阳乌当区中药材种植基地采集的土壤样品有棕黄色壤土、棕黄色黏土、棕黄色轻黏土、黄色黏土及黄色轻黏土等不同类型，其中以棕黄色壤土为主，少部分为黄色黏土，含有少量且较细的砾石。土壤 pH 为 4.91~6.78，属于中酸性土壤。

（二）中药材样品

中药材样品采集主要根据研究区地层背景以及种植基地的种植情况，选取具有代表性的地块进行采集，在同一地块或种植基地的中央或远离公路一边布设两到三个点分别采集并混合成一个样，一般采集 500~1000g。

三、样品处理与测试

（一）岩石样品

岩石样品经清水清洗后晾干，称取 100g 左右送至澳实矿物实验室（广州）碎样至 200目，采用 HNO_3-$HClO_4$-HF-HCl 消解，应用电感耦合等离子体原子发射光谱仪（ICP-AES，型号：Agilent VISTA）与电感耦合等离子体质谱仪（ICP-MS，型号：Agilent 7700x）测定元素含量。

（二）土壤样品

土壤样品每件 1kg 左右，经过四分法进行减半处理，去杂后放入恒温鼓风干燥箱中，在 36℃进行烘干。将烘干后的样品先称取 10.00g 磨碎至 20 目后测定其 pH，再称取

200g左右送至澳实矿物实验室(广州)碎样至200目，采用 HNO_3-$HClO_4$-HF-HCl 消解，应用电感耦合等离子体原子发射光谱仪(ICP-AES，型号：Agilent VISTA)与电感耦合等离子体质谱仪(ICP-MS，型号：Agilent 7700x)进行元素含量测定。

(三)鱼腥草样品

新鲜鱼腥草样品在实验室用清水冲洗两遍，然后用超声波清洗机(ultrasonic cleaner)在以水为清洗液，功率比为99％、频率为45kHz的条件下作用2min，完成后用清水再冲洗一遍，再放入恒温鼓风干燥箱中，在85℃进行30min杀青处理，调至60℃进行烘干(中国土壤学会农业化学专业委员会，1983)。分样后用陶瓷研钵磨碎至全部过80目不锈钢筛子，称取5g左右的样品送至澳实矿物实验室(广州)应用 HNO_3-HCl 消解，采用电感耦合等离子体原子发射光谱仪(ICP-AES，型号：Agilent VISTA)与电感耦合等离子体质谱仪(ICP-MS，型号：Agilent 7700x)进行元素含量测定。

另将烘干的部分鱼腥草样品送至贵州省中国科学院天然产物化学重点实验室进行槲皮素和绿原酸(chlorogenic acid)含量测定。鱼腥草样品处理测试如下所述。

(1)精密称取1g粉碎鱼腥草样品，加入甲醇-25％盐酸(4∶1)混合溶液25mL，称定重量，置90℃水浴中加热回流1h，放冷，再称定重量，用上述提取溶液补重至加热回流前的重量，摇匀，过滤，取续滤液，过0.45μm微孔滤膜，即得鱼腥草槲皮素测试样品，将测试液放入 Agilent 1100 高效液相色谱仪〔色谱柱：SinoChrom ODS-AP(4.6mm×250mm，5μm)；柱温：30℃；流速：0.8mL/min；检测波长：360nm；以甲醇-0.4％磷酸(50∶50)作为流动相〕中测定槲皮素含量。

(2)精密称取1g粉碎鱼腥草样品，加入50％甲醇溶液25mL，称定重量，置80℃水浴中加热回流40min，放冷，用50％甲醇溶液补重，摇匀，过滤，取续滤液，过0.45μm微孔滤膜，即得鱼腥草绿原酸测试液，将测试液放入 Agilent 1100 高效液相色谱仪〔色谱柱：Ultimate XB-C18(4.6mm×250mm，5μm)；柱温：30℃；流速：1mL/min，检测波长：327nm；以甲醇(A)、0.4％乙酸溶液(B)作为流动相，梯度洗脱条件：0～17min，10→10(A)，17～25min，10→50(A)〕中测定绿原酸含量。

(四)太子参样品

每件太子参样品在实验室用清水冲洗两次，在水作为清洗液、功率比为39％和频率为25kHz条件下的超声波清洗机内清洗10min，再用清水冲洗一遍，然后放在白纸上暴晒两天。将处理过的太子参放在30℃下恒温鼓风干燥箱内烘干。最后将太子参称5g左右，用玻璃研钵磨至80目，送至澳实矿物实验室(广州)进行元素含量测定，测定时用 HNO_3-HCl 消解，采用电感耦合等离子体原子发射光谱仪(ICP-AES，型号为 Agilent VISTA)和电感耦合等离子体质谱仪(ICP-MS，型号为 Agilent 7700x)测定元素含量。

另将烘干的部分太子参送至贵州省中国科学院天然产物化学重点实验室进行环肽B含量测定，测定方法参照高效液相色谱法(国家药典委员会，2010)。

第三节　中药材种植基地地球化学特征

贵阳市乌当区中药材鱼腥草和太子参种植基地岩土元素地球化学特征的研究，常量元素讨论 K、Na、Ca、Mg、Fe、Al 和 Ti 等 7 种元素；微量元素讨论 V、Co、Cu、Zn、Mo、Mn、P、S 和 Rb 等 9 种元素；重金属元素主要讨论 As、Cd、Cr 和 Pb 等 4 种元素（B 和 Hg 因为检测技术方法问题未能测定）。

一、岩石地球化学特征

在寒武系娄山关群、高台-石冷水组和清虚洞组第一段三个不同地层分别采集的 3 件岩石样品见表 5-4，包括两大类岩性：白云岩如图 5-5(a)、图 5-5(g) 所示，黏土岩如图 5-5(m) 所示。

白云岩：呈灰白色，性脆，硬度小，用铁器易划出擦痕，主要由白云石组成，常混入石英、长石、方解石和黏土矿物，遇稀盐酸缓慢起泡或不起泡，外貌与灰岩相似。

黏土岩（泥岩）：为黏土矿物组成的沉积岩，粒度 $<0.004mm$（即 $<4\mu m$），主要由黏土矿物高岭石、蒙脱石和伊利石等组成，其次为碎屑矿物石英、长石和云母等，余下为后生矿物如绿帘石和绿泥石等，以及铁锰质和有机质。质地松软，固结程度较页岩弱，重结晶不明显。

表 5-4　岩石样品特征

采样点	样品号	地层	地层符号	岩石类型
朱家湾	ZJWJY	高台-石冷水组	$\in_2 g\text{-}s$	浅灰色泥质白云岩
拐吉村	GJCJY	娄山关群	$\in_{2\text{-}3} ls$	灰色泥质白云岩
绍家庄	SJZJY	清虚洞组第一段	$\in_1 q^1$	浅灰色黏土岩（泥岩）

(一)常量元素

各地层分布区的岩石中 K、Na、Ca、Mg、Fe、Al 和 Ti 等 7 种常量元素含量特征如表 5-5 和图 5-6 所示。常量元素 K、Na、Fe、Al 和 Ti 的总量排序为高台-石冷水组 < 娄山关群 < 清虚洞组第一段，其含量之和分别为 4.923%、6.443% 和 18.480%。高台-石冷水组和娄山关群岩石中 Ca 和 Mg 的含量均分别是清虚洞组第一段岩石的 700 多倍和 10 多倍，显示白云岩中富含 Ca 和 Mg 两种元素，而贫 K、Na、Fe、Al 和 Ti 等 5 种元素。高台-石冷水组和娄山关群的白云岩常量元素含量差异较小，与清虚洞组第一段黏土岩比较差异则较大，表现出同种岩性常量元素含量差异较小，不同岩性常量元素含量差异较大的特征。

图 5-5　乌当区中药材种植基地环境

注：（a）、（b）和（c）分别为娄山关群地层分布区的泥质白云岩、原生土、种植鱼腥草的耕土，（d）、（e）和（f）为娄山关群地层分布区种植太子参的耕土，（g）和（h）分别为高台-石冷水组地层分布区泥质白云岩、原生土，（i）和（j）为高台-石冷水组地层分布区种植鱼腥草的耕土，（k）和（l）分别为清虚洞组第二段地层分布区的白云岩和种植太子参的耕土，（m）、（n）和（o）分别为清虚洞组第一段地层分布区的黏土岩、种植太子参的耕土。

表 5-5   岩石常量元素含量（%）

地层名称	样品编号	K	Na	Fe	Al	Ti	小计	Ca	Mg	总计
高台-石冷水组	ZJWJY	1.98	0.04	0.78	2.02	0.103	4.923	15.70	9.86	30.483
娄山关群	GJCJY	2.62	0.04	1.03	2.59	0.163	6.443	14.85	9.14	30.433
清虚洞组第一段	SJZJY	3.70	0.07	4.36	9.85	0.500	18.480	0.02	0.83	19.330

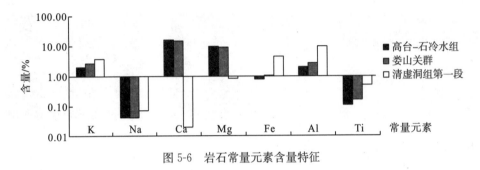

图 5-6   岩石常量元素含量特征

（二）微量元素

岩石中的 V、Co、Cu、Zn、Mo、Mn、P、S 和 Rb 等 9 种微量元素含量如表 5-6 和图 5-7 所示。

表 5-6   岩石微量元素含量   单位：mg/kg

地层名称	样品号	V	Co	Cu	Zn	Mo	Mn	P	Rb	小计	S
高台-石冷水组	ZJWJY	21	3.3	6.3	3	2.19	118	270	37.4	461.19	200
娄山关群	GJCJY	27	4.8	7.6	13	0.45	131	350	53.5	587.35	7300
清虚洞组第一段	SJZJY	102	11.0	15.0	70	0.42	967	300	219.0	1684.42	400

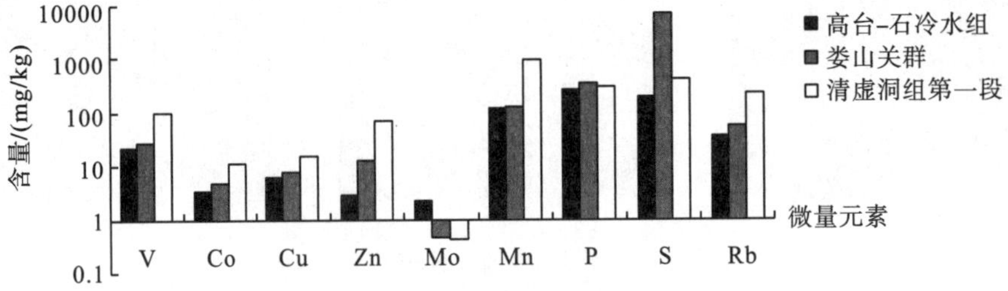

图 5-7   岩石微量元素含量特征

由上述图表可知，6 种微量元素 V、Co、Cu、Zn、Mn 和 Rb 的含量均表现为高台-石冷水组＜娄山关群＜清虚洞组第一段；元素 P 和 S 的含量为高台-石冷水组＜清虚洞组第一段＜娄山关群；元素 Mo 的含量高台-石冷水组最高，清虚洞组第一段最低。从图 5-7 中可以看出，高台-石冷水组、娄山关群和清虚洞组第一段岩石中微量元素含量存在差异性。且不同岩性的微量元素含量差异明显，个别微量元素含量差异性较大，如 Zn 和 S 等。

（三）重金属元素

岩石中 As、Cd、Cr 和 Pb 等 4 种重金属元素含量如表 5-7 所示。元素 Cd、Cr 在各地层的含量排序为：高台-石冷水组＜娄山关群＜清虚洞组第一段；清虚洞组第一段地层分布区的重金属元素 As、Cd、Cr 和 Pb 的含量都是三个地层中最高的。4 种重金属元素含量的总值高台-石冷水组最低，为 28.02mg/kg，清虚洞组第一段最高，为 98.68mg/kg，娄山关群介于两者之间。高台-石冷水组和娄山关群地层为泥质白云岩，重金属元素含量较低；清虚洞组第一段地层为黏土岩，重金属元素含量较高，反映出不同地层中同种岩性重金属元素含量差异较小；不同地层中不同岩性重金属元素含量差异较大。

表 5-7　岩石重金属元素含量　　　　　　　　　　　　　　单位：mg/kg

地层名称	样品号	As	Cd	Cr	Pb	小计
高台-石冷水组	ZJWJY	＜5	0.02	15	8.0	28.02
娄山关群	GJCJY	＜5	0.03	21	5.1	31.13
清虚洞组第一段	SJZJY	7.3	0.18	73	18.2	98.68

注：表中＜5 的值以 5 计。

二、土壤地球化学特征

（一）土壤地球化学特征

1. 常量元素

贵阳乌当区中药材种植基地 26 件土壤样品的常量元素含量见表 5-8，由表 5-8 可知，耕土中 K、Al、Fe 等常量元素含量值较高（超过 1%）；Na 含量较低，基本为 0.01%～0.1%。耕土常量元素含量平均值合计排序为：高台-石冷水组（16.76%）＜清虚洞组第一段（17.76%）＜娄山关群（18.61%）＜清虚洞组第二段（19.79%）；原生土常量元素含量平均值合计排序为：高台-石冷水组（18.22%）＜清虚洞组第一段（18.96%）＜娄山关群（20.18%）。

与中国土壤背景值比较，由表 5-8 和图 5-8 可知，耕土各地层背景中的 7 个常量元素平均值排序如下。

K 平均含量：清虚洞组第一段＞中国土壤背景值＞高台-石冷水组＞娄山关群＞清虚洞组第二段。

Na 平均含量：中国土壤背景值＞清虚洞组第一段、清虚洞组第二段＞娄山关群＞高台-石冷水组。

表 5-8 土壤常量元素含量（%）

地层名称	样品类型	样品号	采样点	K	Na	Ca	Mg	Fe	Al	Ti	平均值合计
高台-石冷水组	耕土	WTZT-2	红旗村王土组	1.56	0.08	0.25	0.55	4.52	8.24	0.578	
		ZZZT-4	红旗村中寨组	1.54	0.07	0.16	0.49	5.20	7.58	0.571	
		ZZZT-3	红旗村中寨组	1.58	0.06	0.15	0.56	6.14	8.32	0.580	
		LTZT-2	百宜村良田组	1.70	0.06	0.14	0.52	6.53	9.61	0.508	
		ZJWT-2	朱家湾	2.50	0.06	0.14	0.49	4.02	7.87	0.399	
		ZJWT-3	朱家湾	1.80	0.05	0.61	0.74	7.29	7.66	0.410	
		ZJWT-4	朱家湾	1.24	0.07	0.12	0.39	4.15	7.12	0.527	
		ZJWT-5	朱家湾	1.68	0.07	0.07	0.53	5.97	9.66	0.533	
		平均值		1.70	0.065	0.21	0.53	5.48	8.26	0.513	16.76
	原生土	WTZT-1	红旗村王土组	1.56	0.07	0.09	0.55	5.61	9.11	0.568	
		ZZZT-2	红旗村中寨组	1.69	0.08	0.22	0.55	5.56	7.81	0.598	
		ZZZT-1	红旗村中寨组	1.66	0.06	0.15	0.59	6.03	9.09	0.587	
		LTZT-1	百宜村良田组	1.62	0.06	0.06	0.55	6.68	9.87	0.608	
		ZJWT-1	朱家湾	3.06	0.06	0.04	0.58	6.22	9.01	0.435	
		平均值		1.92	0.066	0.11	0.56	6.02	8.98	0.559	18.22
娄山关群	耕土	JCBT-2	基仓坝	1.49	0.06	0.12	0.54	8.05	10.20	0.544	
		JCBT-3	基仓坝	1.55	0.07	0.09	0.52	8.32	10.35	0.542	
		JCBT-4	基仓坝	1.77	0.06	0.10	0.57	7.08	9.29	0.538	
		LPST-1	龙盘水	1.68	0.06	0.08	0.53	6.09	9.40	0.557	
		LPST-2	龙盘水	1.18	0.08	0.12	0.40	4.25	6.28	0.534	
		平均值		1.53	0.066	0.10	0.51	6.76	9.10	0.543	18.61
	原生土	JCBT-1	基仓坝	1.31	0.06	0.05	0.49	5.35	9.00	0.693	
		GJCT-3	拐吉村	4.96	0.06	0.17	1.10	5.63	9.01	0.472	
		GJCT-2	拐吉村	3.83	0.06	0.13	0.83	6.26	9.17	0.457	
		GJCT-1	拐吉村	5.61	0.07	0.19	0.97	5.31	9.03	0.406	
		平均值		3.93	0.063	0.14	0.85	5.64	9.05	0.507	20.18
清虚洞组第一段	耕土	SJZT-2	绍家庄	1.76	0.07	0.06	0.50	5.91	8.82	0.541	
		SJZT-3	绍家庄	2.16	0.07	0.05	0.57	5.66	8.78	0.546	
		平均值		1.96	0.070	0.06	0.54	5.79	8.80	0.544	17.76
	原生土	SJZT-1	绍家庄	3.06	0.06	0.02	0.74	5.40	9.22	0.458	18.96
清虚洞组第二段	耕土	SJZT-4	绍家庄	1.22	0.07	0.15	0.48	8.17	9.20	0.501	19.79
		中国土壤背景值		1.86	1.020	1.54	0.78	2.94	6.62	0.380	15.14

注：本章中国土壤背景值引自中国环境监测总站(1990)。

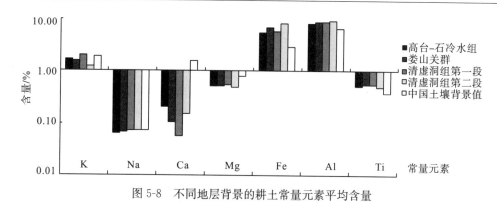

图 5-8　不同地层背景的耕土常量元素平均含量

Ca 平均含量：中国土壤背景值＞高台-石冷水组＞清虚洞组第二段＞娄山关群＞清虚洞组第一段。

Mg 平均含量：中国土壤背景值＞清虚洞组第一段＞高台-石冷水组＞娄山关群＞清虚洞组第二段。

Fe 平均含量：清虚洞组第二段＞娄山关群＞清虚洞组第一段＞高台-石冷水组＞中国土壤背景值。

Al 平均含量：清虚洞组第二段＞娄山关群＞清虚洞组第一段＞高台-石冷水组＞中国土壤背景值。

Ti 平均含量：清虚洞组第一段＞娄山关群＞高台-石冷水组＞清虚洞组第二段＞中国土壤背景值。

高台-石冷水组地层背景的耕土中 Ca 含量最高，K、Mg 和 Ti 居中，Na、Al 和 Fe 最低；娄山关群地层的耕土中 7 种常量元素含量居中；清虚洞组第一段的耕土中 K、Na、Mg 和 Ti 含量最高，Al 和 Fe 居中，Ca 最低；清虚洞组第二段地层分布区耕植土中 Na、Al 和 Fe 含量最高，Ca 居中，K、Mg 和 Ti 最低。各地层耕土的常量元素 Na、Ca 和 Mg 含量均低于中国土壤背景值；Fe、Al 和 Ti 含量均高于中国土壤背景值，K 则只有清虚洞组第一段耕土中的含量略高于中国土壤背景值，其他地层耕土含量均较低，且低于中国土壤背景值。总之，研究区耕土中常量元素 Fe、Al 和 Ti 含量较为丰富，K、Na、Ca 和 Mg 相对较为贫乏。

2. 微量元素

贵阳乌当区中药材种植基地 26 件土壤样品的微量元素含量见表 5-9，耕土中的 Mn、P 和 S 三种微量元素含量较高，均在 100mg/kg 以上；其次为 V、Co、Cu、Zn 和 Rb 等微量元素，均在 10mg/kg 以上；Mo 含量较低，除少数样品外，均在 10mg/kg 以下。耕土中微量元素含量平均值总计排序为：高台-石冷水组（2685mg/kg）＜娄山关群（4467mg/kg）＜清虚洞组第一段（4640mg/kg）＜清虚洞组第二段（7492mg/kg）；原生土微量元素含量平均值总计排序为：娄山关群（1322mg/kg）＜高台-石冷水组（2998mg/kg）＜清虚洞组第一段（3801mg/kg），清虚洞组第二段无原生土样品；娄山关群和清虚洞组第一段地层耕土中的微量元素平均值含量的总值都大于原生土，高台-石冷水组则反之。四类地层耕土的 6 种微量元素 V、Co、Cu、Zn、Mn 和 Rb 之和都远大于中国土壤背景值 888mg/kg。

由图 5-9 和表 5-9 可知，研究区各地层背景的耕土中微量元素含量平均值特征如下所述。

V：中国土壤背景值＜高台-石冷水组＜清虚洞组第一段＜娄山关群＜清虚洞组第二段。

Co：中国土壤背景值＜高台-石冷水组＜清虚洞组第二段＜清虚洞组第一段＜娄山关群。

Cu：中国土壤背景值＜高台-石冷水组＜清虚洞组第一段＜清虚洞组第二段＜娄山关群。

Zn 和 Mn：中国土壤背景值＜高台-石冷水组＜娄山关群＜清虚洞组第一段＜清虚洞组第二段。

Mo：中国土壤背景值＜清虚洞组第一段＜清虚洞组第二段＜高台-石冷水组＜娄山关群。

P：清虚洞组第一段＜清虚洞组第二段＜高台-石冷水组＜娄山关群。

S：高台-石冷水组＜清虚洞组第二段＜清虚洞组第一段＜娄山关群。

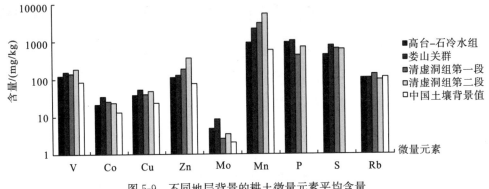

图 5-9　不同地层背景的耕土微量元素平均含量

表 5-9　土壤微量元素含量　　　　　　　　　　　　　单位：mg/kg

地层名称	样品类型	样品号	采样点	V	Co	Cu	Zn	Mo	Mn	P	S	Rb	平均值合计
高台-石冷水组	耕土	WTZT-2	红旗村王土组	121	14.8	30.5	97	2.81	553	870	500	119.0	
		ZZZT-4	红旗村中寨组	114	23.5	30.1	150	4.22	2260	760	400	126.0	
		ZZZT-3	红旗村中寨组	124	22.2	29.9	171	3.97	632	370	100	126.0	
		LTZT-2	百宜村良田组	157	33.6	56.7	120	5.34	1820	650	500	78.2	
		ZJWT-2	朱家湾	93	16.0	29.5	43	6.42	307	560	300	94.5	
		ZJWT-3	朱家湾	103	33.0	38.1	63	7.12	1100	720	500	94.4	
		ZJWT-4	朱家湾	103	10.5	28.0	74	4.79	433	1940	600	95.9	
		ZJWT-5	朱家湾	143	24.6	50.9	102	5.34	403	1450	600	112.0	
		平均值		120	22.3	36.7	103	5.00	939	915	438	105.8	2685
	原生土	WTZT-1	红旗村王土组	146	17.0	38.1	98	2.69	562	330	400	112.5	
		ZZZT-2	红旗村中寨组	116	20.9	30.0	155	4.04	2160	670	300	133.0	
		ZZZT-1	红旗村中寨组	135	25.5	35.5	198	4.39	4360	380	100	116.0	
		LTZT-1	百宜村良田组	155	31.2	44.9	108	4.52	1640	370	600	124.0	
		ZJWT-1	朱家湾	146	33.8	40.0	56	11.60	263	230	400	78.7	
		平均值		140	25.7	37.7	123	5.45	1797	396	360	112.8	2998

续表

地层名称	样品类型	样品号	采样点	V	Co	Cu	Zn	Mo	Mn	P	S	Rb	平均值合计
娄山关群	耕土	JCBT-2	基仓坝	152	39.8	57.9	119	10.55	2930	1100	900	106.0	
		JCBT-3	基仓坝	158	37.5	57.8	129	11.90	2640	1070	1000	110.0	
		JCBT-4	基仓坝	156	44.7	58.0	125	13.80	1780	1050	800	100.0	
		LPST-1	龙盘水	184	29.7	54.7	157	3.63	1620	980	600	117.5	
		LPST-2	龙盘水	109	19.2	26.0	97	2.80	2030	950	500	98.3	
		平均值		152	34.2	50.9	125	8.54	2200	1030	760	106.7	4467
	原生土	JCBT-1	基仓坝	129	19.2	34.9	87	9.52	457	400	400	117.0	
		GJCT-3	拐吉村	117	31.1	31.4	30	6.44	475	250	100	124.0	
		GJCT-2	拐吉村	129	40.5	43.4	46	6.64	524	270	200	95.2	
		GJCT-1	拐吉村	115	25.5	29.2	30	4.73	242	430	100	134.0	
		平均值		123	29.1	34.7	48	6.83	425	338	200	117.6	1322
清虚洞组第一段	耕土	SJZT-2	绍家庄	139	24.2	38.9	203	2.86	3450	420	700	129.5	
		SJZT-3	绍家庄	137	26.2	37.9	160	2.39	2610	460	600	137.5	
		平均值		138	25.2	38.4	182	2.63	3030	440	650	133.5	4640
	原生土	SJZT-1	绍家庄	114	26.8	29.0	104	0.94	2210	350	800	166.5	
		平均值		114	26.8	29.0	104	0.94	2210	350	800	166.5	3801
清虚洞组第二段	耕土	SJZT-4	绍家庄	186	22.8	46.9	357	3.51	5480	700	600	95.8	7492
中国土壤背景值				82.4	12.7	22.6	74.2	2.00	583	—	—	111.0	888

Rb：清虚洞组第二段＜高台-石冷水组＜娄山关群＜中国土壤背景值＜清虚洞组第一段。

对比四类地层背景中耕土微量元素含量，高台-石冷水组地层背景耕土的 Mo、P 和 Rb 等微量元素含量居中，V、Co、Cu、Zn、Mn 和 S 含量最低；娄山关群耕土的 Co、Cu、Mo、P 和 S 等含量在各个地层背景的耕土中最高，V、Zn、Mn 和 Rb 含量居中；清虚洞组第一段耕土 Rb 含量最高，Mo 和 P 含量最低，V、Co、Cu、Zn、Mn 和 S 等含量居中；清虚洞组第二段的 V、Zn 和 Mn 含量最高，Rb 含量最低，Co、Cu、Mo、P 和 S 含量居中。研究区各地层背景的耕土中 V、Co、Cu、Zn、Mo 和 Mn 等微量元素含量都高于中国土壤背景值，说明这些微量元素较为丰富，各地层土壤的 Rb 与中国土壤背景值相近，其含量适中。

3. 重金属元素

26 件土壤样品的重金属元素含量如表 5-10 所示，由表可知耕土中的 As、Cr 和 Pb 等重金属元素含量较高，均在 10mg/kg 以上；Cd 含量较低，除清虚洞组第二段为1.04mg/kg以外，其余均在 0.5mg/kg 以下。耕土中重金属元素含量平均值合计排序为：高台-石冷水组（194.59mg/kg）＜清虚洞组第一段(231.37mg/kg)＜娄山关群(256.15mg/kg)＜清虚洞组第二段（270.54mg/kg）；原生土重金属元素含量平均值合计排序为：清虚洞组第一段

(126.62mg/kg)＜娄山关群(200.63mg/kg)＜高台-石冷水组(214.22mg/kg)，清虚洞组第二段无原生土样品；娄山关群和清虚洞组第一段地层的耕土重金属元素平均含量的总值都大于原生土，高台-石冷水组则反之。四类地层的耕土和原生土中，除了高台-石冷水组3件样品 WTZT-1、LTZT-1 和 ZJWT-1 的 Cd 含量分别是 0.05mg/kg、0.08mg/kg 和 0.09mg/kg，低于中国土壤背景值以外，其余都大于中国土壤背景值。

表 5-10　土壤重金属元素含量　　　　　　　　　单位：mg/kg

地层名称	样品类型	样品号	采样点	As	Cd	Cr	Pb	平均值合计
高台-石冷水组	耕土	WTZT-2	红旗村王土组	25.3	0.26	87	52.0	
		ZZZT-4	红旗村中寨组	30.8	0.39	84	89.0	
		ZZZT-3	红旗村中寨组	34.9	0.17	92	77.1	
		LTZT-2	百宜村良田组	63.2	0.17	89	94.7	
		ZJWT-2	朱家湾	36.7	0.20	68	47.4	
		ZJWT-3	朱家湾	76.1	0.31	77	84.5	
		ZJWT-4	朱家湾	33.3	0.21	76	40.3	
		ZJWT-5	朱家湾	61.2	0.20	88	90.6	
		平均值		40.77	0.23	83.43	70.16	194.59
	原生土	WTZT-1	红旗村王土组	31.3	0.05	99	47.6	
		ZZZT-2	红旗村中寨组	32.2	0.30	82	94.8	
		ZZZT-1	红旗村中寨组	34.5	0.28	82	105.5	
		LTZT-1	百宜村良田组	61.3	0.08	95	77.0	
		ZJWT-1	朱家湾	63.1	0.09	96	69.0	
		平均值		44.48	0.16	90.80	78.78	214.22
娄山关群	耕土	JCBT-2	基仓坝	74.4	0.40	85	97.0	
		JCBT-3	基仓坝	76.6	0.40	108	99.4	
		JCBT-4	基仓坝	84.2	0.39	97	131.0	
		LPST-1	龙盘水	45.0	0.23	108	83.1	
		LPST-2	龙盘水	40.4	0.22	88	62.0	
		平均值		64.12	0.33	97.20	94.50	256.15
	原生土	JCBT-1	基仓坝	56.5	0.11	100	65.5	
		GJCT-3	拐吉村	40.8	0.21	99	50.2	
		GJCT-2	拐吉村	45.3	0.13	97	73.1	
		GJCT-1	拐吉村	33.7	0.15	100	40.8	
		平均值		44.08	0.15	99.00	57.40	200.63
清虚洞组第一段	耕土	SJZT-2	绍家庄	36.9	0.33	90	120.5	
		SJZT-3	绍家庄	29.9	0.21	90	94.9	
		平均值		33.40	0.27	90.00	107.70	231.37
	原生土	SJZT-1	绍家庄	18.2	0.20	71	37.2	126.62
		平均值		18.20	0.20	71.00	37.20	

地层名称	样品类型	样品号	采样点	As	Cd	Cr	Pb	平均值合计
清虚洞组第二段	耕土	SJZT-4	绍家庄	50.0	1.04	95	124.5	270.54
中国土壤背景值				11.20	0.097	61	16.4	88.70
土壤环境质量标准二级(pH<6.5)				40	0.3	150	250	440.30
食用农产品产地环境质量标准评价				40	0.3	150	80	270.30

注：土壤环境质量标准二级(pH<6.5)引自《土壤环境质量标准》(国家环境保护局和国家技术监督局，1995)，食用农产品产地环境质量标准评价引自《食用农产品产地环境质量评价标准》(国家环境保护总局，2006)。

由表5-10可看出，研究区各地层背景的耕土中重金属元素平均含量特征如下。

As：中国土壤背景值<清虚洞组第一段<高台-石冷水组<清虚洞组第二段<娄山关群。

Cd：中国土壤背景值<高台-石冷水组<清虚洞组第一段<娄山关群<清虚洞组第二段。

Cr：中国土壤背景值<高台-石冷水组<清虚洞组第一段<清虚洞组第二段<娄山关群。

Pb：中国土壤背景值<高台-石冷水组<娄山关群<清虚洞组第一段<清虚洞组第二段。

比较四类地层的耕土，研究区高台-石冷水组地层的耕土除As含量居中外，Cr、Cd和Pb等重金属元素含量都为最低；娄山关群地层分布区耕土的重金属元素As和Cr含量最高，Cd和Pb含量居中；清虚洞组第一段地层耕土的重金属元素As含量最低，Cd、Cr和Pb含量居中；清虚洞组第二段地层分布区耕土中重金属元素Cd和Pb含量最高，As和Cr含量居中。研究区各地层的As、Cd、Cr和Pb等重金属元素含量，除高台-石冷水组地层WTZT-1、LTZT-1和ZJWT-1三个原生土样品中Cd含量低于中国土壤背景值外，其余样品的检测值都高于中国土壤背景值。

耕土中4种重金属元素总量在四类地层中，高台-石冷水组为最低，清虚洞组第二段最高。高台-石冷水组地层耕土的As略超土壤环境质量标准二级值(国家环境保护局和国家技术监督局，1995)和食用农产品产地环境质量评价标准(国家环境保护总局，2006)，其余Cd、Cr和Pb重金属元素均符合土壤环境质量标准二级值和食用农产品产地环境质量标准评价；娄山关群和清虚洞组第二段地层分布区耕土中Cr符合土壤环境质量标准二级值和食用农产品产地环境质量标准评价，Pb符合土壤环境质量标准二级值，As和Cd含量超出上述两个标准；清虚洞组第一段Pb超出食用农产品产地环境质量标准评价，As、Cd和Cr等重金属元素含量均在土壤环境质量标准二级值和食用农产品产地环境质量标准评价以内。因此，根据上述情况，研究区应注意中药材种植环境中重金属元素含量超标问题，不同地层分布区的中药材种植区应注意检测不同的重金属元素含量。针对高台-石冷水组地层分布区的中药材种植应关注As含量是否超标，娄山关群和清虚洞组第二段地层分布区应关注As和Cd的含量，清虚洞组第一段地层分布区应关注Pb含量。

4. 稀土元素

在基仓坝、朱家湾、绍家庄和龙盘水等种植基地共采集20件样品进行稀土元素测试分析，包括1件岩石、1件原生土、9件耕土和9件太子参样品，分析结果如图5-10和

表 5-11所示。数据显示 Sc、Y、La、Ce 和 Nd 等稀土元素含量占总含量的比例较大，占主导地位。9 件耕土样品的稀土元素总含量 $\sum$REE 为152.45～259.18mg/kg，平均值为210.53mg/kg；各地层耕土中稀土元素平均含量的总值 $\sum$REE 排序为：清虚洞组第一段(176.13mg/kg)＜高台-石冷水组(217.36mg/kg)＜清虚洞组第二段(223.69mg/kg)＜娄山关群(224.81mg/kg)；稀土元素中的轻稀土元素含量 $\sum$LREE 为114.30～212.77mg/kg，平均含量为169.17mg/kg；重稀土元素含量 $\sum$HREE 为29.45～59.06mg/kg，平均含量为41.36mg/kg；轻稀土元素与重稀土元素含量之比 $\sum$LREE/$\sum$HREE 为2.79～5.56，平均值为4.18，与中国土壤背景值(中国环境监测总站，1990)比较，$\sum$REE、$\sum$LREE 和 $\sum$LREE/$\sum$HREE 平均值分别比中国土壤背景值197.86mg/kg、152.52mg/kg 和 3.36高出 6.40%、10.92%和 24.40%；$\sum$HREE 比中国土壤背景值45.34mg/kg 低8.78%。研究区土壤中的 $\sum$REE 和 $\sum$LREE 含量变化幅度较大，但低于中国土壤背景值，仅个别样品大于中国土壤背景值；$\sum$LREE/$\sum$HREE 整体高于中国土壤背景值，仅个别样品小于中国土壤背景值。研究区耕土中轻稀土元素含量所占比例较大，属于 LREE 富集型土壤。

耕土的稀土元素含量符合 Oddo-Harkins 定律(偶数规则)，即偶原子序数元素的丰度比其相邻的奇原子序数元素的丰度高(Markert，1987)。研究区耕土稀土元素分布特征具有相似性，与中国土壤背景值也有一定相似性。将该区耕土稀土元素含量与中国土壤稀土元素含量的背景值进行相关性双侧检验分析显示，耕土中稀土元素含量与中国土壤中稀土元素的背景值均呈现出极显著相关性，相关系数为 0.956，表明该区耕土和中国土壤的稀土元素含量分布规律类似。

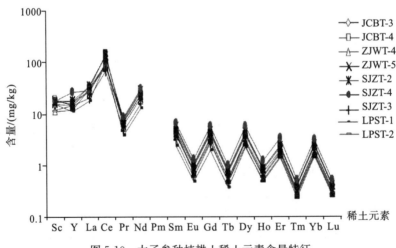

图 5-10　太子参种植耕土稀土元素含量特征

清虚洞组第一段分布区的岩石、原生土和耕土的稀土元素含量分布特征如图 5-11 所示。原生土中除 Sc 和 Ce 存在微小差别外，其他稀土元素含量岩石与土壤具有很好的一致性，耕土稀土元素含量分布和原生土的也具有较好相似性，耕土中除 Ce 外其余稀土元素含量与岩石都具有很好的一致性，由此可知岩石、原生土和耕土三者的稀土元素含量具相似性(太子参稀土元素含量分布情况详见本章第四节)。稀土元素的示踪说明当地岩土之间的继承关系。岩石与土壤的稀土元素分布模式整体上一致，反映岩石背景的元素丰度可能对土壤元素丰度存在控制作用。

表5-11　岩土与太子参稀土元素含量

单位:mg/kg

地层名称	样品号	采样点	采样类型	Sc	Y	La	Ce	Pr	Nd	Pm	Sm	Eu	Gd	Tb	Dy	Ho	Er	Tm	Yb	Lu	ΣREE	ΣLREE/ΣHREE
娄山关群	ZJWT-4	朱家湾	耕土	11.50	14.80	31.10	88.50	7.03	23.60	ND	4.410	0.740	3.310	0.520	2.830	0.590	1.690	0.270	1.710	0.290	192.89	4.64
	ZJWT-5	朱家湾		18.00	15.80	34.30	129.50	8.03	28.20	ND	5.520	1.040	4.550	0.780	4.310	0.880	2.420	0.400	2.550	0.410	256.69	4.64
		平均值		14.75	15.30	32.70	109.00	7.53	25.90		4.970	0.890	3.930	0.650	3.570	0.740	2.060	0.340	2.130	0.350	224.81	4.64
	JCBT-3	基仓坝	耕土	18.00	17.30	35.20	133.00	7.64	26.40	ND	5.150	1.000	4.380	0.730	4.000	0.870	2.350	0.380	2.390	0.390	259.18	4.58
	JCBT-4	基仓坝		18.90	14.40	30.50	138.00	6.78	23.20	ND	4.690	0.900	4.040	0.710	3.840	0.790	2.230	0.380	2.400	0.390	252.15	4.73
高台石冷水组	LPST-1	龙盘水		15.50	10.80	18.10	92.10	3.82	12.80	ND	2.430	0.460	1.990	0.360	2.210	0.500	1.470	0.250	1.610	0.270	164.67	3.99
	LPST-2	龙盘水		10.70	12.20	31.10	95.70	6.74	22.60	ND	4.090	0.680	2.930	0.460	2.320	0.480	1.380	0.220	1.440	0.250	193.29	5.56
		平均值		15.78	13.68	28.73	114.70	6.25	21.25		4.090	0.760	3.340	0.570	3.090	0.660	1.860	0.310	1.960	0.330	217.36	4.69
清虚洞组第一段	SJZT-2	绍家庄	耕土	16.20	17.30	26.00	96.90	5.95	20.60	ND	3.870	0.730	3.260	0.550	3.130	0.700	1.950	0.320	1.960	0.330	199.75	3.71
	SJZT-3	绍家庄		15.50	14.40	20.30	67.90	4.52	15.40	ND	2.990	0.580	2.610	0.470	2.810	0.630	1.820	0.300	1.900	0.320	152.45	3.00
		平均值		15.85	15.85	23.15	82.40	5.24	18.00		3.430	0.660	2.940	0.510	2.970	0.670	1.890	0.310	1.930	0.330	176.13	3.37
	SJZT-1	绍家庄	原生土	18.20	27.80	40.30	99.40	10.80	38.60	ND	7.650	1.390	6.290	1.030	5.820	1.240	3.360	0.520	3.230	0.510	266.14	3.31
	SJZJY	绍家庄	岩石	16.20	33.10	55.80	65.60	13.35	44.90	ND	8.020	1.430	6.730	1.070	5.920	1.270	3.410	0.520	3.060	0.510	260.89	3.01
清虚洞组第二段	SJZT-4	绍家庄	耕土	17.30	26.60	29.30	83.20	8.32	30.30	ND	6.430	1.310	5.770	0.990	5.620	1.210	3.290	0.500	3.060	0.490	223.69	2.79
	中国土壤背景值			11.10	22.90	39.70	68.40	7.17	26.40		5.220	1.030	4.600	0.630	4.130	0.870	2.540	0.370	2.440	0.360	197.86	3.36
娄山关群	ZJWTZS-1	朱家湾	太子参	0.03	0.07	0.15	0.61	0.03	0.10	ND	0.021	0.004	0.017	0.002	0.014	0.003	0.006	0.001	0.007	0.001	1.07	7.23
	ZJWTZS-2	朱家湾		0.06	0.15	0.66	4.59	0.12	0.45	ND	0.080	0.015	0.064	0.009	0.047	0.008	0.020	0.003	0.021	0.003	6.30	18.69
		平均值		0.05	0.11	0.41	2.60	0.07	0.28		0.050	0.010	0.040	0.010	0.030	0.006	0.010	0.000	0.010	0.000	3.69	15.04

续表

地层名称	样品号	采样点	采样类型	Sc	Y	La	Ce	Pr	Nd	Pm	Sm	Eu	Gd	Tb	Dy	Ho	Er	Tm	Yb	Lu	∑REE	∑LREE/∑HREE
高台-石冷水组	JCBTZS-1	基仓坝	太子参	0.06	0.14	0.65	1.88	0.11	0.38	ND	0.064	0.013	0.055	0.007	0.037	0.006	0.016	0.002	0.015	0.002	3.44	10.83
	JCBTZS-2	基仓坝		0.06	0.12	0.58	1.75	0.09	0.31	ND	0.054	0.010	0.043	0.006	0.030	0.005	0.014	0.002	0.013	0.002	3.09	11.36
	LPSTZS-1	龙盘水		0.04	0.09	0.26	1.65	0.04	0.14	ND	0.024	0.005	0.021	0.003	0.016	0.003	0.007	0.001	0.007	0.001	2.31	12.53
	LPSTZS-2	龙盘水		0.03	0.09	0.27	0.90	0.05	0.14	ND	0.027	0.005	0.024	0.003	0.018	0.003	0.008	0.001	0.007	0.001	1.58	8.81
		平均值		0.05	0.11	0.44	1.54	0.07	0.24		0.040	0.010	0.040	0.000	0.030	0.004	0.010	0.000	0.010	0.000	2.59	10.82
清虚洞组第一段	SJZTZS-1	绍家庄	太子参	0.07	0.38	1.00	2.20	0.16	0.58	ND	0.103	0.019	0.087	0.012	0.063	0.012	0.031	0.004	0.027	0.004	4.75	6.80
	SJZTZS-2	绍家庄		0.06	0.40	1.06	2.47	0.17	0.60	ND	0.100	0.019	0.089	0.012	0.065	0.012	0.033	0.004	0.026	0.004	5.12	7.27
		平均值		0.07	0.39	1.03	2.34	0.17	0.59		0.100	0.020	0.090	0.010	0.060	0.012	0.030	0.000	0.030	0.000	4.94	7.10
清虚洞组第二段	SJZTZS-3	绍家庄	太子参	0.04	0.47	0.87	0.71	0.18	0.65	ND	0.122	0.023	0.105	0.015	0.079	0.014	0.038	0.005	0.032	0.005	3.36	3.79

注:ND表示未测定出该值。

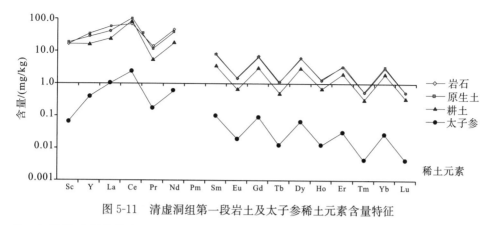

图 5-11　清虚洞组第一段岩土及太子参稀土元素含量特征

5. 土壤元素富集特征

耕土元素富集情况如表 5-12 和图 5-12 所示，对常量元素而言，高台-石冷水组、娄山关群、清虚洞组第二段等地层分布区的耕土中 Fe、Al 和 Ti 等 3 种元素相对富集，K、Na、Ca 和 Mg 等 4 种元素缺乏；清虚洞组第一段 K、Fe、Al 和 Ti 等 4 种元素相对富集，Na、Ca 和 Mg 等 3 种元素缺乏。对于 V、Co、Cu、Zn、Mo、Mn 和 Rb 等 7 种微量元素，娄山关群地层分布区的耕土富集 Mo 和 Mn，清虚洞组第一段富集 Mn，清虚洞组第二段富集 Zn 和 Mn，Rb 在高台-石冷水组、娄山关群、清虚洞组第二段地层缺乏，各地层中除上述提及的富集与缺乏的微量元素，其余微量元素都为相对富集。4 类地层分布区的耕土中重金属元素具有一定的富集，各种重金属元素的富集程度不同。娄山关群富集 As、Cd 和 Pb，Cr 为相对富集；高台-石冷水组富集 As 和 Pb，Cd 和 Cr 为相对富集；清虚洞组第一段富集 Pb，而 As、Cd 和 Cr 为相对富集；清虚洞组第二段富集 As、Cd 和 Pb，相对富集的为 Cr。因此，在中药材种植时应注意重金属元素的影响，针对各个地层分布区耕土中不同的重金属元素进行重点治理和预防。

表 5-12　不同地层的耕土元素富集情况

	富集系数	常量元素	微量元素	重金属元素
	$k_{均}>3$（富集）		Mo、Mn	As、Cd、Pb
娄山关群	$1<k_{均}<3$（相对富集）	Fe、Al、Ti	V、Co、Cu、Zn	Cr
	$k_{均}<1$（缺乏）	K、Na、Ca、Mg	Rb	
	$k_{均}>3$（富集）			As、Pb
高台-石冷水组	$1<k_{均}<3$（相对富集）	Fe、Al、Ti	V、Co、Cu、Mn、Zn、Mo	Cd、Cr
	$k_{均}<1$（缺乏）	K、Na、Ca、Mg	Rb	
	$k_{均}>3$（富集）		Mn	Pb
清虚洞组第一段	$1<k_{均}<3$（相对富集）	K、Fe、Al、Ti	V、Co、Cu、Mo、Rb	As、Cd、Cr
	$k_{均}<1$（缺乏）	Na、Ca、Mg		
	$k_{均}>3$（富集）		Zn、Mn	As、Cd、Pb
清虚洞组第二段	$1<k_{均}<3$（相对富集）	Fe、Al、Ti	V、Co、Cu、Mo	Cr
	$k_{均}<1$（缺乏）	K、Na、Ca、Mg	Rb	

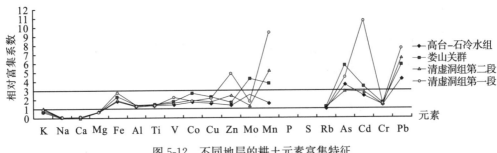

图 5-12　不同地层的耕土元素富集特征

6. 土壤 pH

研究区土壤 pH 为 4.91~6.78，属于强酸—中酸性土壤，适宜大多数作物生长；各地层分布区土壤 pH 存在一定的差异，见表 5-13。耕土中 pH 平均值依次为：清虚洞组第一段(4.94)<娄山关群(5.35)<高台-石冷水组(5.60)<清虚洞组第二段(5.61)；原生土 pH 平均值依次为：清虚洞组第一段(5.07)<高台-石冷水组(6.15)<娄山关群(6.46)，清虚洞组第二段无原生土样品。高台-石冷水组、娄山关群和清虚洞组第一段地层中耕土的 pH 平均值都小于原生土，这可能是南方酸雨及人为活动影响等因素造成的。

表 5-13　土壤 pH

地层名称	采样点	采样类型	采样号	土壤 pH
高台-石冷水组	红旗村王土组	耕土	WTZT-2	5.73
	红旗村中寨组		ZZZT-4	5.81
	红旗村中寨组		ZZZT-3	6.33
	百宜村良田组		LTZT-2	5.55
	朱家湾		ZJWT-2	5.59
	朱家湾		ZJWT-3	5.63
	朱家湾		ZJWT-4	5.14
	朱家湾		ZJWT-5	5.01
	平均值			5.60
	红旗村王土组	原生土	WTZT-1	6.46
	红旗村中寨组		ZZZT-2	6.63
	红旗村中寨组		ZZZT-1	6.33
	百宜村良田组		LTZT-1	5.34
	朱家湾		ZJWT-1	5.97
	平均值			6.15

地层名称	采样点	采样类型	采样号	土壤pH
	基仓坝		JCBT-2	6.31
	基仓坝		JCBT-3	5.10
	基仓坝	耕土	JCBT-4	5.14
	龙盘水		LPST-1	5.05
	龙盘水		LPST-2	5.15
娄山关群		平均值		5.35
	基仓坝		JCBT-1	6.63
	拐吉村		GJCT-3	6.15
	拐吉村	原生土	GJCT-2	6.26
	拐吉村		GJCT-1	6.78
		平均值		6.46
	绍家庄	耕土	SJZT-2	4.96
清虚洞组第一段	绍家庄		SJZT-3	4.91
		平均值		4.94
	绍家庄	原生土	SJZT-1	5.07
清虚洞组第二段	绍家庄	耕土	SJZT-4	5.61

(二)土壤来源

刘丛强(2009)总结了中国西南喀斯特地区红色风化壳物质来源和成土过程问题,对此主要存在以下几种观点:碳酸盐岩原地风化残积物堆积,形成过程包括碳酸盐岩溶蚀堆积和残积土再风化两个阶段(王世杰等,2002);携带外来成土物质的表生流体对碳酸盐岩的交代(李景阳等,1991;朱立军等,1996);多成因观点认为贵州岩溶台地红色风化壳物质来源同时有碳酸盐岩原地风化残积和碎屑岩风化来源(席承藩,1991;Durn et al.,1999)。选取几种较为稳定的元素 Zr、Nb、Th、Ta、Rb 和 Sr 作为研究对象,应用 Zr/Nb、Th/Nb、Rb/Sr 和 Th/Ta 反映土壤的来源和继承性(刘文景等,2011,2010),见表5-14。

表5-14 稳定元素含量的比值

地层名称	采样点	样品类型	样品号	Zr/Nb	Th/Nb	Rb/Sr	Th/Ta
		原生土	GJCT-3	8.27	1.15	3.92	14.24
	拐吉村	原生土	GJCT-2	8.58	0.90	3.11	11.15
娄山关群		原生土	GJCT-1	8.80	1.34	3.55	16.18
		土壤平均值		8.55	1.13	3.53	13.86
	拐吉村	岩石	GJCJY	9.08	1.38	0.69	18.95

地层名称	采样点	样品类型	样品号	Zr/Nb	Th/Nb	Rb/Sr	Th/Ta
高台-石冷水组	红旗村中寨组	耕土	ZZZT-3	7.34	1.00	3.16	14.86
		原生土	ZZZT-2	6.78	0.96	2.88	14.96
		原生土	ZZZT-1	6.83	0.90	3.20	13.53
	朱家湾	原生土	ZJWT-1	8.51	0.90	2.91	11.04
		土壤平均值		7.37	0.94	3.04	13.60
清虚洞组第一段	朱家湾	岩石	ZJWJY	10.28	1.28	0.40	17.69
	绍家庄	原生土	SJZT-1	7.79	0.97	6.48	11.66
	绍家庄	岩石	SJZJY	8.29	1.15	7.91	13.62

三种地层分布区的岩土 Zr/Nb 和 Th/Nb 变化不大，Rb/Sr 和 Th/Ta 相对差异较大。Rb/Sr 在娄山关群和高台-石冷水组地层分布区岩石都很小，土壤平均值分别为 3.53 和 3.04，岩石与岩石之间，土壤与土壤之间十分相近；清虚洞组第一段岩土的 Rb/Sr 较大，特别是岩石 Rb/Sr 为 7.91，远大于娄山关群和高台-石冷水组。用微量元素比表示踪源区成分时需十分谨慎(马英军和刘丛强，1999)。应用各地层岩石和土壤中的这几组稳定元素的比值求其相关性结果见表 5-15，清虚洞组第一段的岩石与其土壤相关性较显著，与其他地层的岩石土壤相关性不显著；娄山关群和高台-石冷水组地层之间的岩石土壤相关性显著，这可能是因为它们均来自白云岩，说明不同地层的岩性不同，演化成相应的成土母质不相同，最后发育的土壤也有所区别。

表 5-15 不同地层岩石和土壤的相关系数

	高台-石冷水组岩石	高台-石冷水组土壤	娄山关群岩石	娄山关群土壤	清虚洞组第一段岩石	清虚洞组第一段土壤
高台-石冷水组岩石	1	0.975*	0.993**	0.976*	0.808	0.837
高台-石冷水组土壤	0.975*	1	0.983*	0.996**	0.914	0.927
娄山关群岩石	0.993**	0.983*	1	0.974*	0.823	0.842
娄山关群土壤	0.976*	0.996**	0.974*	1	0.916	0.936
清虚洞组第一段岩石	0.808	0.914	0.823	0.916	1	0.996**
清虚洞组第一段土壤	0.837	0.927	0.842	0.936	0.996**	1

注：* 表示相关性在 0.05 条件下显著，** 表示相关性在 0.01 条件下显著。

(三)土壤质量评价

通过对乌当区土壤剖面及耕土中地球化学特征和理化性质特征分析，得出以下有关研究区土壤质量的结论和建议。

(1)研究区大部分为棕黄色壤土，少部分为黄色轻黏土，含有少量且较细的砾石；除个别采样点外，土壤团粒结构和透水、透气性整体上较好，能为大多数中药材提供良好的生长环境，尤其是一些根类和块茎类中药材。

(2)耕土的 pH 为 4.91~6.78，属于强酸—中酸性土壤，适宜大多数植物生长。各地层分布区耕土 pH 平均值依次为：清虚洞组第一段(4.94)<娄山关群(5.35)<高台-石冷水组(5.60)<清虚洞组第二段(5.61)；清虚洞组第一段分布区耕土 pH 较小、酸性强，不利于一般作物优良生长；其他地层耕土中 pH 较高(大于 5)，相对较适宜作物生长。

(3)各地层分布区的岩石、原生土和耕土中常量元素、主要微量和重金属元素含量特征如图 5-13 所示。除个别元素外，各地层的岩石、原生土和耕土中各种元素含量变化趋势大致相似，原生土和耕土中各种元素含量差异性不大，变化趋势极为相似，且整体上土壤对岩石中的各种元素具有一定的继承和富集。

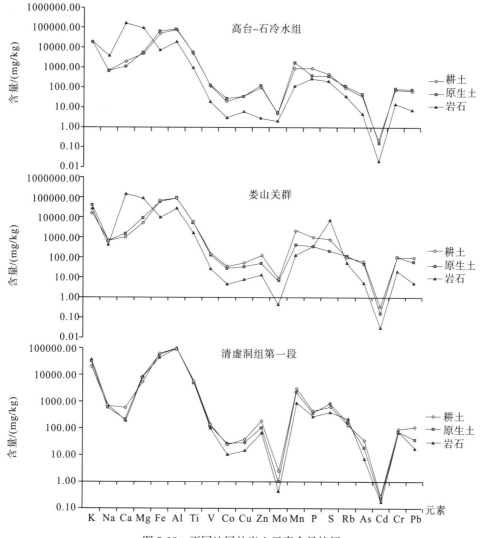

图 5-13　不同地层的岩土元素含量特征

娄山关群地层分布区主要以浅灰色泥质白云岩为主。在岩石、原生土和耕土中 K 含量表现为原生土>岩石>耕土；Ca、Mg、S 含量则是岩石远远高于原生土、耕土。原生土和耕土中其他元素含量都比岩石高，表现出土壤的富集性，各元素含量变化趋势整体上相似。

高台-石冷水组地层分布区主要以浅灰色泥质白云岩为主。岩石中富 K、Na、Ca 和 Mg，土壤中贫 K、Na、Ca 和 Mg；原生土和耕土的其他元素含量都比岩石高，表现出一定的富集性；各元素含量变化趋势整体上相似，原生土与耕土中各元素含量整体上极为相似。

清虚洞第一段地层分布区主要以黏土岩为主。除 K、Mg 含量在岩石中偏高以外，其余元素含量都表现为土壤元素含量高于岩石元素含量，各元素含量变化趋势具有继承性和相似性。

(4)各地层分布区耕土的 K、Na、Ca、Mg、Fe、Al 和 Ti 等 7 种常量元素平均含量之和以清虚洞组第二段分布区耕土最高，为 19.79%；娄山关群分布区耕土次之，为 18.61%；清虚洞组第一段分布区耕土较低，为 17.76%；高台-石冷水组分布区耕土最低，为 16.76%，常量元素越丰富的土壤对农作物越有利。

(5)各地层分布区耕土的 V、Co、Cu、Zn、Mn、P、S 和 Rb 等 8 种微量元素平均含量之和以清虚洞组第二段分布区耕土最高，为 7492mg/kg；清虚洞组第一段分布区耕土次之，为 4640mg/kg；娄山关群分布区耕土较低，为 4467mg/kg；高台-石冷水组分布区耕土最低，为 2685mg/kg。清虚洞组第二段、娄山关群、清虚洞组第一段地层分布区耕土能为作物提供丰富的微量元素，尤其是清虚洞组第二段的耕土远远高于其他 3 个地层，表现出优势，高台-石冷水组的耕土相对较低。

(6)耕土中 As、Cd、Cr 和 Pb 等 4 种重金属元素总量最高的是清虚洞组第二段，为 270.54mg/kg；娄山关群背景耕土次之，为 256.15mg/kg；清虚洞组第一段为 231.37mg/kg，较低；高台-石冷水组最低，为 194.59mg/kg。与食用农产品产地环境质量评价标准评价比较，清虚洞组第二段的耕土 As、Cd 和 Pb 含量都明显超标；娄山关群 As、Cd 和 Pb 等 3 种重金属元素含量超标；清虚洞组第一段的耕土 Pb 含量超标；高台-石冷水组的耕土只有 As 含量稍超标，其余均在食用农产品产地环境质量评价标准范围内。因此，应高度重视在相关地层中某些重金属元素对中药材品质的影响。

(7)各地层分布区耕土中稀土元素总量以娄山关群背景耕土最高，为 224.81mg/kg；其次是清虚洞组第二段背景耕土，为 223.69mg/kg；高台-石冷水组的耕土较低，为 217.36mg/kg；清虚洞组第一段的耕土最低，为 176.13mg/kg。稀土元素对农作物生长能起到积极作用已经得到共识，这里娄山关群地层分布区耕土具有稀土含量较高的优势，其次为清虚洞组第二段分布区的耕土。

(8)综合各地层分布区耕土中常量、微量和稀土元素含量丰缺和富集情况，清虚洞组第二段地层背景的耕土最具优势，其次为娄山关群、清虚洞组第一段背景的耕土，高台-石冷水组分布区耕土相对较差。但在重金属元素含量方面，清虚洞组第二段地层分布区的耕土重金属含量较高，高台-石冷水组分布区耕土最低，基本符合食用农产品产地环境质量评价标准。

(9)初步判定清虚洞组第一段地层与娄山关群、高台-石冷水组地层分布区耕土来源不同。不同时代的地层岩性不同，因成土母质的差异，其形成的土壤也有所区别。

第四节　中药材品质特征

中药材一般指药材原植物、动物和矿物已除去非药用部分的商品药材(国家药典委员会，2005)，主要源自丰富的天然中药材资源(刘克汉和刘玲，2009)。虽然我国是世界上中药材天然药物资源最丰富的国家，但是人们对中药材需求量的增加、不合理的开发和利用造成中药材资源破坏严重，并引发中药材野生资源量锐减和生态环境恶化等问题产生（刘克汉和刘玲，2009）。部分中药材资源紧缺，威胁着我国自然环境和资源的可持续发展，种植或引种部分中药材可以在一定程度上解决这些问题。贵阳乌当区中药材种植基地就是在此环境下发展形成的众多中药材种植基地之一，中药材种植基地的建立缓解了中药材市场供不应求的局面。随着生活水平的提高，人们对中药材的品质也提出了更高要求。

中药材品质是中药材的重要特征，是评价中药材的重要指标。通常所说的中药材品质一般包括内在质量和外观性状两方面：内在质量一般指中药材药效成分和污染物种类及数量等；外观性状主要是指中药材的色泽（整体外观和断面）、质地、大小和形态等，是内在质量的反映（武孔云和孙超，2010）。本节通过对贵阳乌当区中药材种植基地的鱼腥草和太子参生化品质的评述，探讨药材的药效成分，以及与不同地层岩土元素地球化学特征的相互关系。

一、中药材生化品质

（一）鱼腥草

1. 指标选取

鱼腥草中的化学成分较多，主要含有挥发油、黄酮类、有机酸、生物碱及维生素等（杜向群等，2012）。其中黄酮类的槲皮素、有机酸中的绿原酸等都是鱼腥草中主要的有效成分。鱼腥草中的槲皮素具有祛痰止咳、抗炎、抗过敏、降血脂、抗心律失常、抗血小板聚集、抗氧化等药理作用（王艳芳等，2003；陈黎等，2007），此外还有降低血压、增强毛细血管抵抗力、增加冠状动脉血流量等作用（罗世琼等，2008），其含量是衡量鱼腥草药用价值的重要指标（边清泉等，2009，2005；张爱莲等，2009）。绿原酸是由咖啡酸（caffeic acid）与奎尼酸（quinic acid）形成的缩酚酸，是植物界广泛存在的一类次生代谢物质（杨占南等，2010），具有抗氧化、抗肿瘤、抗菌、抗病毒、免疫调节和降糖等多种作用（Ito et al.，1998；Jiang et al.，2000；吴卫华等，2006）。绿原酸还具有较强的抑制突变能力、通过降低致癌物的利用率及其在肝脏中的运输达到防癌、抗癌的效果（王莲和袁艺，2008），是具有较高药用价值的活性成分，其含量是衡量鱼腥草药用价值的重要指标（边清泉等，2008）。由此，选取槲皮素和绿原酸两个指标作为鱼腥草的品质判断标准分别进行测定、分析。

2. 指标的评定

16件烘干的鱼腥草样品送至贵州省中国科学院天然产物化学重点实验室，应用Agilent 1100高效液相色谱仪进行槲皮素和绿原酸含量的测定，测定结果见表5-16。乌当区鱼腥草中槲皮素含量为0.005％～0.694％，平均值为0.256％；绿原酸含量为0.132％～0.612％，平均值为0.322％。其中，鱼腥草的地上部分槲皮素含量（平均值为0.396％）与江苏、四川和重庆等地比较，仅次于江苏南京（0.402％），高于四川资阳市（0.343％）、汶川县漩口镇（0.343％）、雅安市雨城区和龙乡（0.336％）、宜宾市流南坎（0.321％）、雅安市天全县（0.316％）和重庆市酉阳县中都区（0.340％）等地（陈黎等，2007），比较之下乌当区鱼腥草的槲皮素含量较高，品质较好；乌当区鱼腥草中各部分的绿原酸含量均高于贵州其他几个地区，如遵义种植鱼腥草（根：0.0536％，茎：0.0025％，叶：0.0158％）、遵义野生鱼腥草（根：0.0478％，茎：0.0046％，叶：0.062％）、瓮安种植鱼腥草（根：0.0108％，茎：0.0062％，叶：0.0058％）、瓮安人工鱼腥草（根：0.0203％，茎：0.0021％，叶：0.0002％）、印江种植鱼腥草（根：0.0081％，茎：0.0076％，叶：0.0051％）、贵阳青岩种植鱼腥草（根：0.0003％，茎：0.0003％，叶：0.0003％）、贵阳青岩野生鱼腥草（根：0.0005％，茎：0.0005％，叶：0.0005％）和下坝种植鱼腥草（根：0.0014％，茎：0.0009％，叶：0.0004％）（杨占南等，2010）等，研究区相对于贵州省的遵义、瓮安、印江、贵阳青岩和下坝等地区而言，绿原酸含量较高、品质较好，适宜种植鱼腥草。

表 5-16　鱼腥草中有效成分槲皮素和绿原酸含量（％）

地层名称	采样点	采样类型	样品	槲皮素	绿原酸
高台-石冷水组	红旗村王土组	地下部分	WTZYXC-1	0.005	0.132
		地上部分	WTZYXC-2	0.309	0.546
	红旗村中寨组	地下部分	ZZZYXC-1	0.007	0.183
		地上部分	ZZZYXC-2	0.398	0.309
	百宜村良田组	地下部分	LTZYXC-1	0.005	0.139
		地上部分	LTZYXC-2	0.400	0.300
	朱家湾	地下部分	ZJWYXC-1	0.025	0.167
		地上部分	ZJWYXC-23	0.372	0.401
		茎	ZJWYXC-2	0.090	0.190
		叶	ZJWYXC-3	0.655	0.612
		地下部分	ZJWYXC-4*	0.028	0.294
		地上部分	ZJWYXC-56	0.418	0.456
		茎	ZJWYXC-5*	0.142	0.314
		叶	ZJWYXC-6*	0.694	0.599
娄山关群	基仓坝	地下部分	JCBYXC-1	0.028	0.151
		地上部分	JCBYXC-2	0.477	0.355

注：＊表示样品为野生鱼腥草。

由图 5-14 可知，贵阳乌当区中药材种植基地鱼腥草的有效成分槲皮素及绿原酸含量都表现出地下部分小于地上部分，且有地下部分（根）＜茎＜叶的趋势。这分别与边清泉等（2005）、李瑞玲等（2014）对鱼腥草中不同部位槲皮素含量的研究结果类似，也和边清泉等（2008）对鱼腥草中不同部位绿原酸含量的研究结果基本一致。鱼腥草中不同部位的有效成分含量差异性较大，乌当区鱼腥草叶部的槲皮素含量是茎的 5.81 倍，叶部绿原酸含量是茎的 2.4 倍。另外，野生鱼腥草中各部位的有效成分槲皮素及绿原酸含量都高于种植鱼腥草的相应部位含量。乌当区鱼腥草中地上部分槲皮素和绿原酸的含量均明显高于地下部分，见表 5-16，且以叶中含量最高。

由表 5-16 和图 5-15 可知，高台-石冷水组地层分布区鱼腥草的槲皮素含量地上、地下部分均低于娄山关群地层分布区；绿原酸含量则是高台-石冷水组地层分布区的地上部分、地下部分均高于娄山关群地层分布区。在槲皮素和绿原酸的地上部分、地下部分平均值的总量方面，娄山关群地层背景耕土上种植的鱼腥草其槲皮素和绿原酸总量为1.011％，高于高台-石冷水组的0.987％，品质略好。

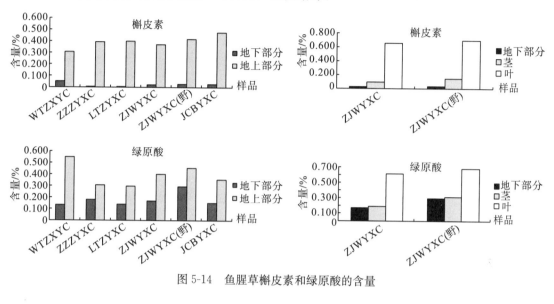

图 5-14　鱼腥草槲皮素和绿原酸的含量

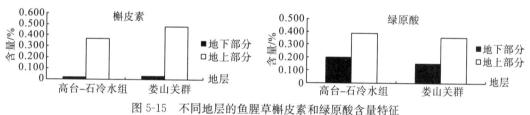

图 5-15　不同地层的鱼腥草槲皮素和绿原酸含量特征

(二)太子参

1. 指标选取

对太子参化学成分系统研究表明，太子参中主要含有环肽类、苷类、微量元素、氨基酸、糖类、挥发性成分、磷脂类、脂肪酸类、油脂类、甾醇类等(王文凯等，2011)。1993 年，首次报道环肽 B(cyclic peptide B，$C_{40}H_{58}O_8N_8$)是从太子参中分离出来的(Tan et al.，1993)。环肽 B 是中药材太子参主要有效成分之一，是评价太子参品质的重要指标之一(Zhao et al.，2012)。环肽 B 具有抑制酪氨酸酶和黑色素产生的作用，是太子参的指标性成分(胡煜雯等，2014)。因此，选取环肽 B 作为太子参有效成分的研究指标。

2. 指标评定

烘干的 9 个太子参样品送至贵州省中国科学院天然产物化学重点实验室，应用Agilent 1100 高效液相色谱仪进行环肽 B 含量的测定，测定结果如表 5-17 所示。贵阳乌当区太子参环肽 B 含量在 0.016％~0.031％，平均含量为 0.024％。《中华人民共和国药典》规定太子参环肽 B 的含量不得低于 0.020％(国家药典委员会，2010)。9 个测试样品中有 2 个样品环肽 B 的含量分别为 0.016％和 0.018％，含量略低，乌当区太子参环肽 B

含量整体上符合中国药典中规定，个别远超过标准，如 SJZTZS-3 号样品为 0.031%。韩怡等(2012)对不同产地太子参环肽 B 含量测定：江苏、贵州施秉、安徽宣城和福建柘荣等四个产区太子参环肽 B 含量分别为 0.028%、0.021%、0.022% 和 0.014% 左右。贵阳乌当区太子参环肽 B 含量与上述产区对比，低于江苏产区，与贵州施秉和安徽宣城相近，明显高于福建柘荣产区，贵阳乌当区总体上适合太子参种植。

表 5-17　太子参环肽 B 含量（%）

地层	岩性描述	采样点	编号	环肽 B 含量
娄山关群	浅灰、灰色中—厚层微—细晶白云岩，淀晶内碎屑白云岩夹藻屑白云岩及黏土质泥晶白云岩	基仓坝	JCBTZS-1	0.018
		基仓坝	JCBTZS-2	0.023
		龙盘水	LPSTZS-1	0.021
		龙盘水	LPSTZS-2	0.020
		平均值		0.021
高台-石冷水组	浅灰、灰色薄层—厚层微晶白云岩、黏土质泥晶白云岩	朱家湾	ZJWTZS-1	0.027
		朱家湾	ZJWTZS-2	0.021
		平均值		0.024
清虚洞组第一段	浅灰、灰微晶灰岩夹灰绿、黄绿色钙质黏土岩	绍家庄	SJZTZS-1	0.020
		绍家庄	SJZTZS-2	0.016
		平均值		0.018
清虚洞组第二段	浅灰、灰色薄层—厚层泥晶—微晶白云岩、黏土质白云岩	绍家庄	SJZTZS-3	0.031

　　乌当区中药材种植基地主要分布在寒武系的清虚洞组、高台-石冷水组、娄山关群和震旦系的灯影组以及二叠系吴家坪组至长兴组、三叠系的大冶组地层环境(彭益书等，2013)。太子参样品采取的地质背景是百宜镇寒武系的清虚洞组、高台-石冷水组和娄山关群地层。从太子参环肽 B 含量分析结果来看，清虚洞组第二段种植的太子参品质较好，其次为高台-石冷水组、娄山关群种植的太子参，清虚洞组第一段的太子参品质略次，如图 5-16 所示。

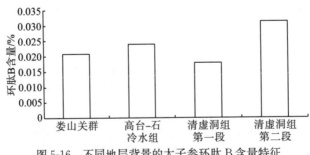

图 5-16　不同地层背景的太子参环肽 B 含量特征

二、中药材元素地球化学特征

(一)鱼腥草元素地球化学特征

中药材鱼腥草全株皆可药用,一般将其分为地下部分(主要指地下茎)和地上部分(茎和叶)(吴卫等,2003,2001),但也有分为根茎、茎和叶进行叙述(王孝华等,2014)。现综合贵阳乌当区鱼腥草地上部分、地下部分的各元素含量,从常量元素、微量元素和重金属元素等方面研究其元素含量特征。

1. 常量元素

鱼腥草中 K 含量较高,均大于 2%,Ti 相对最低,基本为 0.001%,其他常量元素介于两者之间(表 5-18)。野生鱼腥草中 Ca、Mg 和 Fe 的含量大于种植点人工栽培的含量,野生鱼腥草 K 含量明显低于种植点的含量,Na、Al 和 Ti 野生与种植基本持平,如图 5-17(a)所示;高台-石冷水组地层分布区的鱼腥草中 K、Na、Ca、Fe 和 Al 等的平均含量均高于娄山关群,Mg 含量低于娄山关群,Ti 含量与娄山关群基本持平,如图 5-17(b)所示。由此可知,不同地层的鱼腥草各常量元素含量有所差异,种植与野生鱼腥草常量元素含量亦略微不同,但各种常量元素含量的分布模式是基本相似的。高台-石冷水组地层分布区的鱼腥草中 K、Na、Ca、Mg、Fe、Al 和 Ti 等 7 种常量元素平均含量的总值为 4.85%,比娄山关群的 4.55%略高。因此,从单个常量元素以及常量元素平均总含量方面看,种植在高台-石冷水组地层分布区的鱼腥草略比娄山关群地层分布区的鱼腥草高。

表 5-18　鱼腥草常量元素含量(%)

地层名称	采样点	样品号	K	Na	Ca	Mg	Fe	Al	Ti
高台-石冷水组	红旗村王土组	WTZYXC	5.04	0.051	0.64	0.254	0.053	0.06	0.001
	红旗村中寨组	ZZZYXC	2.06	0.058	0.56	0.310	0.074	0.08	0.001
	百宜村良田组	LTZYXC	3.33	0.042	0.51	0.294	0.059	0.07	0.001
	朱家湾	ZJWYXC	4.86	0.009−	0.63	0.238	0.066	0.07	0.001−
		ZJWYXC*	2.94	0.009−	0.76	0.326	0.075	0.07	0.001
	平均值		3.82	0.040−	0.58	0.274	0.063	0.07	0.001−
娄山关群	基仓坝	JCBYXC	3.50	0.033	0.52	0.395	0.047	0.05	0.001

注:本表数据是通过地下部分和地上部分的数据求平均得出,—表示低于该检测值,但以该值计算,* 表示样品为野生鱼腥草。

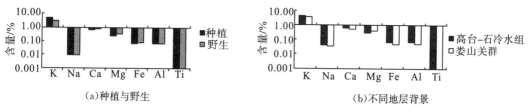

(a)种植与野生　　　　　　(b)不同地层背景

图 5-17　鱼腥草常量元素含量特征

2. 微量元素

如表 5-19 所示,鱼腥草中 P 和 S 含量较高,均在 1000mg/kg 以上;其次为 Mn,其含量为 45.50～484.00mg/kg；Cu 少数样品小于 10mg/kg，Zn、B 以及 Rb 等含量为 15.00～42.30mg/kg；V 含量为 1.00～1.50mg/kg，Co 和 Mo 含量大多在 1mg/kg 以下，个别样品大于 1mg/kg。

表 5-19　鱼腥草微量元素含量　　　　　　　　　　　单位：mg/kg

地层名称	采样点	样品号	V	Co	Cu	Zn	Mo	Mn	P	S	B	Rb
高台-石冷水组	红旗村王土组	WTZYXC	1.00	0.70	14.53	36.75	0.30	161.00	4385.00	2300	20.00	32.80
	红旗村中寨组	ZZZYXC	1.50	0.43	9.42	35.85	0.26	288.00	3420.00	1500	15.00	25.25
	百宜村良田组	LTZYXC	1.00	0.39	8.52	23.20	0.45	131.00	3300.00	1350	15.00	38.30
	朱家湾	ZJWYXC	1.25	1.49	13.21	32.98	0.34	264.25	3912.50	1325	22.50	33.65
		ZJWYXC*	1.25	1.16	12.71	42.30	1.18	484.00	3442.50	1250	22.50	37.20
		平均值	1.19	0.75	11.42	32.19	0.34	211.06	3754.38	1618.75	18.13	32.50
娄山关群	基仓坝	JCBYXC	1.00	0.33	16.38	27.85	0.58	45.50	4715.00	1650	20.00	30.75

注：本表数据是通过地下部分和地上部分的数据求平均得出，＊表示样品为野生鱼腥草。

野生鱼腥草中 Zn、Mo、Mn 和 Rb 等的含量大于相应种植点的含量，Co、Cu、P 和 S 等含量则明显低于相应种植点的含量，V 和 B 野生与相应种植点的含量持平，如图 5-18(a)所示。

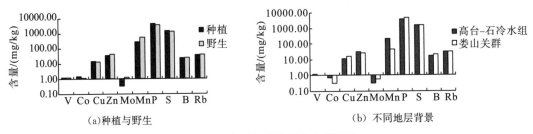

图 5-18　鱼腥草微量元素含量特征

高台-石冷水组地层分布区的鱼腥草中 V、Co、Zn、Mn 和 Rb 等的平均含量均高于娄山关群，Cu、Mo、P、S 和 B 等含量则低于娄山关群，如图 5-18(b)所示。从图 5-18 和表 5-19 可知，不同地层的鱼腥草各微量元素含量有所差异，种植与野生鱼腥草微量元素含量亦略微不同，但其微量元素含量的分布模式是基本相似的。高台-石冷水组地层分布区的鱼腥草，V、Co、Cu、Zn、Mo、Mn、P、S、B 和 Rb 等 10 种微量元素平均含量的总值为 5680.71mg/kg，比娄山关群的 6507.39mg/kg 低。因此，从微量元素平均总含量方面看，种植在高台-石冷水组地层分布区的鱼腥草比娄山关群的差。

3. 重金属元素

关于中药材重金属元素问题，依据《中华人民共和国药典》(2010 年版第一增补本)对中药材重金属元素的要求，一般选取 As、Cd、Cu、Hg 和 Pb 等 5 种元素进行讨论。其中 Cu 在微量元素中作为有益元素进行分析，它对植物生长有其特定的功能，但是，由于有规定限量标准，因此提出来进行讨论。Cr 在《中华人民共和国药典》和中药重金属等限量标准草案中未涉及，暂时不做讨论。如表 5-20 所示，研究区鱼腥草中 As、Cu 和

Pb 等重金属元素含量较高，均大于 1mg/kg；Cd 和 Hg 含量较低，均小于 1mg/kg；与中药材中相关元素的限量值(国家药典委员会，2010)相比较，除高台-石冷水组地层背景的鱼腥草 As 以外，其余四种重金属元素含量均在限量值范围内。因此，需要注意对该地层的鱼腥草进行重金属元素 As 的监测与防治。另外，推测鱼腥草中 As 较高可能与鱼腥草的消炎等功效有关，即鱼腥草中的 As 可能具备一定的药效作用(彭益书等，2014a)。

表 5-20　鱼腥草中重金属元素含量　　　　　　单位：mg/kg

地层名称	采样点	样品号	As	Cd	Cu	Hg	Pb
高台-石冷水组	红旗村王土组	WTZYXC	11.25	0.54	14.53	0.051	7.41
	红旗村中寨组	ZZZYXC	1.00	0.45	9.42	0.047	2.95
	百宜村良田组	LTZYXC	4.90	0.17	8.52	0.059	3.40
	朱家湾	ZJWYXC	42.30	0.38	13.21	0.099	7.29
		ZJWYXC*	57.53	0.59	12.71	0.152	7.75
		平均值	14.86	0.38	11.42	0.064	5.26
娄山关群	基仓坝	JCBYXC	3.95	0.11	16.38	0.073	1.91
中药材中有害元素含量限量值 a			5	1	20	1	10

注：a 值引自国家药典委员会(2010)；* 表示为野生鱼腥草样品。

野生鱼腥草中重金属元素除 Cu 以外，As、Cd、Hg 和 Pb 等的含量均大于相应种植点的含量，如图 5-19(a)所示。高台-石冷水组地层的鱼腥草中，As、Cd、和 Pb 等重金属元素的平均含量高于娄山关群，Cu 和 Hg 含量则低于娄山关群的，如图 5-19(b)所示。整体来看，高台-石冷水组地层的鱼腥草重金属含量相对较高；而高台-石冷水组地层的耕土中 As、Cd 和 Pb 等重金属元素含量均低于娄山关群，土壤与鱼腥草中重金属元素含量相反。总之，不同地层上种植的鱼腥草重金属元素含量有所差异，种植与野生鱼腥草各重金属元素含量亦略微不同，但各种重金属元素含量的分布模式基本相似。高台-石冷水组地层分布区的鱼腥草 As、Cd、Cu、Hg 和 Pb 等 5 种重金属元素平均含量的总值为 31.98mg/kg，比娄山关群的 22.42mg/kg 高。从单个重金属元素以及重金属元素平均总含量方面看，娄山关群的地质背景较为优良。

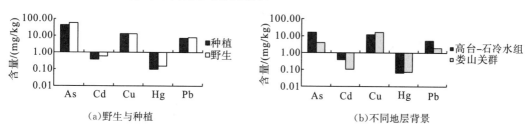

(a)野生与种植　　　　　　　　(b)不同地层背景

图 5-19　鱼腥草重金属元素含量特征

(二)太子参元素地球化学特征

1. 常量元素

如表 5-21 所示，9 个太子参样品中，常量元素 K 含量较高，为 0.70%～0.92%；其次为 Ca 和 Mg，基本在 0.1% 左右；Al、Fe 和 Na 等 3 种元素含量在 0.01%～0.06%，Ti 含量小于 0.001%。不同地质背景种植的太子参常量元素平均含量的总值排序为：清虚洞组第一段(1.01%)<娄山关群(1.09%)<高台-石冷水组(1.10%)<清虚洞组第二段(1.13%)。这与各地层中太子参环肽 B 平均含量顺序[清虚洞组第一段(0.018%)<娄山关群(0.021%)<高台-石冷水组(0.024%)<清虚洞组第二段(0.031%)]一致，说明太子参有效成分环肽 B 含量与种植土壤中的常量元素总含量或某个常量元素含量关系密切，同时也表现出种植在清虚洞组第二段的太子参品质较好，高台-石冷水组和娄山关群的居中，清虚洞组第一段略差。

表 5-21　太子参常量元素含量(%)

地层名称	采样点	编号	K	Na	Ca	Mg	Fe	Al	Ti
娄山关群	基仓坝	JCBTZS-1	0.79	0.015	0.13	0.105	0.013	0.01	<0.001
	基仓坝	JCBTZS-2	0.80	0.012	0.11	0.116	0.017	0.02	<0.001
	龙盘水	LPSTZS-1	0.92	0.013	0.13	0.094	0.065	0.01	<0.001
	龙盘水	LPSTZS-2	0.70	0.020	0.13	0.092	0.010	0.01	<0.001
	平均值		0.803	0.015	0.13	0.102	0.026	0.013	<0.001
高台-石冷水组	朱家湾	ZJWTZS-1	0.79	0.019	0.15	0.111	0.010	0.01	<0.001
	朱家湾	ZJWTZS-2	0.88	0.016	0.08	0.088	0.014	0.02	<0.001
	平均值		0.835	0.0175	0.12	0.100	0.012	0.015	<0.001
清虚洞组第一段	绍家庄	SJZTZS-1	0.77	0.013	0.12	0.083	0.023	0.02	<0.001
	绍家庄	SJZTZS-2	0.76	0.019	0.10	0.085	0.013	0.02	<0.001
	平均值		0.765	0.016	0.11	0.084	0.018	0.020	<0.001
清虚洞组第二段	绍家庄	SJZTZS-3	0.80	0.018	0.16	0.126	0.015	0.01	<0.001

如图 5-20 所示，在不同地层背景环境下种植的太子参，各种常量元素含量存在差异，常量元素总体分布模式相似。

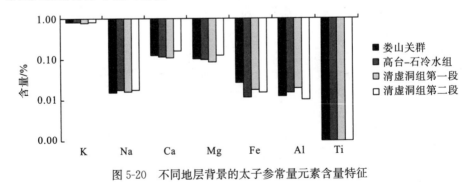

图 5-20　不同地层背景的太子参常量元素含量特征

2. 微量元素

如表 5-22 所示，研究区太子参中微量元素 Cu、Zn、Mn、B 和 Rb 等含量较高，均大于 1mg/kg；P 和 S 含量很高，都在 1000mg/kg 以上；V、Mo 和 Co 含量较低，平均值均在 1mg/kg 以下。不同地层背景种植的太子参微量元素平均含量的总值排序为：清虚洞组第二段（3362.38mg/kg）＜娄山关群（4201.24mg/kg）＜清虚洞组第一段（4262.12mg/kg）＜高台-石冷水组（4317.45mg/kg）。这与各地层太子参的环肽 B 平均含量顺序不一致甚至相反。

表 5-22 太子参微量元素含量 单位：mg/kg

地层名称	采样点	编号	V	Co	Cu	Zn	Mo	Mn	P	S	B	Rb
娄山关群	基仓坝	JCBTZS-1	1—	0.355	3.89	22.3	0.09	141	2300	1600	20	8.19
	基仓坝	JCBTZS-2	1—	0.564	3.92	23.9	0.11	135	2460	1700	10	7.14
	龙盘水	LPSTZS-1	1—	0.774	9.24	27.5	0.78	172	2540	1700	10	7.56
	龙盘水	LPSTZS-2	1—	0.324	3.25	24.3	0.08	197	1950	1700	10	11.65
		平均值	1—	0.504	5.08	24.50	0.27	161.25	2312.50	1675	12.50	8.64
高台-石冷水组	朱家湾	ZJWTZS-1	1—	0.599	3.80	31.8	0.21	117	3050	1800	20	7.85
	朱家湾	ZJWTZS-2	1—	2.270	3.34	22.4	0.10	118	2140	1300	10	5.51
		平均值	1—	1.435	3.57	27.10	0.16	117.50	2595.00	1550	15.00	6.68
清虚洞组第一段	绍家庄	SJZTZS-1	1—	0.286	4.60	30.4	0.06	261	2380	1600	10	11.3
	绍家庄	SJZTZS-2	1—	0.511	3.88	26.7	0.04	276	2200	1700	10	7.46
		平均值	1—	0.399	4.24	28.55	0.05	268.50	2290.00	1650	10.00	9.38
清虚洞组第二段	绍家庄	SJZTZS-3	1—	0.129	3.52	18.0	0.05	92	1730	1500	10	7.68

注：—表示低于该检测值，但以该值计算，下同。

不同地层背景种植的太子参微量元素含量特征如下：娄山关群地层背景的太子参 Cu、Mo 和 S 等含量最高，Co、Zn、Mn、P、B 和 Rb 等居中；高台-石冷水组的 Co、P 和 B 等最高，Cu、Zn、Mo、Mn 和 S 等居中，Rb 最低；清虚洞组第一段的 Zn、Mn 和 Rb 等最高，Co、Cu、P 和 S 等居中，Mo 和 B 最低；清虚洞组第二段的 Rb 居中，Co、Cu、Zn、Mo、Mn、P、S 和 B 等最低；V 在四类地层分布区的太子参中含量相同。图 5-21 反映出在不同地层背景环境下种植的太子参，其微量元素含量特征存在微小差异。由上述推测，太子参有效成分环肽 B 含量可能与某些微量元素含量在一定范围内呈负相关。

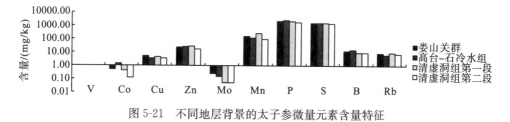

图 5-21 不同地层背景的太子参微量元素含量特征

3. 重金属元素

乌当区太子参中重金属元素 As 含量为 0.19～12.70mg/kg，Cd 含量为 0.179～1.535mg/kg，Cu 含量为 3.25～9.24mg/kg，Hg 含量为 0.006～0.123mg/kg，Pb 含量为 0.43～3.82mg/kg。9 件检测样品中，除 SJZTZS-1 的 As 和 Cd 含量超标外，其他样品的重金属

元素含量均在中药材重金属元素含量限量值(国家药典委员会，2010)范围内，见表5-23。

表5-23　太子参重金属元素含量　　　　　　　单位：mg/kg

地层名称	采样点	编号	As	Cd	Cu	Hg	Pb
娄山关群	基仓坝	JCBTZS-1	0.21	0.499	3.89	0.009	0.77
	基仓坝	JCBTZS-2	1.02	0.459	3.92	0.026	1.65
	龙盘水	LPSTZS-1	0.64	0.487	9.24	0.021	1.34
	龙盘水	LPSTZS-2	0.89	0.694	3.25	0.013	0.93
	平均值		0.69	0.535	5.08	0.017	1.17
高台-石冷水组	朱家湾	ZJWTZS-1	0.24	0.330	3.80	0.123	0.43
	朱家湾	ZJWTZS-2	0.25	0.179	3.34	0.018	1.44
	平均值		0.25	0.255	3.57	0.071	0.94
清虚洞组第一段	绍家庄	SJZTZS-1	12.70	1.535	4.60	0.029	3.82
	绍家庄	SJZTZS-2	0.19	1.000	3.88	0.019	1.88
	平均值		6.45	1.268	4.24	0.024	2.85
清虚洞组第二段	绍家庄	SJZTZS-3	0.87	0.555	3.52	0.006	1.12
中药材重金属元素含量限量值a			5	1	20	1	10

注：a引自国家药典委员会(2010)。

由图5-22和表5-23可知，比较各个地层分布区种植的太子参，娄山关群地层分布区的 Cu 含量最高，As、Cd、Hg 和 Pb 等含量居中；高台-石冷水组的 Hg 含量最高，Cu 和 Pb 含量居中，As 和 Cd 含量最低；清虚洞组第一段的 As、Cd 和 Pb 等含量最高，Cu 和 Hg 含量居中；清虚洞组第二段的 As、Cd 和 Cu 含量居中，Hg 和 Pb 含量最低。太子参种植在不同地层背景中，其重金属元素含量特征不同。

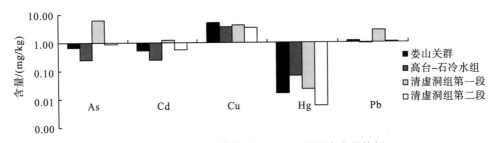

图 5-22　不同地层背景的太子参重金属元素含量特征

不同地质背景种植的太子参上述 5 种重金属元素平均含量的总值排序为：高台-石冷水组(5.09mg/kg)＜清虚洞组第二段(6.07mg/kg)＜娄山关群(7.49mg/kg)＜清虚洞组第一段(14.83mg/kg)。高台-石冷水组与清虚洞组第二段地层分布区的太子参受重金属影响较小，太子参环肽 B 含量高。清虚洞组第一段与娄山关地层分布区的太子参重金属元素含量较高，其太子参环肽 B 含量低。太子参环肽 B 含量与土壤中的重金属元素总含量或某个重金属元素含量在一定范围内具有相关关系。

4. 稀土元素

太子参样品中，Y、La、Ce 和 Nd 的含量与稀土元素总含量的比值较大，占主导地位，见表 5-11。太子参各样品中 ΣREE 为 1.07～6.30mg/kg，平均含量为 3.44mg/kg；$\Sigma LREE$ 为 0.94～5.98mg/kg，平均含量为 3.08mg/kg；$\Sigma HREE$ 为 0.13～0.70mg/kg，平均含量为 0.36mg/kg；$\Sigma LREE/\Sigma HREE$ 为 3.79～18.69，平均值为 9.72。各地层 ΣREE 排序：高台-石冷水组(2.59mg/kg)＜清虚洞组第二段(3.36mg/kg)＜娄山关群 (3.69mg/kg)＜清虚洞组第一段(4.94mg/kg)。通过对不同稀土元素含量区的人群食谱研究得出，每人每天对稀土元素允许摄入量为 4.2mg(朱为方等，1997)。研究区太子参 ΣREE 为 1.07～6.30mg/kg，如果每人每天食用 500g 太子参，即使人体全部摄入，摄入量为 0.54～3.15mg，也小于人体稀土元素日允许摄入量。故从稀土元素含量分析，研究区太子参稀土元素在安全食用范围之内。

研究区太子参稀土元素含量符合 Oddo-Harkins 定律，不同采样点太子参之间的稀土元素含量分布规律具有相似性，如图 5-23 所示。由前述可知在土壤和基岩中以 Sc、Y、La、Ce 和 Nd 等稀土元素为主，太子参和耕土的稀土元素含量分布特征具有一致性。图 5-11 反映出岩石、原生土、耕土和太子参中稀土元素的分布模式整体上相似，说明太子参与耕土、耕土与原生土以及原生土与岩石之间存在显著的继承，从而反映出地质背景对于农作物的控制作用。

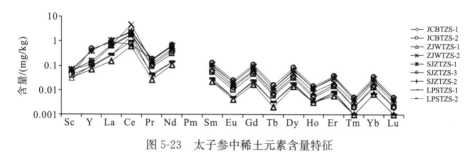

图 5-23　太子参中稀土元素含量特征

三、中药材与耕土元素地球化学相关性

相关分析(correlation analysis)是研究现象之间是否存在某种依存关系，并对具体有依存关系的现象探讨其相关方向以及相关程度，以及研究随机变量之间相关关系的一种统计方法(李绍平等，2010)。采用 SPSS 软件对乌当区鱼腥草和太子参与相应耕土的元素地球化学特征进行 Pearson 相关分析。

(一)鱼腥草与耕土元素地球化学相关性

如表 5-24 所示，鱼腥草地上部分 Na、Na、Ca、Mg、Mg、Mg、Mg、Mg、Co、Zn、Zn、Mo、Mo、P、P、P、As、As、Hg 和 Hg 等的含量，分别与耕土 Na、Ti、Ca、Fe、Co、Mn、As、Pb、K、Ca、Mg、Ca、Mg、Mo、P、S、Ca、Mg、Ca 和 Mg 等的含量呈显著正相关。鱼腥草地上部分 Na、Mg、Mg、Mg、Co、Zn、Mo、Mo 和 As 等的含量，分别与耕土中的 Na、Fe、Co、Pb、K、Ca、Ca、Mg 和 Ca 等的含量在 $P <$ 0.01 时呈显著正相关。鱼腥草地上部分 Co、Co、Mn、B、B、Rb、Hg 和 Pb 的含量分

别与耕土 V、Zn、Al、Ti、Zn、Rb、Ti 和 Mn 的含量呈显著负相关,且鱼腥草地上部分 B 与耕土 Ti 的含量在 $P<0.01$ 时呈显著负相关。

鱼腥草地下部分 Na、Mg、Mg、Mg、Fe、Mo、Mo、Mn、Mn、S 和 As 的含量,分别与耕土中 Zn、P、S、Cd、K、Fe、Mo、Ca、Mg、Na 和 K 的含量呈显著正相关,且鱼腥草地下部分 Mn 与耕土的 Ca 的含量在 $P<0.01$ 时呈显著正相关。鱼腥草地下部分的 K、Fe、Co、Co、Zn、Rb、As、As、Cd、Cd、Cd、Hg、Hg、Pb 和 Pb 的含量分别与耕土中 Pb、P、Ti、Zn、Cu、Cd、Ti、Zn、Al、V、Cu、Ti、Zn、Zn 和 Mn 的含量呈显著负相关,且地下部分 Co、Rb、As、As、Cd 和 Pb 的含量分别与耕土中的 Zn、Cd、Ti、Zn、Al 和 Mn 的含量在 $P<0.01$ 时呈显著负相关。鱼腥草中地下部分和地上部分与耕土中其他常量元素含量呈不完全相关。

(二)太子参与耕土元素地球化学相关性

1. 太子参与耕土元素含量相关性

如表 5-25 所示,太子参中 Na、Ca、Mg、Mg、Al、Mn、Hg 和 Pb 的含量分别与耕土中 Na、Ca、Ca、Cd、K、Rb、P 和 Rb 的含量呈显著正相关,其中太子参 Mg 和 Mn 的含量分别与耕土中 Ca 和 Rb 的含量在 $P<0.01$ 时呈显著正相关;太子参中 K、Na、Na、Ca、Mg、Mg、Al、Zn、Mn 和 Cd 的含量分别与耕土中 Na、Co、Cu、K、Ti、Rb、Ca、Fe、Ca 和 P 的含量在 $P<0.05$ 时呈显著负相关;太子参与耕土中其他各元素的含量呈不完全相关。

2. 太子参与耕土稀土元素含量相关性

为避免分析结果的片面性,较好地表现出太子参和耕土中稀土元素含量之间的相关性,从 17 个稀土元素整体分布模式角度对太子参及其耕土中稀土元素含量之间进行相关性分析。

太子参和耕土的稀土元素含量关系密切,表现出一定的继承性(彭益书等,2015a)。如图 5-24(a)所示,研究区耕土和太子参的稀土元素平均含量分布特征具有相似性,均符合 Oddo-Harkins 定律,耕土中稀土元素平均含量均高于太子参稀土元素平均含量。其次,如图 5-10 和图 5-23 所示,研究区单个太子参样品与其对应耕土中稀土元素的分布规律也具有一定的相似性,这与苗莉等(2007)的研究结果相似。由表 5-26 可以看出,研究区太子参与耕土的稀土元素分布模式均呈现出极显著相关,说明太子参稀土元素的含量分配受其生长的耕土稀土元素含量影响显著或控制。因此,太子参稀土元素与耕土稀土元素具有一定的继承关系。

作物中元素的生物富集系数指植物中某元素的含量与耕土中该元素含量的比值 (Fayiga et al.,2004)。由图 5-24(b)中可以看出,太子参各稀土元素的生物富集系数为 $0.003\sim0.021$,说明太子参对耕土稀土元素的富集能力较低。因此,虽然太子参种植在一些稀土元素含量较高的环境中,但其稀土元素含量不会很高。

表 5-24　鱼腥草与耕土元素的 Pearson 相关系数 ($n=6$)

	±K	±Na	±Ca	±Mg	±Fe	±Al	±Ti	±V	±Co	±Cu	±Zn	±Mo	±Mn	±P	±S	±Rb	±As	±Cd	±Pb
±K	0.423	0.178	−0.179	−0.126	−0.297	0.251	−0.200	−0.006	−0.352	0.010	−0.594	0.031	−0.566	0.011	0.050	−0.273	−0.136	−0.560	−0.675
±Na	−0.588	0.947**	−0.432	−0.492	−0.352	0.006	0.917*	0.207	−0.391	−0.243	0.641	−0.535	0.164	0.445	0.092	0.791	−0.668	0.314	−0.124
±Ca	0.204	−0.406	0.907*	0.783	−0.004	−0.715	−0.557	−0.621	−0.088	−0.436	−0.447	−0.233	−0.455	−0.493	−0.482	−0.139	0.145	−0.097	−0.088
±Mg	−0.564	−0.541	0.194	0.381	0.955**	0.508	0.112	0.544	0.959**	0.720	0.432	0.680	0.838*	0.525	0.726	−0.149	0.827*	0.584	0.930**
±Fe	−0.005	−0.131	0.606	0.422	−0.150	−0.807	−0.195	−0.572	−0.171	−0.554	0.016	−0.432	−0.175	−0.465	−0.581	0.214	−0.145	0.156	0.078
±Al	−0.029	0.158	0.245	0.026	−0.388	−0.780	0.049	−0.498	−0.355	−0.624	0.240	−0.616	−0.116	−0.487	−0.680	0.378	−0.443	0.132	0.015
±V	0.207	−0.079	0.160	−0.026	−0.310	−0.756	−0.172	−0.653	−0.266	−0.622	0.070	−0.213	−0.013	−0.396	−0.560	0.400	−0.322	0.349	0.002
±Co	0.935**	−0.241	0.211	0.076	−0.566	−0.600	−0.789	−0.836*	−0.576	−0.617	−0.876*	−0.062	−0.786	−0.642	−0.645	−0.191	−0.264	−0.422	−0.748
±Cu	0.096	−0.025	0.259	0.353	0.141	0.120	−0.166	−0.174	−0.033	−0.037	−0.531	0.423	−0.242	0.504	0.446	0.128	0.170	0.189	−0.392
±Zn	0.106	−0.282	0.964**	0.866*	0.027	−0.671	−0.461	−0.632	−0.126	−0.469	−0.507	−0.170	−0.489	−0.239	−0.298	0.026	0.129	0.035	−0.203
±Mo	0.054	−0.701	0.920**	0.952**	0.490	−0.206	−0.597	−0.207	0.397	0.104	−0.450	0.220	−0.183	−0.190	0.008	−0.462	0.652	−0.072	0.217
±Mn	0.354	−0.375	0.673	0.497	−0.185	−0.853*	−0.560	−0.772	−0.207	−0.597	−0.355	−0.233	−0.371	−0.608	−0.649	0.013	−0.046	0.020	−0.105
±P	−0.314	−0.214	−0.177	0.016	0.627	0.554	0.184	0.346	0.585	0.482	0.198	0.839*	0.670	0.814*	0.854*	0.201	0.481	0.715	0.417
±S	−0.644	0.811	−0.146	−0.124	−0.103	0.178	0.796	0.289	−0.232	−0.069	0.383	−0.338	0.053	0.655	0.368	0.624	−0.379	0.263	−0.172
±B	0.789	−0.625	0.568	0.495	−0.135	−0.533	−0.950**	−0.755	−0.173	−0.385	−0.891*	0.200	−0.601	−0.558	−0.443	−0.376	0.181	−0.270	−0.405
±Rb	0.180	−0.647	0.559	0.660	0.442	0.215	−0.581	0.153	0.413	0.430	−0.494	0.237	−0.246	−0.257	0.081	−0.840*	0.680	−0.523	0.135
±As	0.321	−0.576	0.925**	0.892*	0.181	−0.486	−0.721	−0.592	0.049	−0.272	−0.716	0.169	−0.460	−0.241	−0.168	−0.237	0.378	−0.032	−0.174
±Cd	−0.064	0.204	0.763	0.600	−0.287	−0.764	−0.089	−0.608	−0.445	−0.677	−0.276	−0.576	−0.567	−0.206	−0.433	0.336	−0.290	0.009	−0.377
±Hg	0.371	−0.807	0.836*	0.851*	0.359	−0.31	−0.822*	−0.452	0.279	−0.043	−0.679	0.390	−0.279	−0.266	−0.075	−0.441	0.592	−0.039	0.031
±Pb	0.477	0.064	0.612	0.461	−0.498	−0.724	−0.479	−0.806	−0.641	−0.738	−0.768	−0.378	−0.895*	−0.383	−0.534	0.086	−0.325	−0.298	−0.779
下K	0.474	0.409	−0.169	−0.212	−0.604	−0.070	−0.133	−0.270	−0.672	−0.348	−0.588	−0.257	−0.740	−0.114	−0.218	−0.011	−0.470	−0.531	−0.889*

续表

	±K	±Na	±Ca	±Mg	±Fe	±Al	±Ti	±V	±Co	±Cu	±Zn	±Mo	±Mn	±P	±S	±Rb	±As	±Cd	±Pb
下Na	-0.714	0.474	-0.406	-0.381	0.104	0.372	0.790	0.703	0.184	0.358	0.877*	-0.397	0.501	0.202	0.162	0.148	-0.140	0.038	0.493
下Ca	0.320	0.081	0.435	0.397	-0.240	-0.367	-0.316	-0.600	-0.424	-0.499	-0.708	0.052	-0.609	0.138	-0.026	0.245	-0.154	0.045	-0.695
下Mg	-0.602	-0.051	-0.138	0.038	0.666	0.519	0.439	0.443	0.612	0.469	0.466	0.668	0.800	0.910*	0.880*	0.378	0.416	0.851*	0.564
下Fe	0.854*	-0.429	0.009	-0.127	-0.433	-0.490	-0.742	-0.579	-0.306	-0.365	-0.498	-0.086	-0.438	-0.888*	-0.759	-0.414	-0.139	-0.476	-0.292
下Al	0.615	-0.600	-0.291	-0.269	0.016	0.171	-0.579	0.058	0.208	0.302	-0.219	0.285	0.021	-0.612	-0.282	-0.743	0.274	-0.495	0.153
下Co	0.786	-0.401	0.570	0.466	-0.320	-0.603	-0.863*	-0.810	-0.391	-0.527	-0.951**	-0.003	-0.798	-0.561	-0.521	-0.283	-0.014	-0.380	-0.627
下Cu	-0.073	0.112	-0.072	0.053	0.190	0.309	0.109	0.023	0.057	0.083	-0.216	0.528	0.081	0.726	0.628	0.319	0.110	0.426	-0.222
下Zn	0.032	0.276	0.439	0.272	-0.373	-0.801	-0.006	-0.782	-0.514	-0.833*	-0.189	-0.288	-0.330	0.037	-0.311	0.737	-0.455	0.467	-0.420
下Mo	-0.200	-0.648	0.475	0.643	0.819*	0.265	-0.262	0.090	0.723	0.415	-0.141	0.839*	0.429	0.530	0.678	-0.101	0.805	0.580	0.478
下Mn	0.256	-0.445	0.926**	0.816*	0.023	-0.720	-0.611	-0.702	-0.085	-0.470	-0.539	-0.092	-0.453	-0.390	-0.398	-0.070	0.174	0.018	-0.144
下P	-0.100	0.469	-0.303	-0.212	-0.096	0.348	0.328	0.134	-0.209	0.019	-0.124	0.183	-0.082	0.639	0.482	0.350	-0.197	0.153	-0.424
下S	-0.177	0.856*	-0.226	-0.273	-0.507	-0.032	0.518	-0.029	-0.621	-0.356	0.002	-0.477	-0.377	0.325	0.023	0.526	-0.642	-0.076	-0.630
下B	0.297	-0.125	0.356	0.412	0.034	-0.048	-0.370	-0.362	-0.134	-0.169	-0.709	0.375	-0.414	0.293	0.253	0.040	0.139	0.067	-0.508
下Rb	0.444	-0.222	0.139	0.165	-0.118	0.157	-0.474	0.084	-0.099	0.189	-0.562	-0.146	-0.585	-0.498	-0.250	-0.792	0.160	-0.921**	-0.330
下As	0.888*	-0.547	0.438	0.355	-0.267	-0.499	-0.952**	-0.735	-0.283	-0.397	-0.932**	0.122	-0.697	-0.646	-0.523	-0.439	0.078	-0.435	-0.522
下Cd	0.237	0.179	0.611	0.396	-0.516	-0.950**	-0.245	-0.878*	-0.637	-0.903*	-0.399	-0.532	-0.647	-0.363	-0.631	0.427	-0.471	0.044	-0.551
下Hg	0.528	-0.672	0.722	0.722	0.171	-0.358	-0.840*	-0.603	0.067	-0.206	-0.834*	0.414	-0.424	-0.205	-0.088	-0.301	0.414	-0.025	-0.243
下Pb	0.577	-0.076	0.588	0.466	-0.445	-0.583	-0.609	-0.674	-0.551	-0.559	-0.847*	-0.354	-0.944**	-0.534	-0.561	-0.224	-0.192	-0.563	-0.740

注：**表示相关系数在 $P<0.01$ 时显著相关，*表示相关系数在 $P<0.05$ 时显著相关；"上"指鱼腥草的地上部分，"下"指鱼腥草的地下部分，"土"指种植鱼腥草的耕土。

表 5-25　太子参与耕土元素的 Pearson 相关系数 ($n=9$)

	±K	±Na	±Ca	±Mg	±Fe	±Al	±Ti	±V	±Co	±Cu	±Zn	±Mo	±Mn	±P	±S	±Rb	±As	±Cd	±Pb
太K	0.210	-0.704*	-0.217	0.415	0.252	0.597	0.245	0.597	0.212	0.639	0.028	0.082	-0.294	0.274	0.030	0.087	0.235	-0.046	0.083
太Na	-0.408	0.766*	0.366	-0.598	-0.448	-0.639	-0.445	-0.530	-0.715*	-0.742*	-0.030	-0.517	0.026	0.168	-0.543	-0.210	-0.556	0.034	-0.593
太Ca	-0.720*	0.113	0.772*	-0.611	0.102	-0.303	-0.495	0.113	-0.339	-0.251	0.429	-0.124	0.460	0.090	-0.034	-0.535	-0.210	0.563	-0.175
太Mg	-0.527	-0.247	0.820**	-0.163	0.475	0.089	-0.669*	0.328	0.149	0.248	0.384	0.454	0.319	0.291	0.237	-0.766*	0.425	0.718*	0.200
太Fe	0.206	-0.624	-0.238	0.278	0.058	0.281	0.533	0.565	0.196	0.386	0.100	-0.163	-0.061	-0.145	-0.101	0.263	-0.081	-0.129	0.0390
太Al	0.766*	-0.219	-0.683*	0.630	-0.015	0.275	0.248	-0.078	0.317	0.161	-0.095	0.097	-0.128	-0.313	0.053	0.566	0.109	-0.271	0.486
太Co	0.216	-0.120	-0.365	0.236	-0.157	0.254	0.150	-0.050	-0.029	0.242	-0.406	0.012	-0.645	0.457	-0.178	0.079	0.186	-0.409	-0.159
太Cu	0.212	-0.617	-0.252	0.237	0.008	0.238	0.584	0.495	0.162	0.332	0.030	-0.155	-0.108	-0.100	-0.069	0.280	-0.129	-0.193	-0.051
太Zn	0.207	-0.089	-0.410	-0.243	-0.688*	-0.403	0.509	-0.544	-0.372	-0.471	-0.483	-0.273	-0.465	0.183	-0.163	0.358	-0.549	-0.666	-0.473
太Mo	0.026	-0.569	-0.090	0.067	-0.113	0.110	0.501	0.381	0.046	0.265	-0.122	-0.125	-0.299	0.179	-0.161	0.053	-0.104	-0.25	-0.269
太Mn	0.611	0.184	-0.693*	0.221	-0.340	-0.176	0.571	-0.260	-0.029	-0.345	-0.080	-0.419	0.106	-0.666	-0.138	0.826**	-0.523	-0.443	0.053
太P	0.087	-0.411	-0.188	-0.149	-0.402	-0.134	0.410	-0.352	-0.117	-0.094	-0.580	0.201	-0.637	0.580	0.159	0.006	-0.099	-0.545	-0.453
太S	-0.04	-0.109	0.113	-0.280	-0.401	-0.510	0.316	-0.337	-0.076	-0.384	-0.287	0.027	-0.126	0.047	-0.019	-0.045	-0.303	-0.280	-0.377
太B	-0.329	0.105	0.204	-0.379	0.022	-0.014	-0.035	-0.307	-0.148	-0.067	-0.365	0.361	-0.267	0.599	0.504	-0.291	0.121	-0.114	-0.461
太Rb	-0.291	0.549	0.090	-0.503	-0.332	-0.567	0.062	-0.385	-0.260	-0.568	0.031	-0.320	0.304	-0.398	-0.121	0.051	-0.384	-0.067	-0.105
太As	0.180	0.057	-0.342	0.001	-0.056	-0.001	0.112	-0.069	-0.068	-0.159	0.236	-0.239	0.312	-0.479	0.069	0.426	-0.250	-0.005	0.364
太Cd	0.374	0.197	-0.427	0.101	-0.088	-0.104	0.212	-0.101	-0.054	-0.309	0.300	-0.386	0.483	-0.777*	-0.014	0.651	-0.456	-0.020	0.332
太Hg	-0.270	-0.027	0.174	-0.539	-0.570	-0.472	-0.083	-0.582	-0.552	-0.484	-0.419	-0.069	-0.504	0.695*	-0.167	-0.263	-0.350	-0.313	-0.625
太Pb	0.551	-0.121	-0.597	0.384	0.025	0.190	0.264	0.084	0.147	0.022	0.261	-0.222	0.295	-0.663	0.030	0.674*	-0.190	-0.066	0.554

注：** 表示相关系数数在 $P<0.01$ 时显著相关，* 表示相关系数数在 $P<0.05$ 时显著相关，"太"指太子参，"土"指种植太子参的耕土。

表 5-26　太子参与其种植耕土稀土元素的 Pearson 相关系数

土壤样品	JCBTZS-1	JCBTZS-2	ZJWTZS-1	ZJWTZS-2	SJZTZS-1	SJZTZS-3	SJZTZS-2	LPSTZS-1	LPSTZS-2
JCBT-3	0.990**	0.991**	0.996**	0.983**	0.976**	0.694**	0.979**	0.985**	0.993**
JCBT-4	0.985**	0.987**	0.995**	0.989**	0.964**	0.654**	0.969**	0.991**	0.991**
ZJWT-4	0.992**	0.990**	0.990**	0.964**	0.991**	0.765**	0.992**	0.966**	0.990**
ZJWT-5	0.990**	0.991**	0.995**	0.982**	0.976**	0.697**	0.979**	0.984**	0.992**
SJZT-2	0.983**	0.984**	0.992**	0.974**	0.973**	0.705**	0.976**	0.978**	0.988**
SJZT-4	0.959**	0.955**	0.962**	0.924**	0.970**	0.798**	0.969**	0.929**	0.958**
SJZT-3	0.973**	0.974**	0.982**	0.959**	0.968**	0.717**	0.970**	0.963**	0.978**
LPST-1	0.975**	0.978**	0.990**	0.986**	0.952**	0.628**	0.958**	0.989**	0.984**
LPST-2	0.995**	0.995**	0.994**	0.974**	0.988**	0.739**	0.990**	0.976**	0.994**

注:**表示相关性极显著($P<0.01$)。

表 5-27　鱼腥草中元素的生物富集系数

样品	K	Na	Ca	Mg	Fe	Al	Ti	V	Co	Cu	Zn	Mo	Mn	P	S	Rb	As	Cd	Pb
WTZYXC	3.442	0.563	2.120	0.442	0.009	0.004	0.002	0.008	0.055	0.469	0.399	0.071	0.259	5.437	4.000	0.290	0.289	2.423	0.156
ZZZYXC	1.104	0.914	2.188	0.541	0.010	0.006	0.002	0.009	0.017	0.316	0.270	0.064	0.073	5.316	3.000	0.213	0.026	1.513	0.031
LTZYXC	1.671	1.100	2.071	0.413	0.009	0.005	0.002	0.006	0.013	0.136	0.159	0.041	0.039	4.123	2.200	0.485	0.141	1.059	0.048
JJWYXC	2.024	0.100	3.571	0.435	0.015	0.007	0.003	0.011	0.099	0.437	0.807	0.042	0.590	7.429	4.333	0.375	1.616	2.700	0.175
JJWYXC*	1.394	0.340	0.820	0.338	0.007	0.007	0.002	0.010	0.045	0.304	0.621	0.097	0.397	3.667	2.000	0.361	0.604	2.258	0.103
JCBYXC	1.967	0.633	0.306	0.281	0.010	0.005	0.002	0.008	0.015	0.433	0.267	0.162	0.053	4.041	2.600	0.335	0.023	0.385	0.028

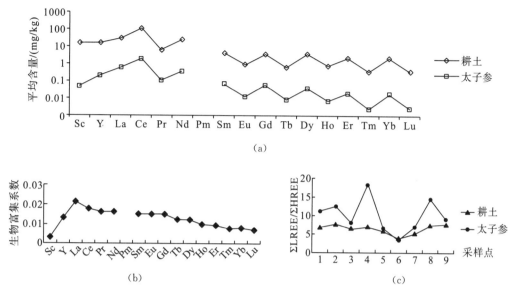

图 5-24 太子参与耕土的稀土元素含量特征

由表 5-11 和图 5-24(c)得知，太子参和耕土中 $\sum LREE/\sum HREE$ 均大于 3.40，且太子参中 $\sum LREE/\sum HREE$ 高于耕土，反映出太子参对 LREE 的富集能力强于对 HREE 的富集能力，太子参中 LREE 所占的比例大于耕土。即与耕土相比，太子参更容易富集轻稀土元素，重稀土元素相对贫乏，这与苗莉等（2007）的研究结果一致，可能是轻、重稀土元素在土壤—植物系统的迁移过程中发生了明显的分馏作用。

四、中药材中元素生物富集和转移能力

生物富集系数一般是指生物体内某元素含量与该元素在环境中的含量之比，主要用于估计、评价生物对该元素的富集能力；转移系数一般指某元素在植物中地上部分与地下部分含量的比值，主要用于评价、估计植物对该元素从地下部分转移到地上部分的能力（Fayiga et al.，2004）。

（一）鱼腥草中元素生物富集和转移能力

计算鱼腥草地下部分各元素（常量、微量和重金属元素）含量与耕土对应元素含量的比值，得出鱼腥草中各元素的生物富集系数如表 5-27 所示。研究区鱼腥草对 Ca、K、P、S 和 Cd 等元素的生物富集能力较强，其生物富集系数平均值均大于 1；其次为 Mg、Na、Cu、Mn、Rb、Zn 和 As，生物富集系数为 0.1～1；Al、Fe、Ti、Co、Mo、V 和 Pb 生物富集能力较小，生物富集系数平均值在 0.1 以下，尤其是 Al、V 和 Ti 生物富集系数在 0.01 以下。鱼腥草对各元素的生物富集能力为 P＞S＞Ca＞K＞Cd＞As＞Na＞Zn＞Mg＞Rb＞Cu＞Mn＞Pb＞Mo＞Co＞Fe＞V＞Al＞Ti。

由表 5-28 所示，研究区鱼腥草中各元素的转移系数表现为：鱼腥草对 Ca、K、P、S、Mg、Cu、Mn、Rb、Zn、As、Al、Fe、Mo、V、B 和 Hg 等的转移能力较强，其转移系数平均值均大于 1；其次为 Cd、Na、Pb 和 Co，转移系数均值为 0.1～1。鱼腥草对各元素的转移能力为：As＞Hg＞Mn＞Mo＞Ca＞Al＞Mg＞B＞S＞V＞Fe＞K＞P＞Zn＞Cu＞

Rb>Ti>Na>Pb>Co>Cd。鱼腥草中大部分元素的转移系数大于 0.5(刘秀梅等，2002)，说明鱼腥草能将各元素从地下部分运送至地上部分，对各元素具有一定的耐性。若某元素转移系数平均值大于 1，说明这种植物可能是该元素的超富集植物(Baker，1981；Baker et al.，1994)。研究区除 Cd、Na、Pb、Ti 和 Co 外，鱼腥草中其他元素转移系数平均值均大于 1，尤其是 Ca、K、P、S、Mg、Cu、Mn、Rb、Zn、As、Al、Fe、Mo、V、B 和 Hg 等元素，鱼腥草可能是这些元素的超富集植物。

(二)太子参中元素生物富集能力

研究区太子参对常量、微量和重金属元素的生物富集能力为 P>S>Cd>Ca>K>Na>Mg>Zn>Mn>Cu>Rb>As>Mo>Co>Pb>V>Fe>Al>Ti，其生物富集系数见表 5-29。太子参对 P、S、Cd 和 Ca 的生物富集能力较强，生物富集系数大于 1；其他元素的生物富集系数的平均值均小于 1，其中 K、Na、Mg、Zn、Mn 和 Cu 的生物富集系数为 0.1~1，Rb、As、Mo、Co 和 Pb 的生物富集系数为 0.01~0.1，尤其是 V、Fe、Ti 和 Al 的生物富集系数均小于 0.01。太子参对稀土元素的生物富集能力较弱，生物富集系数平均值为 0.0031~0.0228(表 5-30)。

五、中药材品质与元素地球化学相关性

中药材的良好品质是中药材道地性的体现。中药材的道地性不但与气候环境有关，而且还与地质环境有关，尤其是在土壤地球化学特征方面(彭益书等，2014b)。土壤中矿质元素的种类与含量与中药材的品质具有密切的相关性。

(一)鱼腥草品质与耕土元素地球化学相关性

研究区鱼腥草的生化指标槲皮素和绿原酸含量与鱼腥草及耕土元素地球化学的相关性见表 5-31。

鱼腥草地上部分槲皮素含量与鱼腥草地上部分的 Mg(0.892，$P<0.05$)和耕土的 Fe(0.839，$P<0.05$)、Co(0.889，$P<0.05$)、Mo(0.886，$P<0.05$)等元素含量呈显著正相关；鱼腥草地上部分绿原酸含量与其地上部分的 Pb(0.838，$P<0.05$)、地下部分中的 Ca(0.877，$P<0.05$)呈显著正相关，与地下部分槲皮素含量呈较显著正相关。

鱼腥草的地下部分槲皮素与地上部分的 Cu(0.865，$P<0.05$)、地下部分的 Ca(0.890，$P<0.05$)和 B(0.838，$P<0.05$)呈显著正相关，与地上部分的绿原酸(0.936，$P<0.01$)呈较显著正相关；地下部分的绿原酸与地上部分的 Ca(0.884，$P<0.05$)、Mn(0.829，$P<0.05$)、Mo(0.859，$P<0.05$)、Zn(0.852，$P<0.05$)、As(0.884，$P<0.05$)和 Hg(0.895，$P<0.05$)等元素以及地下部分的 Mn(0.930，$P<0.01$)呈较显著正相关，和耕土中 Ca(0.890，$P<0.05$)、Mg(0.847，$P<0.05$)呈显著正相关。

由此反映了鱼腥草中有效成分槲皮素和绿原酸的含量与耕土 Ca、Mg、Fe、Co 和 Mo 的含量呈现出显著的正相关。即在一定范围内，鱼腥草中槲皮素和绿原酸的含量随着耕土中 Ca、Mg、Fe、Co 和 Mo 含量的增加而增加。此外，鱼腥草有效成分与鱼腥草和耕土中元素含量的相关性不同，说明耕土或鱼腥草中不同元素含量可以调节影响鱼腥草不同部位的槲皮素和绿原酸含量。

表 5-28　鱼腥草中元素的转移系数

样品	K	Na	Ca	Mg	Fe	Al	Ti	V	Co	Cu	Zn	Mo	Mn	P	S	Rb	As	Cd	Pb	B	Hg
WTZYXC	0.877	1.267	1.396	1.091	1.750	1.944	1.000	1.000	0.707	1.031	0.899	2.000	1.252	0.868	1.300	0.901	2.082	0.714	0.827	1.000	1.886
ZZZYXC	1.418	0.813	2.200	1.340	2.000	2.083	1.000	2.000	1.125	0.983	0.770	0.889	2.470	1.022	1.500	0.877	1.500	0.525	1.165	2.000	2.241
LTZYXC	1.342	0.273	2.483	1.735	1.167	1.360	1.000	1.000	0.773	1.210	1.429	3.091	2.690	1.522	1.455	1.021	0.101	0.833	0.502	2.000	2.774
JJWYXC	0.920	2.000—	1.500	1.230	1.167	1.237	1.000—	1.500	0.871	1.048	0.901	1.481	1.920	0.654	1.038	0.901	0.427	0.389	0.754	1.250	1.870
JJWYXC*	1.345	0.118—	2.020	1.604	1.600	1.830	1.000	1.500	0.550	1.192	1.164	2.428	1.215	1.578	1.500	1.182	1.501	0.686	0.779	1.250	2.494
JCBYXC	1.338	0.737	1.341	1.264	1.000	1.114	1.000	1.000	0.806	0.877	0.895	0.597	2.033	1.053	1.538	1.036	6.182	0.467	1.005	1.000	2.021
最小值	0.877	0.118—	1.341	1.091	1.000	1.114	1.000—	1.000	0.550	0.877	0.770	0.597	1.215	0.654	1.038	0.877	0.101	0.389	0.502	1.000	1.870
最大值	1.418	2.000—	2.483	1.735	2.000	2.083	1.000	2.000	1.125	1.210	1.429	3.091	2.690	1.578	1.538	1.182	6.182	0.833	1.165	2.000	2.774
平均值	1.206	0.874—	1.861	1.443	1.322	1.456	1.000—	1.333	0.779	1.069	1.098	1.881	1.961	1.173	1.351	1.033	2.416	0.599	0.785	1.417	2.300

表 5-29　太子参中元素的生物富集系数

样品	K	Na	Ca	Mg	Fe	Al	Ti	V	Co	Cu	Zn	Mo	Mn	P	S	Rb	As	Cd	Pb
JCBTZS-1	0.51	0.21	1.44	0.20	0.002	0.001	0.0018	0.006	0.01	0.07	0.17	0.01	0.05	2.15	1.60	0.07	0.003	1.25	0.01
JCBTZS-2	0.45	0.20	1.10	0.20	0.002	0.002	0.0019	0.006	0.01	0.07	0.19	0.01	0.08	2.34	2.13	0.07	0.012	1.18	0.01
LPSTZS-1	0.55	0.22	1.63	0.18	0.011	0.001	0.0018	0.005	0.03	0.17	0.18	0.21	0.11	2.59	2.83	0.06	0.014	2.12	0.02
LPSTZS-2	0.59	0.25	1.08	0.23	0.002	0.002	0.0019	0.009	0.02	0.13	0.25	0.03	0.10	2.05	3.40	0.12	0.022	3.15	0.02
ZJWTZS-1	0.64	0.27	1.25	0.28	0.002	0.001	0.0019	0.010	0.06	0.14	0.43	0.04	0.27	1.57	3.00	0.08	0.007	1.57	0.01
ZJWTZS-2	0.52	0.23	1.14	0.17	0.002	0.002	0.0019	0.007	0.09	0.07	0.22	0.02	0.29	1.48	2.17	0.05	0.004	0.90	0.02
SJZTZS-1	0.44	0.19	2.00	0.17	0.004	0.002	0.0018	0.007	0.01	0.12	0.15	0.02	0.08	5.67	2.29	0.09	0.344	4.65	0.03
SJZTZS-2	0.35	0.27	2.00	0.15	0.002	0.002	0.0018	0.007	0.02	0.10	0.17	0.02	0.11	4.78	2.83	0.05	0.006	4.76	0.02
SJZTZS-3	0.66	0.26	1.07	0.26	0.002	0.001	0.0020	0.005	0.01	0.08	0.05	0.01	0.02	2.47	2.50	0.08	0.017	0.53	0.01
平均值	0.52	0.23	1.41	0.20	0.003	0.002	0.0019	0.007	0.03	0.10	0.20	0.04	0.12	2.79	2.53	0.08	0.048	2.23	0.02

注:Ti 和 V 元素的生物富集系数仅供参考,其实际值应小于表中值。

表 5-30　太子参中稀土元素的生物富集系数

样品	Sc	Y	La	Ce	Pr	Nd	Sm	Eu	Gd	Tb	Dy	Ho	Er	Tm	Yb	Lu
JCBTZS-1	0.0033	0.0083	0.0185	0.0141	0.0139	0.0142	0.0124	0.0130	0.0126	0.0096	0.0093	0.0069	0.0068	0.0053	0.0063	0.0051
JCBTZS-2	0.0032	0.0080	0.0190	0.0127	0.0128	0.0134	0.0115	0.0111	0.0106	0.0085	0.0078	0.0063	0.0063	0.0053	0.0054	0.0051
ZJWTZS-1	0.0026	0.0046	0.0050	0.0069	0.0037	0.0043	0.0048	0.0054	0.0051	0.0038	0.0049	0.0051	0.0036	0.0037	0.0041	0.0034
ZJWTZS-2	0.0033	0.0094	0.0192	0.0354	0.0152	0.0160	0.0145	0.0144	0.0141	0.0115	0.0109	0.0091	0.0083	0.0075	0.0082	0.0073
SJZTZS-1	0.0043	0.0221	0.0383	0.0227	0.0276	0.0282	0.0266	0.0260	0.0267	0.0218	0.0201	0.0171	0.0159	0.0125	0.0138	0.0121
SJZTZS-3	0.0023	0.0176	0.0296	0.0085	0.0212	0.0215	0.0190	0.0176	0.0182	0.0152	0.0141	0.0116	0.0116	0.0100	0.0105	0.0102
SJZTZS-2	0.0039	0.0280	0.0522	0.0364	0.0381	0.0392	0.0334	0.0328	0.0341	0.0255	0.0231	0.0190	0.0181	0.0133	0.0137	0.0125
LPSTZS-1	0.0026	0.0082	0.0143	0.0179	0.0099	0.0106	0.0099	0.0109	0.0106	0.0083	0.0072	0.0060	0.0048	0.0040	0.0043	0.0037
LPSTZS-2	0.0028	0.0076	0.0087	0.0094	0.0067	0.0060	0.0066	0.0074	0.0082	0.0065	0.0078	0.0063	0.0058	0.0045	0.0049	0.0040
平均值	0.0031	0.0126	0.0228	0.0182	0.0166	0.0171	0.0154	0.0154	0.0156	0.0123	0.0117	0.0097	0.0090	0.0073	0.0079	0.0071

表 5-31　鱼腥草中槲皮素和绿原酸含量与鱼腥草及耕土元素地球化学的 Pearson 相关系数（$n=6$）

	土Ca	土Mg	土Cu	土Zn	土Mo	土Mn	土As	土Hg	土Pb	下Ca	下Mn	下B	土Ca	土Mg	土Fe	土Co	土Mo	上绿	下槲
上槲	-0.170	0.892*	0.023	-0.213	0.218	-0.107	0.026	0.285	-0.637	-0.331	-0.096	-0.047	-0.012	0.177	0.839*	0.889*	0.886*	-0.604	-0.436
上绿	0.339	-0.472	0.706	0.604	0.259	0.080	0.512	0.244	0.838*	0.877*	0.411	0.738	0.502	0.443	-0.291	-0.492	-0.298	1	0.936**
下槲	0.034	-0.366	0.865*	0.360	0.066	-0.206	0.331	0.095	0.646	0.890*	0.150	0.838*	0.284	0.291	-0.179	-0.378	-0.077	0.936**	1
下绿	0.884*	0.341	0.090	0.852*	0.859*	0.829*	0.884*	0.895*	0.426	0.263	0.930**	0.215	0.890*	0.847*	0.331	0.247	0.207	0.156	-0.040

注：* 表示相关关系在 $P<0.05$ 时呈显著相关性，** 表示相关关系在 $P<0.01$ 时呈显著相关性；"上"指鱼腥草的地上部分，"下"指鱼腥草的地下部分，土指种植耕土；另限于篇幅，本表只列出与鱼腥草中槲皮素和绿原酸原酸含量呈显著相关性的数据。

(二)太子参环肽 B 含量与耕土元素地球化学相关性

将研究区太子参环肽 B 含量与太子参及耕土元素含量进行相关性分析,具体相关系数见表 5-32。太子参环肽 B 含量与耕土元素 Ca(0.817,$P<0.01$)、Ti(-0.819,$P<0.01$)、Cd(0.688,$P<0.05$)、Rb(-0.715,$P<0.05$)呈现出显著相关;与土壤 pH(0.847,$P<0.01$)呈显著正相关;与其他元素呈现出不完全相关。其中,太子参环肽 B 含量与耕土的 Ti 和 Rb 呈显著负相关;与耕土中 Ca 和 Cd 呈显著正相关,说明太子参环肽 B 含量受到土壤中 Ca、Ti、Cd 和 Rb 含量的影响显著,且受土壤 pH 的影响较大。其他环境大致相似时,在一定范围内,土壤中 Ca 和 Cd 含量越高,土壤越趋向于中性,Ti 和 Rb 含量越低,则太子参环肽 B 含量越高。单从太子参环肽 B 含量分析,太子参种植的耕土元素地球化学特征应为富含 Ca 和 Cd、贫 Ti 和 Rb 等元素的环境。黄冬寿和王树贵(2010)对福建"柘荣太子参"栽培环境道地性研究指出,种植道地太子参的土壤中富 Fe、Mn 等元素,因为没有当地太子参的生化品质数据,不能说明土壤中 Fe、Mn 等元素与太子参有效成分的关系。

太子参环肽 B 含量与太子参中的 Mg 含量呈显著正相关(0.796,$P<0.05$),与太子参中的 Mn 含量呈显著负相关(-0.715,$P<0.05$)。Mg 和 Mn 都是植物生长所必需的元素,并且它们在植物中含量过多或过少都会对植物生长有害。植物中适量的 Mg 在平衡吸收其他矿物元素、减少植物疾病方面起到一定作用(Huber and Jones,2013)。在土壤中 Mg 含量缺乏的区域,适当增加 Mg 供应可以改善作物的品质,尤其是作物的品质是以 Mg 为植物体光合作用和同化物转化的原料(Gerendás and Führs,2013),这可能是太子参环肽 B 含量与 Mg 含量呈显著正相关的原因。研究区太子参中 Mn 含量为 $92\sim276\text{mg/kg}$,SJZTZS-1 和 SJZTZS-2 样品中的都超过 250mg/kg,分别为 261mg/kg 和 276mg/kg。SJZTZS-1 和 SJZTZS-2 的太子参中环肽 B 含量均较低,小于或等于 0.020%。这可能是 Mn 在太子参中含量过多导致的。大多数种类的作物中 Mn 含量超过 200mg/kg 就可能导致作物 Mn 中毒(Adriano,2001)。

表 5-32　太子参环肽 B 含量与太子参及耕土元素含量的 Pearson 相关系数($n=9$)

	太 Mg	太 Mn	土 Ca	土 Ti	土 Rb	土 Cd	环肽 B	土壤 pH
太 Mg	1							
太 Mn	−0.768*	1						
土 Ca	0.820**	−0.693*	1					
土 Ti	−0.669*	0.571	−0.770*	1				
土 Rb	−0.766*	0.826**	−0.905**	0.616	1			
土 Cd	0.718*	−0.443	0.632	−0.777*	−0.377	1		
环肽 B	0.796*	−0.715*	0.817**	−0.819**	−0.715*	0.688*	1	
土壤 pH	0.836**	−0.662	0.899**	−0.856**	−0.710*	0.896**	0.847**	1

注:* 表示相关关系在 $P<0.05$ 时呈显著相关性,** 表示相关关系在 $P<0.01$ 时呈显著相关性。限于篇幅,本表只列出与太子参环肽含量呈显著相关性的数据。

六、中药材品质评价

综合贵阳市乌当区中药材（鱼腥草和太子参）的有效成分及常量、微量、稀土和重金属等元素含量，对鱼腥草和太子参的品质特征评价如下。

（一）鱼腥草品质评价

1. 鱼腥草有效成分评价

乌当区鱼腥草中槲皮素含量为 0.005%～0.694%，平均值为 0.256%，低于江苏省南京市，高于四川省资阳市、汶川县漩口镇、雅安市和龙乡、宜宾市流南坎、雅安市天全县等地；乌当区鱼腥草绿原酸含量为 0.132%～0.612%，平均值为 0.322%，高于贵州省的遵义、瓮安、印江、青岩和下坝等地区。研究区种植的鱼腥草中有效成分槲皮素和绿原酸的含量整体较高，品质较好，当地较适宜种植鱼腥草。

研究区鱼腥草中有效成分槲皮素及绿原酸的含量在不同地层各有优势，而且都表现出地下部分明显小于地上部分，并有根<茎<叶的趋势，以叶中含量最高，故建议在将鱼腥草作为中药材制药时，可以将鱼腥草全草作为药材原料，尤其是鱼腥草的地上部分。

2. 鱼腥草元素地球化学评价

鱼腥草元素地球化学分析表明，不同部位的鱼腥草常量、微量和重金属元素含量特征略微不同，分布模式基本相似。除个别元素（如 Ca、P 等）外，娄山关群、高台-石冷水组两地层分布区的鱼腥草和耕土元素地球化学特征基本相似，如图 5-25 所示，鱼腥草元素地球化学特征与耕土元素地球化学特征密切相关。耕土中的元素地球化学又与各地层分布区原生土和岩石中元素地球化学特征密切相关，如图 5-13 所示。各地层鱼腥草元素地球化学特征整体上具相似性，但其元素含量存在一定的差异，这与不同地层鱼腥草品质存在差异具有相关性。研究区内，高台-石冷水组地层分布区的鱼腥草中槲皮素含量小于娄山关群地层分布区的，绿原酸含量则表现为高台-石冷水组地层的大于娄山关群，但两者间的差异性较小，且有效成分整体较高，品质较好。总之，各地层分布区鱼腥草中

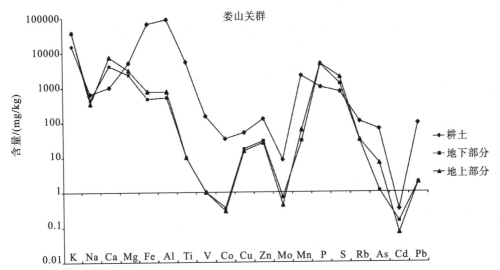

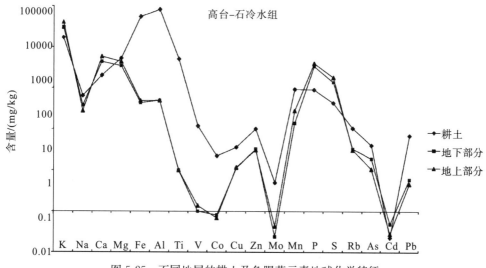

图 5-25　不同地层的耕土及鱼腥草元素地球化学特征

元素地球化学特征虽然在整体上存在一定的相似性，但其元素和有效成分含量存在一定的差异，这主要与不同地层的岩石和土壤中元素地球化学特征密切相关。研究区鱼腥草除高台-石冷水组的 As 外，其余四种重金属元素含量均在中药材重金属元素含量限量值范围内。对此，需要注意对鱼腥草中重金属元素 As 含量进行监测。

综上所述，高台-石冷水组、娄山关群地层分布区鱼腥草中有效成分含量相对较高，品质较好；两地层分布区都适宜种植鱼腥草，但应注意对重金属元素 As 进行监测。

（二）太子参品质评价

1.　太子参环肽 B 评价

贵阳乌当区太子参环肽 B 含量为 0.016%～0.031%，平均含量为 0.024%，整体符合《中华人民共和国药典》的规定。与太子参中环肽 B 含量做比较，乌当区太子参品质仅次于江苏产区，与贵州施秉和安徽宣城相近或略优，明显优于福建柘荣产区，说明在贵阳乌当区适合种植太子参。但是，该区不同地质背景种植的太子参品质存在差异：寒武系清虚洞组第二段种植的太子参品质较好，其次为种植在高台-石冷水组、娄山关群地层分布区的太子参，清虚洞组第一段地层分布区种植的太子参品质略次。太子参种植在各地层分布区的品质为：清虚洞组第一段＜娄山关群＜高台-石冷水组＜清虚洞组第二段，在扩大种植规模时应以此为参考进行科学规划。

2.　太子参元素地球化学评价

太子参元素地球化学分析表明，不同地层背景环境下生长的太子参，其常量、微量和重金属元素含量特征略微不同，但常量、微量和重金属元素分布的总体趋势基本相似。除个别元素（如 Fe、P 等）外，娄山关群、高台-石冷水组、清虚洞组第一段、清虚洞组第二段四类地层分布区的太子参和耕土元素地球化学特征基本相似如图 5-26 所示，反映了太子参中元素地球化学特征与不同地层分布区耕土元素地球化学特征的密切相关性。耕土中的元素地球化学特征又与各地层分布区原生土和岩石元素地球化学特征密切相关，如图 5-13 所示。由前述可知，不同地层背景种植的太子参常量元素含量为清虚洞组第一段<娄山关群<高台-石冷水组<清虚洞组第二段，该排序与研究区各地层的太子参有效成分环肽 B 含量排序一致，表明太子参常量元素含量与其品质优劣密切相关。太子参与耕土、耕土与原生土以及原生土与岩石之间存在着显著的继承关系，反映出地质背景对农作物的控制作用。各地层分布区太子参元素地球化学特征虽然整体上相似，但其元素和有效成分含量存在一定的差异；这些差异主要与岩石和耕土中元素地球化学特征密切相关。研究区太子参除 SJZTZS-1 样品的 As 和 Cd 含量超标外，其余样品 As、Cd、Cu、Hg 和 Pb 等重金属元素含量均在中药材重金属元素含量限量值范围内，为太子参规模化种植提供安全保障。

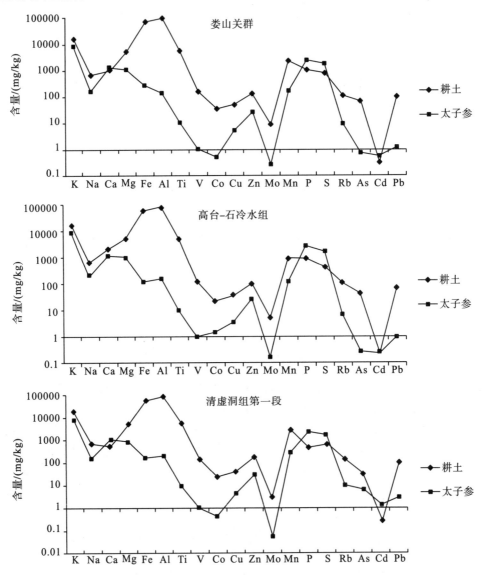

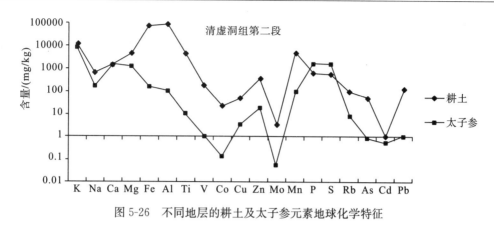

图 5-26　不同地层的耕土及太子参元素地球化学特征

综上所述，研究区清虚洞组第二段、娄山关群、高台-石冷水组地层分布区适宜种植太子参，尤其是清虚洞组第二段地层分布区地质背景更为优良。

第五节　贵阳市乌当区中药材种植区划

影响中药材品质的因素较多，药用植物在种植以前主要受种子质量（仲开德和杜颖川，2006）及人为活动因素的影响；药用植物在生长过程中主要受生态环境、地质环境和人为活动等因素影响；药用植物成熟后主要受采收时间（杜晔，2011）、加工处理（仲开德和杜颖川，2006）、贮藏（杜晔，2011；杨磊等，2012）等人为活动因素影响。乌当区中药材种植区划主要分析药用植物生长过程中生态环境、地质环境和人为活动因素对中药材品质的影响，以岩土及鱼腥草、太子参的元素地球化学特征为主要依据，区划鱼腥草和太子参的种植区。

一、中药材品质的影响因素

道地药材属于中国传统医学所特有，是古人评价中药材质量的独特标准之一，它强调药材的产地及临床疗效，具有医学意义、地域环境、人文思想和社会经济等复杂因素（梁飞等，2013）。如前所述，中药材品质的影响因素较多：生态环境方面，主要受水分、光照、温度和空气等环境因子的影响；地质环境方面，受地形、地貌、地层、元素地球化学等因子的影响；人为活动方面，主要受园艺管理技术，如及时松土、除草、施肥等人为耕种的影响。生态环境与地质环境二者之间既存在相似性，又具有差异性，二者既相互作用又相互影响。地形地貌会影响光照、温度，而水分、温度等会影响岩石风化，影响土壤的形成与演化，最终又影响地形地貌；从空间范围角度分析，生态环境主要研究地表以上，而地质环境更侧重于地表以下。

生态环境是影响中药材品质的重要因素之一。仲开德和杜颖川（2006）认为，保证中药材品质的基础是良好的生态环境，主要包括海拔、气温、雨量、光照、土质和肥料等。彭锐等（2010）研究表明，影响川党参品质的主要因素是水分和温度以及水分和温度的相互作用。童丽姣等（2008）对影响中药材质量的因素研究指出药材的产地是影响中药材质量的重要因素之一。陈新和崔健（1999）对药材产地质量影响因素进行探讨，得出药材产地中对质量影响较大的因素有空气、水分、温度和土壤。

地质环境对中药材品质的形成起到重要作用。土壤在地质环境中是岩石与植物之间的纽带和桥梁，即在相同的生态环境下，不同时代的地层岩石，其风化形成的土壤有所差别；形成的土壤不同，相应的土壤质地、元素地球化学特征等土壤理化性质也各异；不同的土壤理化性质决定了作物的生长发育状况、产量的高低和品质优差（彭益书等，2014c）。高琳等（2011）也认为成土母岩对作物的品质具有重要影响。

人为影响因素对中药材的品质不可忽视。在药用植物的生长过程中，人类社会的发展以及栽培技术会对中药材品质产生影响。在药用植物生长阶段，若人们的操作不当，如在肥料或农药等农用生产资料的施用量及施用时间上，就容易引起中药材污染物超标、中药材品质下降（武孔云和孙超，2010）。

因此，有必要从生态环境、地质环境和人为活动因素等诸方面对中药材品质影响进行全面分析，为中药材种植提出科学依据。

（一）生态环境

1. 鱼腥草与生态环境

鱼腥草喜温暖潮湿环境，较耐寒，生长适温为 15～25℃；喜肥沃、疏松、水分充足的土壤，同时也耐阴、耐瘠薄；多野生于阴湿的水边、背阴山坡、低洼地、村边田埂、水沟和田边。地下匍匐茎生长于浅层土壤中，主要分布于 15～35cm 层内。常见野生于海拔 300～2600m 的山坡（陈灿等，2009）。栽培以肥沃的砂质壤土及腐殖质壤土为好，不宜种植于黏性或碱性土壤（刘克汉和刘玲，2009）。

2. 太子参与生态环境

太子参多野生于杂木林下的阴湿山坡的基岩缝隙中和枯枝落叶层中，喜疏松肥沃、排水良好的砂质壤土，喜温暖湿润气候、抗寒能力较强、怕高温、忌强光、怕涝（秦民竖等，2003）。在旬平均气温 10～20℃下生长旺盛，气温超过 30℃以上，植株停止生长。一般4～6月上旬是太子参块根迅速膨大的生长期，其母块根消长解体，到了 6 月下旬，旬平均气温高于 30℃，植株地上部分开始枯萎，块根亦停止生长，进入夏季休眠期（方成武等，2001；吕晔和陈宝儿，2001）。另外，太子参在我国主要分布于黑龙江、吉林、河北、河南、山东、江苏、安徽、浙江、江西、湖北、山西、陕西、内蒙古、四川、西藏等地区（方成武等，2001；吕晔和陈宝儿，2001；肖培根和杨世林，2001；肖培根，2002），从海拔角度可以看出，太子参在我国从低海拔至高海拔地区均有分布。因此，太子参是适应性较强的药用植物之一。

3. 乌当区药材种植生态环境

区内生态环境适宜种植中药材鱼腥草和太子参，气候也能满足鱼腥草和太子参的生长。研究区属亚热带季风湿润气候，具有明显的高原性气候的特点；冬无严寒，夏无酷暑，光、热、水同季，垂直气候差异明显；年平均气温为 14.6℃，年极端最高温度为

35.1℃，年极端最低温度为−7.3℃；由于阴天多、湿度大，太阳辐射和日照时数处于全国低值区、贵州中值区(乌当区综合农业区划编写组，1989)，条件能满足太子参忌强光以及鱼腥草的耐阴喜好。在海拔方面，研究区海拔为872～1659m，满足鱼腥草和太子参生长的海拔范围。耕土方面，中药材鱼腥草应选择种植在疏松、肥沃、水分充足的土壤中；太子参应选择种植在疏松、肥沃、排水良好的砂质壤土中。鱼腥草属于全草类中药材，太子参属于块根类中药材。从某种意义上讲，鱼腥草和太子参均属于块根(鱼腥草为地下茎)类。它们都要求肥沃、疏松的土壤。不同的是太子参在排水较好的砂质壤土生长较好，这样可以避免发生病害或根腐、利于采收(吕晔和陈宝儿，2001)，而鱼腥草则要求种植土壤水分充足、保水性较好。

(二)地质环境

1. 地形地貌

不同的地形地貌引起水热差异，从而导致气候、土壤、植被的差异。乌当区以丘陵为主，山间盆地、谷地、洼地相间出现，能满足大多数中药材(中药材一般生长海拔为300～2400m)的生长要求，乌当区各种海拔、坡向、坡度的地形地貌造就不同区域的小气候，可为不同种类中药材植物的生长创造优良环境，尤其为道地药材的生长提供了可能(彭益书等，2013)。乌当区北部地形较为平缓，风化土层较厚，土壤含水性、透气性较好，最适合中药材种植。

2. 土壤元素地球化学特征

乌当区不同地层中药材元素地球化学特征整体上具有一定的相似性，但是其中常量元素、微量元素和有效成分含量存在差异；这些差异受基岩和土壤中元素地球化学的影响或控制。药用植物在生长过程中从土壤中吸收矿质营养元素，以便通过光合作用合成生长所必需的营养物质以及药用有效成分。因此，土壤元素含量决定了作物的生长发育状况、产量和品质(彭益书等，2014c)。

乌当区耕土 pH 为 4.91～6.78，属强酸—酸性土壤；大部分为棕黄色壤土，少部分为黄色黏土，含有少量且较细的砾石；土壤团粒结构和透水、透气性除个别种植点外整体上较好，能为种植块根类和块茎类中药材提供良好的生长环境。土壤酸碱性对中药材生长具有一定影响，乌当区太子参环肽 B 就与土壤 pH 呈显著正相关。

乌当区不同地层分布区的耕土中 K、Na、Ca、Mg、Fe、Al 和 Ti 等 7 种常量元素平均含量之和以清虚洞组第二段最高，娄山关群次之，清虚洞组第一段较低，高台-石冷水组最低，常量元素越丰富的土壤对中药材越有利。

乌当区不同地层分布区耕土中 V、Co、Cu、Zn、Mn、P、S 和 Rb 等 8 种微量元素平均含量之和，清虚洞组第二段最高，清虚洞组第一段次之，娄山关群较低，高台-石冷水组最低。丰富的微量元素对中药材的品质具有极其重要的作用。

乌当区不同地层分布区耕土的稀土元素总量娄山关群分布区耕土最高，其次是清虚洞组第二段分布区的耕土，高台-石冷水组分布区耕土较低，清虚洞组第一段分布区耕土最低。稀土元素对农作物生长的积极作用已经得到共识。

乌当区耕土的 As、Cd、Cr 和 Pb 等重金属元素含量与食用农产品产地环境质量评价标准比较，高台-石冷水组背景的耕土 As 含量超标；娄山关群的 As、Cd 和 Pb 含量超标；清虚洞组第一段的 Pb 含量超标；清虚洞组第二段 As、Cd 和 Pb 超标。在种植中药材时应考虑重金属元素含量对中药材品质的影响。

乌当区不同地层的耕土富集和相对富集的元素如下。

清虚洞组第二段：Fe、Al 和 Ti，以及 Zn、Mn、V、Co、Cu 和 Mo。

娄山关群：Fe、Al 和 Ti，以及 Mo、Mn、V、Co、Cu 和 Zn。

清虚洞组第一段：K、Fe、Al 和 Ti，以及 Mn、V、Co、Cu、Zn、Mo 和 Rb。

高台-石冷水组：Fe、Al 和 Ti，以及 V、Co、Cu、Zn、Mn 和 Mo。

中药材生化指标与耕土元素关系密切，研究发现鱼腥草中有效成分槲皮素和绿原酸含量与耕土中 Ca、Mg、Fe、Co 和 Mo 等元素含量呈现出显著的正相关。太子参环肽 B 含量受耕土中 Ca、Ti、Cd 和 Rb 元素含量的影响明显，其中与 Ca 和 Cd 含量呈正相关，与 Ti 和 Rb 含量呈负相关，且受土壤 pH 的影响较大。重金属方面高台-石冷水组的耕土相对最优。高台-石冷水组的鱼腥草除 As 外，其余 4 种重金属元素含量均在限量值范围内，娄山关群的鱼腥草重金属未超标；太子参的 9 个检测样品中，清虚洞组第一段样品 SJZTZS-1 的 As 和 Cd 含量超标，其他三类地层的各种重金属元素含量均在中药材重金属元素含量限量值范围内。

综合上述不同地层分布区耕土中常量、微量、稀土和重金属元素含量和富集情况，清虚洞组第二段地层分布区的耕土最具优势，其次为娄山关群，清虚洞组第一段分布区的耕土和高台-石冷水组分布区耕土的相对较次。

　　3. 母岩对中药材种植的影响

母岩对成土影响很大，不同类型地层和基岩风化所形成的土壤不同，进而影响中药材的品质(彭益书等，2013)。母质是土壤形成的物质基础，不同基岩母质类型决定着相应区域土壤类型的形成与分布。乌当区母岩中 K、Na、Ca、Mg、Fe、Al 和 Ti 等 7 种常量元素的总量为高台-石冷水组＜娄山关群＜清虚洞组第一段；V、Co、Cu、Zn、Mn 和 Rb 等 6 种微量元素的总量排序与常量元素相同；As、Cd、Cr 和 Pb 等 4 种重金属元素总量排序也与常量元素相同，反映出不同母岩种类物质组成的差异。

综上所述，贵阳乌当区的四种地质背景中：清虚洞组第二段最优，娄山关群其次，清虚洞组第一段第三，高台-石冷水组第四。经过测试分析，研究区不同地质背景种植的鱼腥草中有效成分槲皮素和绿原酸以及太子参中环肽 B 的含量整体较高，品质较好。从整体来看，四个地层分布区的耕土，无论从物理性状还是元素地球化学特征看，都适合中药材鱼腥草和太子参种植。

（三）人为活动因素

乌当区不同地层分布区的耕土重金属元素含量明显比原生土的高，这很有可能与人为活动影响因素有关。在栽培管理上，如不当使用农药清除杂草等，都会影响中药材的品质，甚至造成化学污染和重金属污染。因此，建议加强中药材种植基地栽培技术人员专业技术知识的培训。

二、贵阳市乌当区中药材种植区划

（一）区划依据

从鱼腥草和太子参生长所需的生态环境和地质环境入手，首先在满足中药材生长所需的生态环境前提下，充分考虑地质环境因素对中药材品质的影响。研究区生态环境方面如气候、海拔等均满足鱼腥草和太子参的生长。

土壤很大程度上受地质环境因素的控制和影响。地质环境因素影响实则是宏观地从母岩—土壤—植物系统考虑，即在相同的生态环境下，不同的地层岩石，其风化形成的土壤有所差别；形成的土壤不同，相应的土壤质地、元素地球化学等土壤理化性质也有差异；而土壤的理化性质决定了作物的生长发育状况、产量和品质（彭益书等，2014c）。土壤中矿质营养元素是农作物产品质量的控制因素，矿质营养元素主要来源于母岩的风化物（毕坤等，2003；陈蓉和毕坤，2003a）。在满足中药材生长所需的生态环境前提下，以地质环境因素作为中药材种植区域规划选择时的重要依据，根据不同地质背景的岩土元素地球化学特征，及其与中药材品质的关系对乌当区中药材种植区进行划分。

（二）中药材种植适宜区区划

通过对贵阳市乌当区鱼腥草和太子参种植区的地质背景以及元素地球化学特征的研究，测试分析乌当区岩石、土壤与中药材的元素地球化学特征，中药材品质的有效成分。研究耕土与中药材的元素地球化学相关性，中药材元素的生物富集能力，耕土和中药材元素地球化学特征与中药材有效成分之间的相关性。在此基础上，以岩土和中药材的品质特征为主要依据，确定乌当区鱼腥草和太子参的适宜种植区域，对鱼腥草、太子参种植适宜区进行了区划。

1. 鱼腥草种植适宜区区划

综合分析影响中药材鱼腥草品质的地质背景因素，研究区的娄山关群、高台-石冷水组分布区适合种植鱼腥草，清虚洞组分布区是鱼腥草种植的潜在适宜区，清虚洞组分布区未采集鱼腥草样品，主要根据该地层分布区的基岩和土壤元素地球化学特征及耕土的物理性状特征进行推测，划定为潜在适宜区。这些区域的耕土大部分为壤土，团粒结构较好，整体透水、透气性较好，土壤肥力较好，且富含 Fe、Al、Ti、V、Co 和 Cu 等元素，能为鱼腥草的生长提供良好的环境。鱼腥草种植的适宜区主要分布在研究区的北部地区、南部有零星分布，即百宜镇、新堡乡、新场镇、羊昌镇等地的大部分地区和下坝镇、水田镇等地的少部分区域。鱼腥草种植的可能潜在适宜区主要分布在百宜镇、羊昌镇、新场镇等地区，且大部分呈条带状分布。

2. 太子参种植适宜区区划

综合分析影响中药材太子参品质的地质背景因素,研究区的清虚洞组第二段、娄山关群、高台-石冷水组地层分布区适合种植太子参(彭益书,2015b)。这些区域的耕土大多数为壤土,团粒结构较好,整体透水、透气性较好,土壤肥力较好,除了富含 Fe、Al、Ti、V、Co 和 Cu 等元素以外,Ca 和 Cd 也相对富集,Ti 和 Rb 相对贫乏,能为太子参的生长提供良好的环境。太子参种植的适宜区主要分布在研究区的北部地区、南部有零星分布,即百宜镇、羊昌镇、新场镇、新堡镇等地的大部分地区,水田镇和下坝镇等地的部分地区。

第六章 开阳县土壤剖面硒及其他元素地球化学特征

硒是重要的生命元素，最新医学研究表明，低硒环境下，人易患心血管病等多种疾病。硒含量过低或过高对人体和农作物皆会产生不良影响。在土壤-植物-动物和人的生态系统中，土壤是最基本的因素，因此国内外非常重视对土壤硒的研究。开发利用富硒生物资源，必须弄清楚富硒土壤背景资源。本章选取具有富硒背景潜力的贵州开阳地区地层岩石及其风化土壤作为研究对象，通过岩土地球化学分析，研究硒在岩土剖面上的纵向迁移、富集分布情况，探讨硒富集的控制因素，圈定富硒区域，为当地合理开发利用富硒资源、生产富硒农产品提供依据。

第一节 土壤硒生物作用及富硒地质背景

硒是人体必需的介于金属与非金属之间的稀少而又分散的微量元素，位于化学元素周期表第 34 位，其在地壳中的丰度为 0.08mg/kg。在自然环境中，硒非常活泼，很容易迁移。

一、土壤硒生物作用研究现状

（一）国外研究现状

1817 年，瑞典科学家 Jons Jakob Berzelius 从硫酸厂的铅室底部的红色粉状物质中制得硒，他还发现了硒的同素异形体。他通过还原硒的氧化物，得到橙色无定形硒；缓慢冷却熔融的硒，得到灰色晶体硒；在空气中让硒化物自然分解，得到黑色晶体硒。在这之后的 100 多年间，人们一直认为硒是一种有毒有害元素，1930 年，美国西部发生家畜碱中毒事件并检出"有毒物质"——硒，此后的研究一直针对硒的毒害作用（Chen et al.，1980；李继云等，1982）。

20 世纪 50 年代，Claytan 在重复硒毒性实验时发现，硒可以有效地抑制化学致癌物二甲基偶氮苯的致癌作用；随后法国科学家 Schwarz 在研究肝坏死的病因时发现，硒对肝具有保护作用，微量的亚硒酸钠可作为拮抗大鼠肝坏死的保护剂，并确认硒是一种保护因子，至此人们才第一次认识到硒是一种有益的营养元素。

20世纪60年代初，人们在发明了硒的测定方法同时，也发现了硒对雏鸡维生素E缺乏症有缓解作用，对犊牛和羔羊的白肌病有预防作用。Rotruck研究发现，适量的硒对缺硒造成的心肌损害有明显保护作用，且可改善机体抗感染的能力。硒又是谷胱甘肽过氧化物酶的一个组成成分，该酶的主要作用是还原脂质过氧化物，清除氧自由基从而保护细胞膜的完整性；低硒可使谷胱甘肽过氧化酶活性降低，造成心肌膜系统损伤。硒在甲状腺素稳态的维持中有至关重要的作用，缺乏硒会加重碘缺乏效应，使机体处于甲状腺机能低下的应激状态。因此，应该要像补碘一样补硒，才能从根本上预防地方性甲状腺疾病和克山病，提高人口素质。基于这些研究，世界卫生组织（World Health Organization，WHO）在1973年宣布，硒是人和动物生命活动中必不可少的微量元素。

（二）我国研究现状

我国最早开始硒与克山病关系的研究，并做出了重要贡献。WHO等国际联合组织据此确认硒是人体必需的微量元素。补硒有效地控制了克山病的流行；大骨节病病区与克山病病区地理位置与低硒带完全吻合，经科学家20多年的研究证实，缺硒也是大骨节病的重要发病因素，在病区和非病区进行流行病学和病例对照研究，证实补硒能有效预防大骨节病。这是我国科学家取得的又一重要成果，并荣获1996年度国际"克劳斯·施瓦茨生物无机化学家协会奖"。

克山病（Keshan disease，KD），又称地方性心肌病，通常发生在缺硒地区，于1935年在我国黑龙江省克山县发现，因而命名克山病。20世纪70年代末，急性克山病的发病率由新中国初期的0.52‰下降到0.003‰。克山病是一种流行于荒僻的山岳、高原及草原地带的以心肌病为主的疾病，全部发生在低硒地带，患者头发和血液中的硒含量明显低于非病区居民，而口服亚硒酸钠可以预防克山病的发生，说明硒与克山病的发生有关。

中国医学科学院的科学家自1979年开始，艰苦探索16年，揭示了硒预防肝癌的作用机制。在江苏省启东市，对13万居民进行现场研究，发现肝癌高发区居民的主食和血液硒含量均低于低发区，肝癌的发病率与硒水平呈负相关，补硒可使肝癌发病率下降35%。

据世界卫生组织（WHO）公布的资料，全球有40多个国家属于低硒和缺硒地区，调查表明，我国有72%的县（市）属低硒和缺硒地区。黑龙江、内蒙古、甘肃、青海和四川等省区的部分地区严重缺硒，而这些地区克山病、大骨节病经常发生，还有一些癌症高发区也属低硒区。所以，富硒是宝贵的地质背景资源，陕西紫阳和湖北恩施等地为富硒地区，我国科技人员在富硒地质资源的研究和开发利用等方面做出了重要贡献。

二、我国富硒地质背景

（一）陕西紫阳富硒地质背景

陕西紫阳主要出露的是下古生界地层，以海相沉积的碳酸盐岩、含碳含硅页岩和细碎屑岩为主，夹有多层下古生界基性岩，如辉绿岩、辉绿玢岩和辉长岩等，以及下古生界中性岩，如粗面岩、粗面质火山碎屑岩等。另外，局部地区还出露有小面积的上古生界和侏罗系的沉积岩。

紫阳寒武系地层分布较广，下寒武统以黑色碳质板岩、黑色含硅碳质板岩（鲁家坪组）和灰岩（剪竹坝组）为主（项礼文，1981）。它们的硒含量已做过报道，该地区中、下寒武统的碳质板岩和石煤普遍富硒，是该区域下古生界地层含硒量最高的地层，其含量为22～38mg/kg（雒昆利和姜继圣，1995；雒昆利和邱小平，1995，雒昆利等，2001；范德廉等，1998）。上寒武统的砾屑灰岩的含硒量和下志留统陡山沟组的砂岩含硒量相近，为该区域最低（雒昆利等，2001）。紫阳志留系分布也较广，其中大贵坪组及五峡河组碳质板岩普遍富硒，但除在紫阳蒿坪一带靠近基性岩侵入体及火山岩附近的石煤和碳质板岩中的硒含量较高可达30mg/kg外，总体上要比下寒武统鲁家坪组的硒含量低。下寒武统和志留系大贵坪组、五峡河组所发育形成的土壤天然富硒。紫阳土壤平均含硒为3.98mg/kg（雒昆利等，2001）。

（二）湖北恩施富硒地质背景

湖北恩施地质构造发展经历了扬子构造旋回、加里东构造旋回、华力西—印支旋回、华力西亚旋回、印支亚旋回、燕山构造旋回和喜马拉雅构造旋回等几个阶段，对区域硒的富集产生一定的影响。

震旦纪的雪峰运动结束了恩施的优地槽历史，为转化准地台沉积奠定了地质构造与硒矿成矿的基础；加里东运动和华力西—印支运动主要为升降运动，为硒富集成矿创造了良好条件，印支运动结束了海洋环境，形成陆内盆地式沉积和硒的富集，由此形成富硒地层，主要有早寒武世水井沱组（$\epsilon_1 s$）、晚奥陶世五峰组（$O_3 w$）、中二叠世茅口组（$P_2 m^3$）、晚二叠世大隆组（$P_3 d^1$）如表6-1所示。其中，二叠系茅口组硅质岩段（$P_2 m^3$）硒的富集系数最高，构成富硒层，局部高硒层可形成矿床和矿点；而早寒武世水井沱组已形成了伴生硒的钒矿床，其余各含硒层位均无工业意义。但早二叠世峨眉玄武岩的喷发使海水的硅质增加，导致拗陷区（恩施地区）形成大量硅质、泥质沉积。加里东运动晚期的东吴运动使该地区地壳平缓上升，升降幅度的差异使区内盆地具有封闭条件，海水不很流畅，有利于硒的富集（宋成祖，1989）。

表 6-1　恩施富硒地层概况

地质时代	地层	岩石类型	硒含量 /(mg/kg)	平均含量 /(mg/kg)	硒层厚度 /m
早寒武世	水井沱组（$\epsilon_1 s$）	碳硅质页岩夹碳质页岩，含黄铁矿及磷质结核	6.6～59.5	34.64	5.96
晚奥陶世	五峰组（$O_3 w$）	砂质泥岩，硅质碳质泥岩	9～34	25	5
中二叠世	茅口组（$P_2 m^3$）	含碳硅质岩夹硅质碳质页岩及少量白云质灰岩透镜体	15～7188	224	10
晚二叠世	大隆组（$P_3 d^1$）	含硅质页岩，含碳质岩及含碳页岩	8～59	28.68	20

地质时代	地层	岩石类型	硒含量 /(mg/kg)	平均含量 /(mg/kg)	硒层厚度 /m
第四纪全新世		亚砂土、亚黏土及各种碎块，为坡积、残积沉积	0.3~3.1	2.49	—

　　注：据于勤勤(2009)。

　　就岩层中硒的含量来说，对渔塘坝典型二叠系茅口组碳质硅质岩段剖面样品的分析表明，岩石中硒的含量均大于 1000mg/kg，其采样剖面可能为矿点或矿化点，而硒在岩石中的分布有如下规律：碳质硅质岩＞碳质页岩＞碳质泥岩。于勤勤(2009)通过对比分析研究发现，在双河矿床的含硒岩层中，硒含量的大小顺序为：碳质碎屑岩＞碳质硅质页岩＞碳质、硅质岩＞碳质泥岩＞硅质碳质岩＞碳质页岩。苏晓云(1998)研究渔塘坝茅口组之上的吴家坪组和大隆组，两地层的碳质页岩中平均硒含量分别为 41.54mg/kg 和 27.14mg/kg，高于其他层位的碳质页岩的硒含量，整体来看碳质页岩中硒含量较低。含硒岩层通过风化过程和腐殖化过程产生成土母质，渔塘坝北部出露矿区的含硒碳质岩层是当地土壤和植物硒的物质来源。

　　硒是人体必需的生命元素，对人体和植物健康生长起重要作用，但硒含量过高也会对动植物产生毒害作用，这方面早有记录，如 20 世纪 60 年代我国鄂西发生人们食用高硒食物而引起的指甲脱落和皮层损坏等中毒现象(Orrille, 1964；Yang et al., 1983)。

（三）贵州省及开阳县富硒地质背景

　　前人对贵州硒资源的分布做过详细调查，发现贵州土壤中硒的含量为 0.06～1.29mg/kg；贵州硒含量适中，不会高到引起硒中毒，但全省硒资源分布不均。全省产煤地区不同程度的富硒，普遍认为贵州大部分地区的土壤是基岩原地风化形成，因此土壤中硒含量受基岩控制，如黔北遵义、湄潭；黔中开阳、瓮安、平坝、安顺和紫云等地；黔南平塘至独山；黔西北大方、织金以及黔西南普安和晴隆等地煤系地层发育，同时也是硒富集的标志之一(王甘露和朱笑青，2003)。

　　贵州省开阳县土壤中硒的背景值很高，其含量远高于中国土壤背景值，硒在土壤剖面上的分布存在空间差异，总体趋势是硒在表土层聚集；土壤中硒含量受成土母质的控制(汪境仁和李廷辉，2001；李娟和汪境仁，2003；任海利等，2012a，2012b；Ren and Yang，2014)。同时，表生地球化学作用、生物作用以及人类活动也深刻影响硒在土壤中的重新分配。毕坤等(2003)利用开阳县禾丰地区下寒武统牛蹄塘组黑色高碳质页岩中硒含量的资源优势，整体提取其中的有效态硒及其他多种元素，配制适宜农作物生长的添加剂，为缺硒或少硒地区生产富硒农产品提供新的矿物肥源。汪境仁和李廷辉(2001)对贵州开阳硒资源开发进行研究，论述了硒在工农业生产中的应用以及开阳地区硒资源的开发情况。

三、研究思路及技术方法

　　在土壤-农作物-动物(包括人类)这一系统中，土壤是最基本的因素，目前的研究主要集中于低硒区地方性疾病的地球化学研究，对富(高)硒区的地层及风化土壤方面的地球化学研究甚少，硒在风化土壤中的分布规律和控制因素的研究亦鲜有报道。开阳县具有丰富的硒资源，本章选取开阳分布广泛的震旦系洋水组至灯影组、寒武系、二叠系地层的风化土壤剖面作为研究对象，讨论这些地层及其所形成的风化土壤中微量元素和稀土元素地球化学特征，探讨富硒地层风化土壤剖面中硒的分布规律和控制因素，对开阳县硒资源的合理有效利用具有实践意义。研究技术方法如下。

(1)收集国内外有关硒地球化学背景的研究成果，特别是贵州有关硒背景值研究及土壤中硒的地球化学特征的研究成果。收集研究区的地质资料，包括 1：5 万地质图、1：20 万地球化学测量资料、区域土壤地球化学普查资料、地形地貌、气候特征等资料。

(2)确定研究区采样路线，选择 13 条典型风化剖面，在野外观察描述剖面颜色、结构、土质特征，进行分层、测量厚度，并采集基岩、土壤、植物样品。

(3)样品前期处理和样品测试。首先剔除土壤样品碎石、植物根系，然后在低温(<40℃)烘干。将样品研磨至 200 目，然后进行微量元素和稀土元素测试。

(4)数据分析，通过对 13 条剖面的微量元素数据分析，探讨以硒为主的微量元素在剖面中的分布及分异情况，进而得出硒在剖面中的分布以及其在基岩-土壤-农作物之间的迁移、分布规律；通过地球化学方法示踪硒的来源，分析硒富集影响因素；最后，结合贵阳市多目标区域地球化学调查成果，圈定开阳县富硒区域。

第二节　开阳县概况

一、自然地理

(一)位置及交通

开阳县位于贵州省中部偏北，属贵州省省会贵阳市，县城距贵阳市中心 86km，全县南北长 64.5km，东西宽 53km，面积为 2020.2km²。地理坐标：东经 106°45′~107°17′；北纬 26°46′~27°22′。东与瓮安县、福泉市接壤，南与龙里县、贵阳市乌当区毗邻，西与修文县、息烽县相连，北与遵义市播州区隔乌江相望，处在黔中经济圈与黔北经济带之间，具有良好的区位优势。

开阳县境内的金中镇有铁路西行 30.6km 至小寨坝火车站与川黔铁路接轨，南达贵阳 88km、北至遵义 67km，有省级干线公路两条(S103、S302)及县级公路 8 条，公路总里程 2037km，与贵阳、遵义、修文、息烽、瓮安、福泉、龙里和乌当等市、县、区相通；开(阳)久(长)三级公路连接贵遵高等级公路，是开阳县对外联系的主干路线；县内村村通公路，全县公路网基本形成，交通便利。

(二)人口与经济社会发展状况

截至 2017 年，开阳县共辖 8 个乡(其中 3 个民族乡)、8 个镇、2 个社区服务中心。总人口 45.26 万。全县土地面积 303.9 万亩，其中耕地 67.98 万亩(水田占 20.77 万亩，旱地占 47.21 万亩)，为土地总面积的 22.4%。全县林地 70.64 万亩，草地 40.1 万亩，其他土地 125.18 万亩。耕地面积比例小，林地、荒山等面积大。森林覆盖率已达 40.22%。

全县资源丰富，集丰富的矿产资源、农业资源、森林资源及旅游资源于一体。其中，已探明有磷、煤、铝和重晶石等 30 多种矿种。磷矿石保有储量 $4.33×10^8t$，高品位的富矿占全国储量的 2/3，其中 P_2O_5 储量高于 32% 的优质富矿，占全国的 78%，与湖北襄阳、云南昆阳齐名，素有"三阳开泰"之称，建有国家级磷化工循环经济生态工业园；旅游资源集山、水、林、泉、峡、洞，汇奇、险、雄、秀、幽、野及风土人情于一体，被誉为"喀斯特生态博物馆"，具有巨大的开发潜力和价值。目前主要特色农产品有油菜、富硒大米、早熟蔬菜以及茶果等。

(三)气象

开阳县属亚热带季风湿润气候，气候温和，冬无严寒，夏无酷暑。年平均气温 10.6~15.3℃，最热月(7月)平均气温为 22.3℃，极端最高气温为 35.4℃，极端最低气温为-10.1℃，年平均无霜期 270d，年平均日照数 1241.2h。最大年降水量 1419.51mm，最少年降水量 720.4mm，年平均降水量 1305.7mm，且集中于下半年，年平均降水 192d。年平均风速 2.5m/s，常年以北东东风向为多，风向频率为 12%。主要灾害性天气有暴雨、伏旱、凝冻、冰雹等，其出现的频率均较高。

(四)河流水系

县境内河流均属长江水系的乌江流域区，有大小河流 60 余条，主要河流有乌江干流及其支流清水河、鱼梁河、谷撒河、洋水河与那卡河等。水利资源比较丰富，地表水年平均径流量为 $6.87×10^8m^3$，地下水年平均径流量为 $3.26×10^8m^3$，全县水能理论蕴藏 $53×10^4kW$，河流切割深，落差大，开发利用条件好。

(五)地貌

开阳县在大地构造单元上属扬子准地台之上的黔中隆起东南部，地貌属黔中丘原盆地分区，处于云贵高原贵州斜坡的第二阶梯上，地形西南高，东北低，大部分地区海拔为 900~1400m，最高处为双流镇的狼鸡岭，达 1702m，最低点系龙水乡的小河口，海拔 506.5m，相对高差近 1200m。由于风化强烈，流水侵蚀、溶蚀严重，岩溶较为发育，形成复杂多样的地貌类型。地势起伏较大，山地、丘陵、盆地、河谷阶地交错分布，以山地为主。

全县山地面积为 $1877km^2$，占土地总面积的 92.7%；丘陵面积为 $100km^2$，占土地总面积的 4.9%；盆地(坝地)面积 $49km^2$，占土地总面积的 2.4%。山地以低中山为主，占山地面积的 60.7%；中山次之，占山地面积的 26%；低山最少，占山地面积的 13.3%。另外，由河流切割侵蚀形成的峡谷地貌比较突出，由岩溶发育形成的岩溶地貌比例较大，占全县面积的 75.9%。依照各种地貌的组合，全县可分为四个地貌区。

西部中中山地貌类型区：包括双流、白马的大部分，高云、金中的一部分地区。这些地区海拔 1400~1700m，相对高差 100~300m。主要岩层为上寒武统白云岩、砂页岩。大部分地区呈现覆盖式和半覆盖式岩层，如在双流到刘育一带，分布着由水平白云岩层遭受侵蚀后形成的桌状山、阶梯式山，其上覆盖着第四系红色黏土。双流西部的狼鸡岭为地壳褶皱运动形成的背斜山，相对高差 300m 左右，山体主要由寒武系硬质页岩组成，山高坡陡，冲刷严重，冲沟发育。

羊场、城关低中山丘陵地貌类型区：包括羊场、城关的大部分和高云、永温的一部分地区，属于 1200~1400m 高原剥夷面。在羊场和城关的大部分地区，高原面貌保存较完整，地面起伏不大，由许多相对高差在 100m 左右的老风化壳缓丘和半覆盖式岩溶缓丘组成。在羊场与城关之间，由于河流的冲刷和切割，原来的高原面受到破坏，形成低中山河谷地貌，但大部分山头仍保留在 1200m 左右的高原面水平。河谷深度达 300~400m，在沿河一些地区由河漫滩和阶地发育形成宽谷盆地和冲刷坝子。主要岩层为寒武系页岩、白云岩，二叠系石灰岩、砂页岩，三叠系砂岩、石灰岩。

清河、花梨低中山山地河谷地貌类型区：包括清河和花梨的大部分地区。海拔多为 1100~1200m，河谷底部海拔 500m，相对高差 600~700m。乌江、清水河以及鱼梁河贯穿本地区，受水流的冲刷切割，沟壑纵横，山高坡陡。中部花梨、新场和中桥等地残存部分低中山丘陵。岩层以寒武系白云岩、石灰岩为主。

北部低山丘陵地貌类型区：包括冯三、马场的大部分地区，面积 563.5km²，占全县总面积的 27.8%。地势较平缓，海拔为 800~1000m。该地貌类型区是乌江南岸保存较好的 800~1000m 级高原地貌的一部分。地面平缓，相对高差在 100m 以下的老风化壳缓丘分布较广。岩层以寒武系白云岩、二叠系石灰岩以及三叠系砂页岩为主。在石灰岩地区覆盖着较厚的第四系红色黏土，形成覆盖式或半覆盖式岩溶地貌。山体浑圆，坡度平缓。本地区河流较少，冲刷较轻，切割亦浅，相对高差多为 50~100m。乌江绕北流过，切割成很深的"V"形河谷，河床海拔 600m 左右，河岩陡峻，阶地发育。

二、区域地质背景

(一)地层

开阳县境内出露地层有：前震旦系、震旦系、寒武系、奥陶系、石炭系、二叠系、三叠系、白垩系、古近系、新近系及第四系等，缺失侏罗系、泥盆系及志留系等地层。

前震旦系板溪群出露厚度约 400m，出露面积为 73km²，占全县总面积的 3.6%；

震旦系厚 395m，出露面积为 73km²，占全县总面积的 3.6%。

寒武系厚 1626m，出露面积为 1479km²，占全县总面积的 73.0%；

奥陶系厚 108m，出露面积为 8km²，占全县总面积的 0.4%；

石炭系厚 12m，出露面积为 4km²，占全县总面积的 0.2%；

二叠系厚 516m，出露面积为 188.5km²，占全县总面积的 9.3%；

三叠系厚 1523m，出露面积为 194km²，占全县总面积的 9.6%；

白垩系—古近系残留最大厚度为 200m，面积为 7km²，占全县总面积的 0.3%。

全县各时代地层中，碳酸盐岩组厚 3027m，占出露地层总厚度的 61.8%，面积为 1537.5km²，占全县总面积的 75%；碎屑岩组（包括峨眉山玄武岩）厚 1868m，占出露地层总厚度的 32.2%，面积为 488.5km²，占全县总面积的 24.1%。前震旦系、震旦系地层主要出露在金中镇中部以及双流、白马、翁昭、南龙、顶兆、毛坪和新山，在龙水、龙广及哨上亦有小面积出露。出露的岩石主要为变余砂岩、板岩、千枚岩、紫色页岩、砂页岩及白云岩。

全县新元古界震旦系洋水组、下寒武统牛蹄塘组含有丰富的磷矿。寒武系地层是开阳县的主要地层，各乡（镇）均有出露，占全县总面积的一半以上。出露的岩石主要为页岩、砂页岩、灰岩和白云岩等。

二叠系地层在县内出露面积亦较大，主要出露在羊场和马场，在毛栗、毛坪、马江、穿洞、双流及南龙等地亦有少量呈带状和零星分布。出露的岩石主要为砂岩、页岩、砂页岩和玄武岩，夹有煤层。三叠系地层约占全县总面积的10%，主要在坝子、水口、杠寨、久场坝、宝星和宅吉等地出露。出露的岩石主要为灰岩、白云岩、白云质灰岩及页岩等。古近系—新近系地层主要出露在花梨镇的枫桥一带。出露的岩石为紫红色砾岩、泥质砂岩，含钙质丰富。第四系地层在全县各地零星分布，为红色黏土覆盖层，县境内第四系土壤发育较好。

碳酸盐岩地区海拔1000~1400m的丘陵剥夷面上往往有厚约2m以下的风化壳，为黄褐色至棕红色亚黏土，与基岩界线明晰。由于基岩表面参差不齐，风化壳厚度变化较大，在碟形洼地之中，厚度可达5m以上。碎屑岩地区为土黄至灰黄色亚黏土，夹有较多的岩石碎块，土层与基岩界线模糊，其厚度一般小于1m。溪流旁侧或一些喀斯特坡谷中，常有河岸阶地发育，阶地一般上部为砂质壤土或砂质黏土，下部为砾石层或砂砾层；禾丰河谷阶地发育良好，可见五级。其他第四系堆积为小型洪积扇，常分布于地表径流较强的碎屑岩地带，在陡峻地貌附近常有堆积物，碳酸盐岩区的溪流上常有石灰华堆积，喀斯特洞穴中有碳酸钙堆积及古地下河阶地堆积等。

（二）地质构造

在大地构造单元中，开阳县属扬子准地台上扬子台褶带的中部黔中早古拱断褶皱束，在吕梁期、加里东期和华力西期等构造运动中，多次隆升，间断沉积，沉积多遭剥蚀，后在燕山期宁镇运动中断褶成山，故开阳地层出露不全，沉积厚度较小。主要的褶皱构造有：翁昭背斜，展布于县境东部；洋水背斜为开阳褶皱构造主要格架，展布在西部；最宽而开阔的清河背斜展布于南部。这三大背斜形成开阳构造的主要格架。除此，北部尚有五台山向斜，中部有两路口向斜，西南部为穿洞盆地，东南部为平寨向斜。

开阳县地处区域性地质构造带上，属黔中高原区。地势较高、起伏不平，地质构造复杂多样。在频繁、剧烈的地壳运动中，境内多次出现深断裂和大断裂，主要有北东向、北东东向、东西向、南北向和北西向断裂。这些断裂常相互交切，形成复杂的交叉断裂，对地质构造的发生、发展有显著的影响。

东西走向的黔中深断裂自瓮安入境，经花梨、顶兆、白马洞一带，向修文、息烽方向展延，在县境内连续断距约1000km。黔东北的几组东北向断裂——湄潭断裂、敖溪断裂和钟灵塘头断裂在开阳境内与黔中东西向深断裂交会。在清河至哨上一线，展布着一条与黔中深断裂大致平行的次级断裂，为黔东西向深断裂的派生构造，使开阳县境南部形成一个东西向的地堑式构造。县境西南部主要为帚状构造，东部则主要呈"多"、"歹"形构造。

第三节　土壤剖面特征及样品采集

根据研究目标，针对性地选取开阳县境内有代表的地层，确立 13 条研究剖面。系统采集各条风化剖面的 70 件岩土样品、4 件油菜样品进行测试分析。各风化剖面的具体情况分述如下。

一、黄木村剖面

剖面位于开阳县北部楠木渡镇黄木村，为中二叠统茅口组深黑色薄层硅质白云岩风化剖面，从上至下依次为植被、黄褐色黏土层、暗褐色黏土层和基岩，如图 6-1 所示。

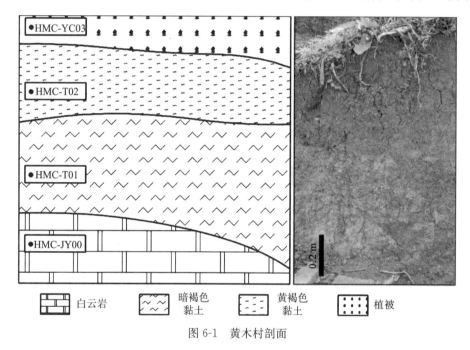

图 6-1　黄木村剖面

基岩(HMC-JY00)：中二叠统茅口组深黑色薄层白云岩，硅质白云岩、硅质岩，风化强烈，岩石呈碎石状。

暗褐色黏土层（HMC-T01）：颜色比较深，为棕色、褐色、暗褐色，厚度为 40～60cm，土壤粒径小，无黏性，无植物根系，含少量砾石。

黄褐色黏土层（HMC-T02）：颜色较下层浅，为黄色、褐色、黄褐色，厚度为 40cm 左右，土壤粒径大，黏性很小，无植物根系，有孔隙。

采集油菜样品 1 件（HMC-YC03）。

二、林家寨剖面

剖面位于开阳县北部楠木渡镇林家寨村，为中-上寒武统娄山关群白云岩风化剖面，剖面厚约 5.2m，从上至下分为植被、土黄色黏土层、紫红-紫黄色黏土层、黄色-褐黄色黏土层、黄褐色黏土层、深褐色黏土层和基岩(图6-2)。

基岩(LJZ-JY00)：基岩为中-上寒武统娄山关群白云岩。

深褐色黏土层(LJZ-T01)：基岩之上，颜色较深为暗褐色、深褐色，厚度0.5m，含较多的Fe、Mn质，土壤黏性差，粒径细小，有孔隙，无砾石。

黄褐色黏土层(LJZ-T02)：颜色较下部土层浅，为黄褐色、黄棕色，厚度为50cm，黏性较高，可塑性较强，无孔隙，无根系。

黄色-褐黄色黏土层(LJZ-T03~LJZ-T08)：颜色较下部土层明显变浅，下部颜色深，上部颜色浅，为黄色、灰黄色、黄棕色及褐黄色，厚度约320cm，下部土壤粒径小，较松散，有孔隙，无根系，上部土壤粒径大，无砾石，含少量根系。每隔50cm取一件土样。

紫红-紫黄色黏土层(LJZ-T09)：颜色呈黄色、紫红色、紫黄色，厚度60cm，土壤粒径大，无砾石，有少量根系，土壤中有孔隙，黏性差，有铁质结核。

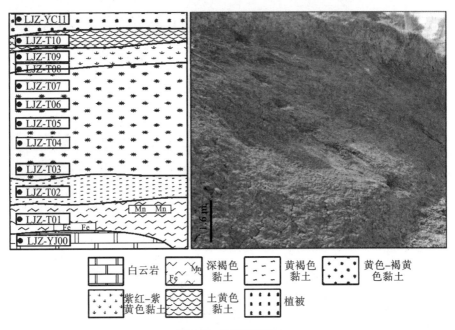

图6-2　林家寨剖面

土黄色黏土层(LJZ-T10)：颜色呈土灰色、土黄色，厚度40cm，土壤粒径大，有孔隙，无黏性，根系发达，含有少量砾石。

采集油菜样品1件(LJZ-YC11)。

三、金中镇开磷厂剖面

剖面位于开阳县贵州开磷控股集团有限公司厂区金中镇南面8km处，基岩为震旦系洋水组至灯影组纹层状磷质白云岩。整个剖面具有明显的颜色分层，由上到下可分为暗黑色黏土层、黄色黏土层(含Fe、Mn质)、黄褐色黏土层、褐色黏土层和基岩(图6-3)，每层采集样品一件。

基岩(JZKL-JY00)：震旦系灯影组灰色、灰白色白云岩，含磷质较重，水平纹层发育。

褐色黏土层(JZKL-T01)：位于基岩层之上，厚度大约40cm，颜色较深，有大量破碎状水晶产出，土壤黏性大，粒度小，可塑性强，无植物根系，无砾石。

黄褐色黏土层(JZKL-T02)：层厚度约40cm，颜色较下层浅，为黄褐色，该层土壤黏性差，粒度小，可塑性较弱，无植物根系，无砾石，含有丰富的铁质膜和锰质膜。

黄色黏土层(JZKL-T03)：厚度约30cm，该层土壤黏性大，粒度细，可塑性强，有少量植物根系，少量砾石，含有更加丰富的铁质膜和锰质膜。

暗黑色黏土层(JZKL-T04)：位于剖面顶部，与下层有明显的颜色分层，为暗黑色耕土层，厚度20～50cm，土层黏性不大，不黏手，可塑性较差，植物根系发达，有部分砾石。

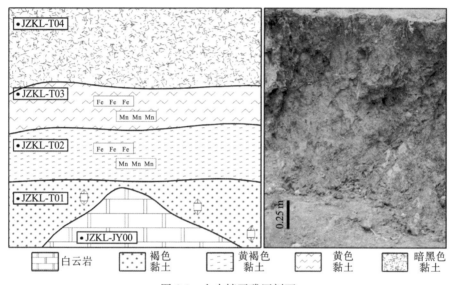

图6-3　金中镇开磷厂剖面

四、金中镇垭口剖面

剖面位于金中镇垭口采石场旁的公路边，为震旦系灯影组白云岩风化成土剖面，剖面分层明显，从上至下分别为黄褐色黏土层、暗紫黄色黏土层、粉岩层和基岩，每层采集样品一件，如图6-4所示。

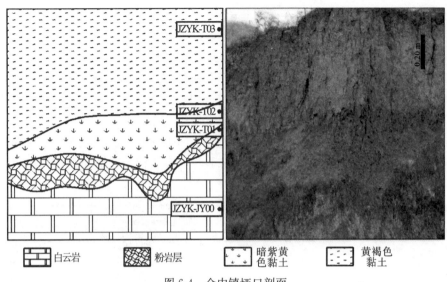

图 6-4　金中镇垭口剖面

基岩(JZYK-JY00)：震旦系灯影组灰色、灰白色厚层白云岩，风化强烈，较破碎，产状平缓。

粉岩层(JZYK-T01)：位于基岩层之上，为基岩的半风化物，呈灰白色粉末状，手抓即碎，厚度 10cm 左右。

暗紫黄色黏土层(JZYK-T02)：位于岩土界面之上，颜色较深，呈暗紫色、紫黄色，厚度为 10~20cm，该层土壤黏性较大，无植物根系，有少量溶蚀残余的基岩碎块。

黄褐色黏土层(JZYK-T03)：位于剖面顶部，颜色为黄褐色，有植物根系，为耕土层，有少量小砾石，黏性差，可塑性弱。

五、高云剖面

剖面位于开阳县城西北，双流镇至开阳县城公路旁，为修建公路时所挖剖面，底部已支护，仍可见下寒武统清虚洞组泥质白云岩出露，有大量节理。土壤剖面颜色变化不大，但厚度较大，从上至下分别为黄棕色黏土层、黄色黏土层和基岩，如图 6-5 所示。

基岩(GY-JY00)：基岩为下寒武统清虚洞组灰色、暗灰色薄层泥质白云岩，泥质较重，产状平缓，节理发育，节理面附近有许多铁质。

黄色黏土层(GY-T01~GY-T05)：厚度较大，为 3m 左右，土层颜色为黄色，土壤黏性差，土质松散，无植物根系，无砾石。

黄棕色黏土层(GY-T06)：剖面顶部为耕土层，颜色较下层深一些，为黄色、黄褐色、黄棕色黏土，厚度为 0.2~1m，有植物根系，有些许砾石。

六、白马洞北部剖面

剖面位于白马洞至开阳县城公路 2km 处，山谷断裂带附近。底部基岩呈破碎状，剖面从上至下颜色分层明显，依次为灰黑色黏土层、黄色黏土层、黄褐色黏土层、粉岩层及基岩，如图 6-6 所示。

基岩(BMDB-JY00)：基岩为下寒武统清虚洞组粉红色、肉红色、暗红色中－厚层

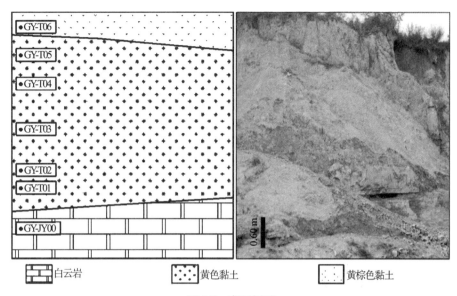

图 6-5　高云剖面

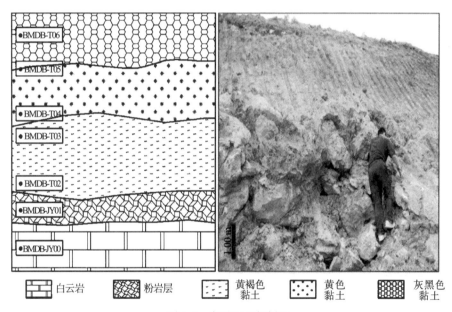

图 6-6　白马洞北部剖面

白云岩，岩石中夹许多红色、灰黑色铁质条带，并有后期硅质条带穿插的迹象，由于在断裂带附近，岩石挤压明显，破碎严重，节理发育，有断层角砾。

粉岩层（BMDB-JY01）：位于断层附近，节理发育，基岩表层风化明显，并呈碎末状，继承了基岩的颜色，呈红色，厚度变化较大。

黄褐色黏土层（BMDB-T02～BMDB-T03）：位于粉岩层之上，与基岩颜色相近，呈淡红色、黄褐色，厚度为 80～100cm，土壤黏性中到强，较黏手，可塑性较强。

黄色黏土层（BMDB-T04～BMDB-T05）：为土壤剖面的中间层，颜色从下层的黄褐色变为黄色，变化明显。

灰黑色黏土层（BMDB-T06）：位于剖面的顶部，颜色与其他层位比较变化很明显，可能是近旁寒武系底部牛蹄塘组黑色岩系风化产物，厚度约120cm。

七、白马洞南部剖面

剖面位于504矿区内，久长至开阳县城公路左侧，底部是寒武系清虚洞组白云岩，之上为黑色碳质泥岩及古代炼汞炉渣，如图6-7所示。

白云岩：底部为寒武系清虚洞组灰色、灰白色厚层白云岩，局部硅化。

强风化白云岩（BMDN-JY00）：该层风化强烈，硅化亦强烈，微节理、裂隙发育，大量充填碳质硫化物，岩石极破碎。

黑色碳质泥岩（BMDN-JY01、BMDN-JY02）：黑色碳质泥岩，致密，坚硬，有硅化物，钙质很高，硫化物高。

碳质硫质泥岩（BMDN-JY03）：黑色碳质硫质泥岩，风化强烈，呈粉状、烟灰状，高硫，厚度较薄，为20～50cm。

强烈风化碳质泥岩（BMDN-JY04）：含硫化物白云岩，岩石风化强烈，呈破碎状、裂隙发育，其间充填黄色硫化物。

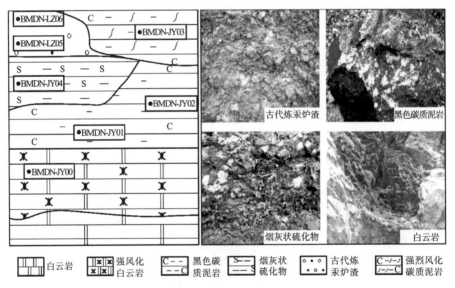

图6-7　白马洞南部剖面图

古代炼汞炉渣（BMDN-LZ05、BMDN-LZ06）：炉渣剖面位于白马洞村，久长至开阳县城公路的左侧，古代炼汞炉渣体被在建高速公路揭露。汞矿炉渣据颜色分为紫红色夹黄色炉渣如图6-8(a)～(c)，紫红色炉渣如图6-8(d)～(f)所示，黑色炉渣如图6-8(g)和图6-8(h)所示，厚度为2～20m，炉渣特征描述如下。

图6-8(a)：灰白色、黄色及黑色角砾、团块状炉渣中充填紫红色碎屑。

图6-8(b)：顶部为浅褐色和黄色，似泥状、角砾状及团块状炉渣堆积，而且具有上层粒径小，下层粒径大的特征；底部为粒径较上层小的黑色、褐色炉渣堆积，有土黄色碎屑充填。

图6-8(c)：黄色、红褐色及浅灰色角砾状、团块状炉渣中充填有紫红色碎屑。

图 6-8(d)：浅灰色、浅红色，碎屑状、似土状炉渣堆积。

图 6-8(e)：紫红色角砾状炉渣中充填红色土状碎屑。

图 6-8(f)：紫红色角砾状炉渣中充填红色、黄色及浅灰色土状碎屑。

图 6-8(g)：黑色、棕色，角砾状、块状炉渣堆积。

图 6-8(h)：黑色碎屑状、角砾状及块状炉渣堆积，充填有黑色碎屑。

图 6-8 开阳县白马洞村炼汞炉渣结构特征

八、穿洞剖面

剖面位于开阳县城南部，为中二叠统茅口组灰岩风化剖面，风化成土性差，黏土夹有碎石，厚度为 1.5～2.9m。剖面从上至下依次为土黄色表土层、黄色砾砂质土层、暗褐色黏土层和基岩，如图6-9所示。

基岩：为中二叠统灰色、灰黑色鲕状灰岩，含硅质团块和硅质条带，岩石致密，含大量生物化石。

暗褐色黏土层(CD-T00)：位于强风化基岩之上不稳定，土层较薄，厚度10cm左右，土壤黏性较大，致密，无孔隙，无植物根系，含砾石较多。

黄色砾砂质土层(CD-T01)：颜色较下部土层浅，为黄色、浅黄色，土壤中夹大量碎石，厚度50cm。

土黄色表土层：位于剖面顶部，厚度10cm，颜色呈浅黄色、灰黄色及土黄色，土壤中夹大量小碎石，有少量植物根系，土质较松散，无黏性。

图6-9 穿洞剖面

九、禾丰乡剖面

剖面位于开阳县禾丰乡，底部为震旦系灯影组白云岩、硅化白云岩，之上是厚约50cm的寒武系牛蹄塘组黑色碳质泥岩，整个剖面从上至下有明显的分层现象，依次为植被、灰黄色黏土层、暗紫色黏土层、黑色碳质泥岩、硅化白云岩和白云岩，如图6-10所示。

白云岩(HF-JY00、HF-JY01)：为震旦系灯影组灰白色厚层白云岩，产状平缓，有局部硅化现象，风化强烈。

硅化白云岩：位于白云岩之上，硅化强烈，有硅化团块。

黑色碳质泥岩(HF-JY02、HF-JY03)：寒武系牛蹄塘组碳质泥岩、页岩，风化剥蚀较强烈，呈破碎状，局部颜色较深，呈暗灰黑色、深黑色。

暗紫色黏土层：颜色较深，呈暗紫色、紫色，土壤黏性较小，无植物根系，该层较薄，厚约20cm左右，与上层具有明显的分层现象。

灰黄色黏土层(HF-T04、HF-T05)：位于剖面顶部，颜色有从下至上递变规律，即底部颜色较深，到顶部逐渐变浅，呈淡紫色、黄色及灰黄色渐变，为原生土层，有植物根系，同时有少量砾石，土壤颗粒较粗，黏性差。

禾丰乡牛蹄塘组黑色页岩系分布广泛，从南部的干塘、大满洲和水头寨，东部的茅草寨，到北部的营盘寨、蚱坝塘和核桃坪一带都有分布，露头长15km，层位稳定。禾丰乡牛蹄塘组黑色高碳质页岩，其露头长大约 5km，碳质页岩厚度为 1~10m，含硒碳质页岩厚度为 0.3~6.0m，富硒高碳质页岩厚度为 0.3~1.2m，其中以营盘寨和周家碾坊剖面最具有代表性，如图 6-11 所示。

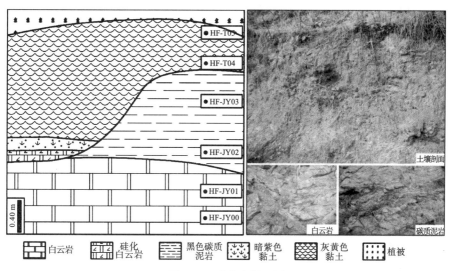

图 6-10　禾丰乡剖面图

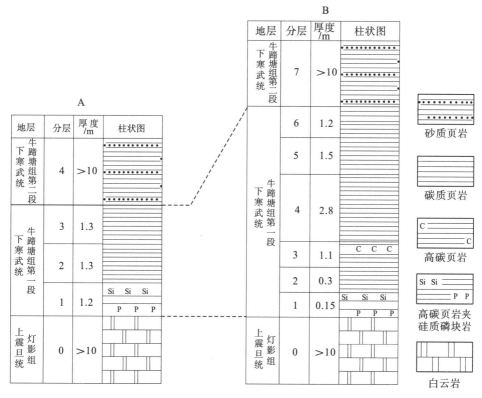

图 6-11　禾丰黑色页岩系岩性柱状图

A. 营盘寨剖面；B. 周家碾坊剖面

1. 营盘寨黑色页岩剖面

上覆地层

(4)牛蹄塘组第二段：灰色、黄绿色砂质页岩，厚度>10m。

　　牛蹄塘组第一段：

(3)黑色碳质页岩，厚度为1.3m。

(2)黑色碳质页岩，风化后呈灰黄色、褐黄色，厚度为1.3m。

(1)黑色高碳质页岩夹深灰色薄层硅质磷块岩，含极少量黄铁矿，厚度为1.2m。

下伏地层

(0)上震旦统灯影组：浅灰色、灰色中厚层白云岩，厚度>10m。

2. 周家碾坊黑色页岩剖面

上覆地层

(7)牛蹄塘组第二段：灰色、黄绿色砂质页岩，厚度大于10m。

　　牛蹄塘组第一段：

(6)黑色碳质页岩，炭质逐渐减少，厚度为1.2m。

(5)褐黑色碳质页岩，厚度为1.5m。

(4)黑色碳质页岩，厚度为2.8m。

(3)黑色碳质页岩夹黑色高炭质页岩，厚度为1.1m。

(2)黑色高碳质页岩，容易破碎，厚度为0.3m。

(1)深灰色薄层硅质磷块岩，含少量分散黄铁矿，厚度为0.15m。

下伏地层

(0)上震旦统灯影组：浅灰色、灰色中厚层白云岩，厚度>10m。

十、岩脚煤矿剖面

剖面位于开阳县西南部，禾丰乡北部岩脚煤矿，为二叠系地层风化剖面。测量两个剖面：一是二叠系茅口组灰岩风化剖面，从上至下依次为暗紫褐色黏土层、黄褐色黏土和基岩；另一条是二叠系吴家坪组砂岩风化剖面，分为两层即堆积砾砂土层和基岩。

茅口组灰岩风化剖面如图6-12所示。

基岩(YJ-JY00)：中二叠统茅口组灰色、灰白色、灰黑色及浅红色块状灰岩，节理发育，岩石较破碎。

黄褐色黏土层(YJ-T01)：位于基岩之上，呈棕色、黄褐色，土壤黏性大，粒径小，有孔隙，无砾石，无植物根系，厚度为80cm。

暗紫褐色黏土层(YJ-T02)：位于剖面的顶部，呈棕色、暗紫褐色，土壤无黏性，粒径小，有植物根系，较致密，厚度为110～120cm。

吴家坪组砂岩风化剖面如图6-13所示。

基岩：上二叠统吴家坪组砂岩。

堆积砾砂土(YJ-T03)：厚度为2.1～2.5m，呈黄色、浅黄色及土黄色，土壤粒径大，较松散，黏性小，土壤中含有较多粒径在10cm左右的碎石。

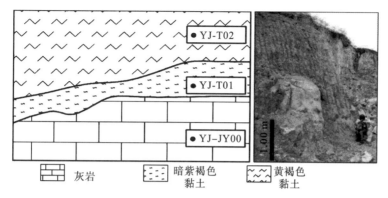

图 6-12　岩脚煤矿茅口组灰岩剖面

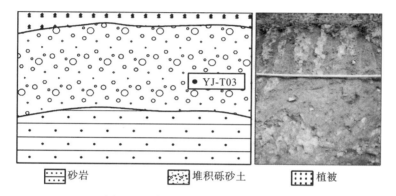

图 6-13　岩脚煤矿吴家坪组砂岩剖面

十一、顶方剖面

剖面位于开阳县城南部，为中-上寒武统娄山关群白云岩风化剖面，剖面厚度约 2.5m，从上至下分别为植被、黄褐色黏土层、土黄色黏土层和基岩，如图 6-14 所示。

基岩（DF-JY00）：基岩为中-上寒武统娄山关群深灰色厚层状细晶白云岩。

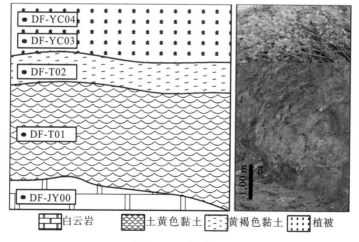

图 6-14　顶方剖面

土黄色黏土层(DF-T01)：为风化残积层，含白云岩砾石黏土，颜色呈褐色、土黄色和浅黄色，厚度1.2m。

黄褐色黏土层(DF-T02)：为耕土层，根系发育，颜色呈黄褐色、褐色。

采集油菜样品2件(DF-YC03、DF-YC04)。

十二、哨上林中剖面—高枧剖面

(一)哨上林中剖面

哨上林中剖面是保存比较完整的红黏土剖面，如图6-15所示，基底岩石为产状平缓的震旦系灯影组白云岩，风化剖面厚度较大，为2~7m。从剖面垂向特征分析，与其他红黏土剖面结构分层类似，从上往下依次为：表土层、土黄色黏土层、紫红－紫褐色黏土层、暗紫褐色黏土层、粉岩层和基岩。

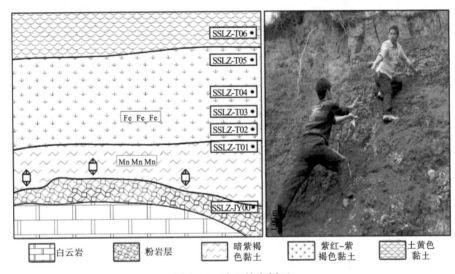

图6-15　哨上林中剖面

基岩：基岩为产状平缓的震旦系灯影组灰色厚层白云岩，岩石致密，水平纹层发育，局部硅化，可见硅质团块。哨上林中剖面没有采到基岩样品，因禾丰剖面基岩与其为同一层位，可以参照禾丰基岩样品。

粉岩层(SSLZ-JY00)：遭受强烈风化，底部呈碎块状，中部为砾状，上部为砂状。底部块体大小为2~20cm，颜色呈灰色，水平排列整齐，并有少许角砾；中部砾石直径小于2cm，颜色呈灰色，排列无序；上部为砂状，颜色为灰白色，有小部分已固结成团状。

暗紫褐色黏土层(SSLZ-T01)：分布在粉岩层之上，颜色深呈暗紫褐色，黏土黏性较大，粒度较细，可塑性较强，无植物根系，有少量砾石，厚度变化不大，厚140~160cm。具有毫米级的纹层结构和含锰质膜黏土层。

紫红-紫褐色黏土层(SSLZ-T02~SSLZ-T05)：位于暗紫褐色黏土层之上，呈紫红、紫褐色，它与下部黏土层之间界线不明显，呈过渡关系。该层土壤黏性大，粒度细，可塑性较强，无植物根系，无砾石，厚度一般为100~300cm，其中有5mm厚紫红色铁质岩，并有大量小水晶产出。

土黄色黏土层(SSLZ-T06)：与下层紫红-紫褐色黏土层有明显的界线。颜色为土黄色，黏性较差，粒度大，有少量砾石，有机质含量较高，有植物根系，厚度一般为50~140cm。

表土层：与土黄色黏土层逐渐过渡，颜色呈黑黄色，根系发达，有机质含量较高，是植物生长层；有少量砾石，土壤粒度大，黏性较差，厚度为20~50cm。

(二)哨上高枧剖面

哨上高枧剖面为一辅助剖面，如图6-16所示，剖面为坡积物，无明显的分层现象，剖面高约2m，每隔50cm均匀采集样品一件，计4件样品，样品号为SSGJ-T00~SSGJ-T03。该剖面颜色较浅，呈灰黄色，有些许植物根系，含少部分砾石，土壤黏性差，可塑性较差。

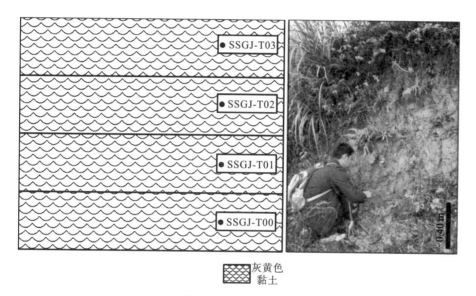

图 6-16　哨上高枧剖面

第四节　土壤剖面元素地球化学特征

对开阳地区13条风化剖面采集的70件岩土样品和4件油菜样品进行分析测试。测试了Na、K、Ca、Mg、Fe、Al和Ti等7种常量元素含量；Se、V、Co、Cu、Zn、Mn和Mo等7种微量元素含量；以及As、Cd、Cr和Pb等4种重金属元素含量(表6-2)。重点讨论剖面上以Se为主的各种元素的变化情况，研究风化剖面岩土中富集的元素地球化学特征。将基岩所测试的各元素含量与地壳丰度比较，判定剖面基岩元素含量的高低；将所测得的土壤A层（即耕土样品）元素含量与中国土壤（A层）背景值进行比较，判定剖面土壤元素含量的高低。如果基岩中某些元素为富集或相对富集，即富集系数k在$k \geq 3$或$1 \leq k < 3$时，土壤中这些元素也表现为富集或相对富集。基岩中的某些元素含量不高，而土壤中相对应的元素为富集或相对富集，说明这些元素在风化过程中产生富集，

表6-2　开阳岩石、土壤及农作物元素含量特征

样品号	样品类别	Na/%	K/%	Ca/%	Mg/%	Fe/%	Al/%	Ti/%	Se/(mg/kg)	V/(mg/kg)	Co/(mg/kg)	Cu/(mg/kg)	Zn/(mg/kg)	Mn/(mg/kg)	Mo/(mg/kg)	As/(mg/kg)	Cd/(mg/kg)	Cr/(mg/kg)	Pb/(mg/kg)
HMC-JY00	黑色薄层硅质白云岩	0.01	0.03	0.14	0.02	0.40	0.19	0.007	2.0	118	0.6	11.0	10	237	1.50	7.3	1.09	67	1.0
HMC-T01	暗褐色黏土	0.07	1.22	0.09	0.52	6.32	10.35	0.475	4.0	1050	13.1	122.5	349	7890	4.95	114.5	17.80	708	26.7
HMC-T02	黄褐色黏土	0.06	1.29	0.09	0.61	7.94	11.00	0.533	5.0	1240	16.5	152.0	468	13900	7.35	146.0	51.60	708	29.0
HMC-YC03	油菜	0.08	2.62	1.51	0.26	0.07	0.12	0.005	2.0	4	0.2	10.4	46	439	0.40	1.3	6.53	2	2.0
LJZ-JY00	白云岩	0.01	0.06	21.50	13.80	0.25	0.11	0.005	1.0	4	1.5	2.6	3	90	0.43	16.0	0.02	<1	2.1
LJZ-T01	深褐色黏土	0.06	2.85	0.08	0.69	7.75	9.94	0.495	2.0	201	254.0	90.1	141	2320	9.89	111.0	0.43	103	304.0
LJZ-T02	黄褐色黏土	0.06	2.27	0.05	0.55	7.44	11.10	0.516	2.0	253	86.2	86.3	141	429	9.34	83.5	0.22	113	109.5
LJZ-T03	褐黄色黏土	0.06	1.99	0.05	0.48	7.73	11.75	0.553	2.0	260	44.7	84.1	160	315	8.32	75.9	0.17	127	82.6
LJZ-T04	黄褐色黏土	0.06	2.07	0.06	0.56	7.43	11.55	0.506	2.0	238	63.3	81.9	150	453	8.75	83.6	0.20	110	114.5
LJZ-T05	黄棕色黏土	0.06	1.93	0.08	0.54	7.35	11.75	0.542	2.0	244	41.9	85.0	168	399	8.55	79.2	0.23	125	93.7
LJZ-T06	灰黄色黏土	0.06	1.53	0.12	0.50	5.62	9.76	0.576	2.0	183	25.1	57.8	111	516	6.55	59.2	0.16	110	53.3
LJZ-T07	黄色黏土	0.06	1.67	0.14	0.55	6.61	10.90	0.591	2.0	215	18.3	66.6	124	266	7.53	63.7	0.18	119	46.7
LJZ-T08	黄色黏土	0.05	1.78	0.13	0.47	5.80	8.15	0.477	2.0	194	17.6	63.1	105	316	9.49	66.7	0.18	113	40.1
LJZ-T09	紫红-紫黄色黏土	0.06	1.47	0.16	0.48	5.57	8.86	0.605	2.0	166	19.8	50.2	95	623	6.76	53.1	0.18	122	46.5
LJZ-T10	土黄色黏土	0.06	1.58	0.22	0.51	5.59	9.64	0.583	3.0	184	23.4	75.9	169	393	6.88	49.0	0.52	118	60.7
LJZ-YC11	油菜	0.03	3.35	1.57	0.36	0.09	0.10	0.006	2.0	2	0.6	6.7	39	45	0.89	1.2	0.48	2	2.6
JZKL-JY00	灰色、灰白色白云岩	0.02	0.01	19.20	12.15	0.97	0.04	<0.005	1.0	1	2.1	1.7	7	4170	0.40	5.0	0.46	1	1.6
JZKL-T01	褐色黏土层	0.07	1.46	0.46	0.74	6.68	10.30	0.426	1.0	179	25.7	62.7	718	2130	4.91	66.6	4.91	93	243.0
JZKL-T02	黄褐色黏土	0.06	1.06	0.28	0.55	4.65	7.29	0.396	1.0	117	21.7	39.3	378	2680	2.95	37.2	3.59	67	178.5
JZKL-T03	黄褐色黏土	0.07	1.06	0.39	0.51	4.16	6.15	0.396	1.0	96	23.5	33.6	285	5660	2.17	25.2	2.08	60	144.0
JZKL-T04	暗黑色黏土	0.08	1.00	1.41	0.36	2.81	4.52	0.314	1.0	62	13.5	26.4	195	1980	1.28	19.0	2.22	48	104.5
JZYK-JY00	灰色、灰白色白云岩	0.02	0.01	20.50	13.05	0.08	0.03	<0.005	1.0	2	0.8	2.0	12	478	0.15	<5	0.62	2	4.5

续表

样品号	样品类别	Na/%	K/%	Ca/%	Mg/%	Fe/%	Al/%	Ti/%	Se/(mg/kg)	V/(mg/kg)	Co/(mg/kg)	Cu/(mg/kg)	Zn/(mg/kg)	Mn/(mg/kg)	Mo/(mg/kg)	As/(mg/kg)	Cd/(mg/kg)	Cr/(mg/kg)	Pb/(mg/kg)
JZYK-JY01	粉岩层	0.05	0.87	0.80	0.72	7.47	9.90	0.304	2.0	251	36.0	84.5	1360	2100	11.15	137.5	13.75	96	471.0
JZYK-T02	暗紫黄色黏土	0.05	0.88	0.26	0.62	7.69	10.35	0.360	2.0	240	45.5	89.9	1380	3300	10.70	129.5	10.05	92	558.0
JZYK-T03	黄褐色黏土	0.05	0.60	0.22	0.43	4.20	6.23	0.268	1.0	146	31.6	42.6	493	1400	6.47	54.9	2.96	70	297.0
GY-JY00	灰色,暗灰色白云岩	0.03	1.01	16.10	10.50	0.56	1.31	0.066	2.0	18	2.5	6.5	12	79	0.66	6.0	0.04	13	4.1
GY-T01	黄色黏土	0.06	2.16	0.10	0.37	3.56	7.54	0.497	1.0	95	17.9	26.3	66	587	2.15	35.6	0.06	70	30.9
GY-T02	黄色黏土	0.06	2.09	0.07	0.35	3.78	7.45	0.544	1.0	102	21.4	25.3	69	775	2.38	35.9	0.06	75	36.1
GY-T03	黄褐色黏土	0.06	2.05	0.09	0.38	4.06	7.75	0.502	1.0	100	24.3	27.7	68	899	2.50	39.5	0.07	82	37.4
GY-T04	黄色黏土	0.06	2.01	0.11	0.44	4.59	8.37	0.499	1.0	116	20.5	35.3	81	467	2.82	46.1	0.09	81	35.5
GY-T05	黄色黏土	0.07	2.08	0.10	0.43	4.20	8.18	0.507	1.0	108	20.9	29.7	75	593	2.62	41.0	0.07	80	34.9
GY-T06	黄棕色黏土	0.10	2.06	0.21	0.33	2.60	4.92	0.424	2.0	67	14.1	17.2	52	857	2.29	29.1	0.22	52	32.9
BMDB-JY00	肉红色中厚层白云岩	0.01	0.03	32.60	0.80	1.55	0.19	0.007	2.0	19	1.1	4.6	20	51	0.55	90.0	0.75	11	15.9
BMDB-JY01	粉岩层	0.05	1.61	0.57	0.59	4.80	8.61	0.310	2.0	148	14.4	40.0	145	1040	1.27	41.6	4.46	116	56.4
BMDB-T02	淡红色黏土	0.05	1.61	0.52	0.61	5.10	8.46	0.315	1.0	148	14.5	38.9	147	1400	1.23	46.2	2.36	119	70.4
BMDB-T03	黄褐色黏土	0.05	1.20	0.28	0.41	3.56	6.11	0.316	1.0	109	12.7	28.7	92	1040	1.04	35.6	1.59	92	65.7
BMDB-T04	黄褐色黏土	0.06	0.95	0.16	0.22	2.73	3.94	0.357	1.0	72	14.4	18.9	59	1100	1.05	36.0	0.59	64	47.1
BMDB-T05	黄褐色黏土	0.08	1.17	0.47	0.43	2.92	5.14	0.357	2.0	84	14.5	25.8	96	2340	1.39	28.0	0.73	59	34.2
BMDB-T06	灰黑色黏土	0.06	0.93	3.09	2.01	2.16	4.53	0.366	2.0	70	11.3	17.2	56	1420	1.63	23.9	0.48	47	27.1
BMDN-JY00	强风化白云岩	0.02	0.87	0.05	0.20	2.25	3.14	0.210	2.0	43	7.1	43.8	97	44	30.20	511.0	0.85	33	128.0
BMDN-JY01	黑色碳质泥岩	0.01	0.34	29.30	0.48	4.63	0.81	0.034	3.0	16	4.2	3.7	6	329	5.18	16.0	0.12	11	6.2
BMDN-JY02	黑色碳质泥岩	0.02	2.23	6.17	1.15	3.87	8.34	0.401	4.0	178	16.2	10.4	24	92	7.81	37.9	0.23	90	21.5
BMDN-JY03	碳质硫质泥岩	0.02	0.86	4.07	0.35	2.33	5.93	0.361	8.0	79	5.6	18.0	90	444	0.71	17.8	0.12	51	21.7
BMDN-JY04	强烈风化碳质泥岩	0.02	1.08	0.03	0.26	1.75	4.21	0.217	2.0	59	13.5	70.6	29	41	6.32	238.0	0.10	42	16.0

续表

样品号	样品类别	Na/%	K/%	Ca/%	Mg/%	Fe/%	Al/%	Ti/%	Se/(mg/kg)	V/(mg/kg)	Co/(mg/kg)	Cu/(mg/kg)	Zn/(mg/kg)	Mn/(mg/kg)	Mo/(mg/kg)	As/(mg/kg)	Cd/(mg/kg)	Cr/(mg/kg)	Pb/(mg/kg)
BMDN-LZ05	紫红色汞矿炉渣	0.03	1.19	0.28	0.40	6.37	5.31	0.281	15.0	108	9.9	59.5	127	91	182.00	1855.0	0.76	66	49.1
BMDN-LZ06	紫红色汞矿炉渣	0.02	0.41	10.85	5.72	2.90	3.45	0.116	18.0	71	37.7	39.1	707	466	838.00	591.0	1.52	28	30.1
CD-T00	暗褐色黏土	0.05	0.97	0.37	0.41	3.34	6.41	0.359	5.0	299	13.5	43.4	159	770	4.57	30.6	6.01	179	36.8
CD-T01	黄色砾砂质土	0.02	0.39	0.16	0.15	1.64	2.81	0.164	1.0	99	10.0	18.7	60	324	1.48	10.1	0.33	54	16.3
HF-JY00	灰白色白云岩	0.02	1.10	10.75	6.73	6.40	4.49	0.197	2.0	174	80.7	42.5	344	2220	32.30	111.0	1.11	47	36.2
HF-JY01	灰白色白云岩	0.03	0.34	20.90	8.95	1.01	0.95	0.037	4.0	114	5.6	12.9	177	790	55.50	178.0	1.78	31	66.3
HF-JY02	黑色碳质泥岩	0.02	1.63	0.09	0.35	13.10	5.64	0.262	5.0	241	1.2	34.5	34	21	92.00	182.0	0.16	66	18.0
HF-JY03	黑色碳质泥岩	0.02	0.73	8.06	0.24	12.40	5.36	0.095	76.0	2370	116.0	275.0	665	1340	1550.00	4990.0	10.20	303	132.5
HF-T04	土黄色黏土	0.04	2.77	0.64	0.80	4.22	8.00	0.385	7.0	404	30.7	64.3	226	668	81.60	82.0	2.56	96	40.0
HF-T05	灰黄色黏土	0.01	0.40	0.05	0.12	20.60	2.71	0.069	2.0	53	339.0	68.2	395	8460	43.30	138.5	1.37	22	6.5
YJ-JY00	茅口组灰岩	0.02	0.01	0.05	0.02	31.50	0.20	0.017	191.0	5	4.4	189.5	2	<5	13.15	36.1	0.61	1	60.7
YJ-T01	黄褐色黏土	0.06	1.40	0.72	0.88	5.42	9.89	0.480	4.0	456	18.1	74.2	353	555	3.88	42.0	4.92	555	35.4
YJ-T02	暗紫褐色黏土	0.06	1.38	0.70	0.90	5.57	10.30	0.495	3.0	453	19.6	78.4	375	452	4.17	40.9	3.26	537	33.6
YJ-T03	堆积砾砂土	0.07	0.81	0.17	0.32	5.67	4.46	0.776	2.0	142	25.0	32.4	78	2000	2.36	26.9	0.36	71	19.9
DF-JY00	深灰色白云岩	0.03	0.81	17.70	10.95	0.82	0.92	0.062	2.0	19	2.7	11.4	5	159	2.61	32.0	0.05	8	26.5
DF-T01	土黄色黏土	0.05	1.39	0.08	0.38	5.54	8.04	0.435	2.0	119	36.7	44.1	89	2260	6.70	83.8	0.19	67	129.5
DF-T02	黄褐色黏土	0.04	1.30	0.07	0.40	5.77	7.58	0.381	2.0	114	37.3	44.7	86	1660	6.03	90.6	0.28	66	122.0
DF-YC03	油菜	0.03	1.16	0.93	0.23	0.18	0.17	0.010	2.0	4	1.1	6.9	54	216	0.35	2.0	0.71	4	2.2
DF-YC04	油菜	0.18	3.05	1.49	0.37	0.23	0.22	0.015	2.0	4	0.9	8.3	29	56	0.71	2.3	0.30	4	2.9
SSLZ-JY00	粉岩层	0.01	0.13	0.12	0.23	19.00	3.06	0.011	8.0	239	17.9	114.0	188	10250	13.65	240.0	18.40	72	171.5
SSLZ-T01	暗紫褐色黏土	0.02	0.13	0.06	0.21	18.40	3.58	0.012	3.1	248	18.0	110.0	232	15350	10.25	223.0	17.45	78	141.5
SSLZ-T02	紫红色黏土	0.01	0.12	0.06	0.10	7.31	2.85	0.008	2.1	129	77.9	55.7	174	7310	28.90	156.5	3.47	37	56.0

续表

样品号	样品类别	Na/%	K/%	Ca/%	Mg/%	Fe/%	Al/%	Ti/%	Se/(mg/kg)	V/(mg/kg)	Co/(mg/kg)	Cu/(mg/kg)	Zn/(mg/kg)	Mn/(mg/kg)	Mo/(mg/kg)	As/(mg/kg)	Cd/(mg/kg)	Cr/(mg/kg)	Pb/(mg/kg)
SSLZ-T03	紫褐色黏土	0.01	0.14	0.05	0.16	7.72	2.86	0.006	3.3	102	20.7	66.1	173	2230	11.05	89.5	10.65	48	56.2
SSLZ-T04	紫红-紫褐色黏土	0.01	0.12	0.03	0.08	6.37	1.96	<0.005	1.2	116	11.6	55.7	157	431	38.80	126.0	0.79	33	40.8
SSLZ-T05	紫红-紫褐色黏土	0.01	0.10	0.03	0.09	7.34	2.33	0.006	1.3	137	39.7	48.1	131	2460	28.70	214.0	1.10	42	62.7
SSLZ-T06	土黄色黏土	0.01	0.11	0.02	0.10	5.72	2.78	0.006	1.0	127	24.2	43.5	111	895	22.60	168.0	0.59	50	46.1
SSGJ-T00	灰黄色黏土	0.01	0.14	0.12	0.23	4.72	2.41	0.006	2.1	189	17.4	53.7	309	802	125.00	352.0	0.83	48	102.5
SSGJ-T01	灰黄色黏土	0.01	0.15	0.26	0.22	4.56	2.21	0.007	2.4	183	21.8	56.8	168	928	128.00	316.0	0.85	42	51.9
SSGJ-T02	灰黄色黏土	0.01	0.13	0.47	0.20	4.18	2.09	0.007	2.4	123	26.5	52.9	166	1320	110.00	216.0	0.55	33	49.2
SSGJ-T03	灰黄色黏土	0.01	0.13	0.47	0.13	4.29	1.80	0.006	2.0	114	28.4	72.5	166	1300	122.50	227.0	0.68	28	50.9
土壤背景值[1]	土壤(A)层	1.02	1.86	1.54	0.78	2.94	6.62	0.380	0.29	82.4	12.7	22.6	74.2	583	2.00	11.2	0.097	61	26
地壳丰度[2]	岩石	2.30	1.70	5.20	2.80	4.80	8.30	0.640	0.08	140	25.0	63.0	94	1300	1.30	2.2	0.20	110	0.01

注：[1]引自中国环境监测总站(1990)；[2]引自黎彤(1976)。

称之为风化富集。继承基岩而富集的元素不排除有风化富集的过程。仅仅是风化富集的元素其基岩背景没有为之提供充足的物质来源。基岩元素背景值高，土壤元素特高，这种情况有可能是基岩富集和风化富集双重作用的结果。

一、黄木村剖面

黄木村剖面是中二叠统茅口组深黑色薄层硅质白云岩风化剖面，基岩样品中 Se、As、Cd 和 Pb 等含量较高，分别是地壳丰度的 25 倍、3.32 倍、5.45 倍和 100 倍；基岩 Mo 相对富集，是地壳丰度的 1.15 倍；其他元素含量较低，Na 含量最底。黄木村剖面基岩中富集元素含量及富集系数见表6-3。

表土层土壤样品中 $k \geqslant 3$ 的富集元素有 Se、V、Cu、Zn、Mn、Mo、As、Cd 9 种；$1 \leqslant k < 3$ 的相对富集元素有 Fe、Al、Ti、Co 和 Pb 等 5 种，见表6-4；土壤剖面中 $k < 1$ 的贫化元素有 Na、K、Ca 和 Mg 等 4 种，见表6-2。

从土壤剖面来看，剖面顶部元素富集更为明显。对比基岩和表土层土壤元素含量，可以看出，Se、As、Cd、Mo 和 Pb 等元素具有明显的继承基岩而富集的特征；Fe、Al、Ti、V、Co、Cu、Zn、Mn 和 Cr 等元素则具有明显的风化富集特征；土壤中 Se、Mn、V 和 Cd 等 4 种元素富集系数都在 15 以上，富集程度较高。黄木村剖面元素富集系数蛛网图反映了垂直剖面上元素含量的变化情况，如图 6-17 所示。

表 6-3　黄木村基岩富集元素含量

元素	含量/(mg/kg)	富集系数	元素	含量/(mg/kg)	富集系数
		富集元素($k \geqslant 3$)			
Se	2.00	25.00	As	7.3	3.32
Cd	1.09	5.45	Pb	1.0	100.00
		相对富集元素($1 \leqslant k < 3$)			
Mo	1.5	1.15			

表 6-4　黄木村表土层富集元素含量

元素	含量	富集系数	元素	含量	富集系数
		富集元素($k \geqslant 3$)			
Se	5.0	17.24	V	1240	15.05
Cu	152.0	6.73	Zn	468	6.31
Mn	13900	23.84	Mo	7.35	3.68
As	146.0	13.04	Cd	51.60	531.96
Cr	708.0	11.61			
		相对富集元素($1 \leqslant k < 3$)			
Fe	7.94	2.70	Al	11.0	1.66
Ti	0.533	1.40	Co	16.5	1.30
Pb	29.0	1.12			

注：Fe、Al 和 Ti 含量为％，其他元素含量为 mg/kg。

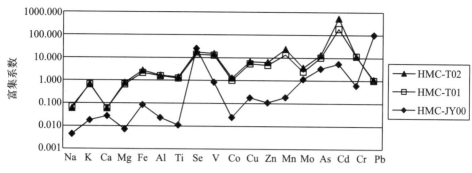

图6-17 黄木村剖面元素富集系数蛛网图

黄木村剖面采集油菜样品1件(HMC-YC03),测试其中的Se含量为2mg/kg,据中国有机农业网提供的数据,富硒农产品粮食、油料及其制品含硒量为0.1~0.3mg/kg,相比之下黄木村采集的油菜硒含量较高。

黄木村剖面基岩中Se的含量是地壳丰度的25倍,Se在表土层土壤的富集系数达17,所以在这样的富硒地质环境之上种植的油菜也富集Se。如图6-18可知,高Se背景值的基岩在风化成土形成的土壤中进一步富集Se,其中种植的油菜虽然Se含量减少,但是比较之下明显地表现出在农作物中富硒特征。黄木村剖面基岩Se含量为2mg/kg;在土壤剖面中底部含量为4mg/kg,土壤剖面顶部最为富集,达5mg/kg,说明土壤中Se具有继承基岩和后期风化富集的双重特征。

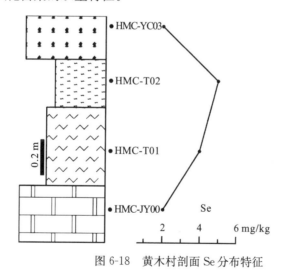

图6-18 黄木村剖面Se分布特征

二、林家寨剖面

林家寨剖面为中-上寒武统娄山关群白云岩风化成土剖面,基岩中Ca、Mg、Se、As和Pb等元素含量较高,分别是地壳丰度的4.13倍、4.93倍、13倍、7.27倍和210倍,其含量及富集系数见表6-5;其他元素含量较低,Na含量最低,如表6-2所示。

表 6-5　林家寨基岩富集元素含量

元素	含量	富集系数	元素	含量	富集系数
富集元素($k \geqslant 3$)					
Ca	21.50	4.13	Mg	13.80	4.93
Se	1.0	13.00	As	16.0	7.27
Pb	2.1	210.00			

注：Ca 和 Mg 含量为％，其他元素含量为 mg/kg。

表土层土壤样品中 $k \geqslant 3$ 的富集元素有 Se、Cu、Mo、As 和 Cd 等 5 种；$1 \leqslant k < 3$ 的相对富集元素有 Fe、Al、Ti、V、Co、Zn、Cr 和 Pb 等 8 种，它们的含量见表 6-6；土壤剖面中 $k < 1$ 的贫化元素有 Na、K、Ca、Mg 和 Mn 等 5 种，其含量如表 6-2 所示。

表 6-6　林家寨表土层富集元素含量

元素	含量	富集系数	元素	含量	富集系数
富集元素($k \geqslant 3$)					
Se	3.0	10.3	Cu	75.9	3.36
Mo	6.88	3.44	As	49.0	4.38
Cd	0.52	5.36			
相对富集元素($1 \leqslant k < 3$)					
Fe	5.59	1.90	Al	9.64	1.46
Ti	0.583	1.53	V	184	2.23
Co	23.4	1.84	Zn	169	2.28
Cr	0.52	1.93	Pb	60.7	2.33

注：Fe、Al 和 Ti 含量为％，其他元素含量为 mg/kg。

对比基岩和表土层土壤样品元素含量，林家寨风化剖面 Se、As 和 Pb 这 3 种元素具有继承基岩而富集的特征；Fe、Al、Ti、V、Co、Cu、Zn、Mo、Cd 和 Cr 等 10 种元素则具风化富集的特征；Ca 和 Mg 在基岩中含量高，风化后元素流失迁移而在土壤中表现为贫乏；Na 在基岩和土壤中都很贫乏，如图 6-19 所示。

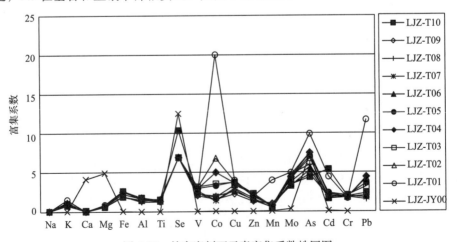

图 6-19　林家寨剖面元素富集系数蛛网图

从整个土壤剖面来看，在剖面底部（LJZ-T01）样品中 Co、Cu、Mn、Mo、As、Cd 和 Pb 等 7 种元素含量明显高于其他土壤层；表土层样品中除 Se 含量明显高于整个风化土壤剖面的平均含量外，其他元素均接近于该剖面的平均值。从风化剖面的纵向变化可知，Se 在剖面中下部含量无分异，含量均是 2mg/kg，至剖面顶部表层土中含量增大至 3mg/kg，如图 6-20 所示，这种元素顶部富集现象可能与耕作层有机质含量较高和作物根系的吸附富集有关。

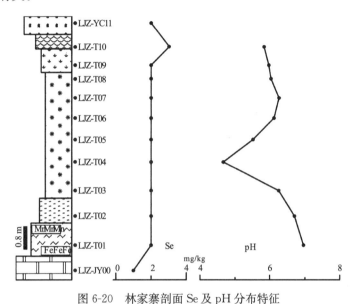

图 6-20　林家寨剖面 Se 及 pH 分布特征

林家寨剖面采集油菜样品 1 件（LJZ-YC11），测试其 Se 含量为 2mg/kg。

三、金中镇开磷厂剖面

金中镇开磷厂剖面为震旦系洋水组至灯影组磷质白云岩风化剖面，基岩样品中 Ca、Mg、Se、Mn 和 Pb 等 5 种元素富集，分别是地壳丰度的 3.69、4.34、12.50、3.21 和 160 倍；As 和 Cd 两种元素相对富集，分别是地壳丰度的 2.27 和 2.30 倍。其他元素含量较低，Al 含量最低。金中镇开磷厂剖面基岩中富集元素含量及富集系数见表 6-7。

表 6-7　金中镇开磷厂基岩富集元素含量

元素	含量	富集系数	元素	含量	富集系数
富集元素（$k \geqslant 3$）					
Ca	19.20	3.69	Mg	12.15	4.34
Se	1.0	12.50	Mn	4170	3.21
Pb	1.6	160.00			
相对富集元素（$1 \leqslant k < 3$）					
As	5.0	2.27	Cd	0.46	2.30

注：Ca 和 Mg 的含量为％，其他元素含量为 mg/kg。

表土层土壤样品中 $k \geqslant 3$ 的富集元素有 Se、Mn、Cd 和 Pb 等 4 种；$1 \leqslant k < 3$ 的相对富集元素有 Co、Cu、Zn 和 As 等 4 种，它们的含量见表 6-8；该层土壤样品 $k < 1$ 的贫化元素有 Na、K、Ca、Mg、Fe、Al、Ti、V、Mo 和 Cr 等 10 种，其含量如表 6-2 所示。

表 6-8　金中镇开磷厂表土层富集元素含量

元素	含量/（mg/kg）	富集系数	元素	含量/（mg/kg）	富集系数
富集元素（$k \geqslant 3$）					
Se	1.0	3.45	Mn	1980	3.40
Cd	2.22	22.89	Pb	104.5	4.02
相对富集元素（$1 \leqslant k < 3$）					
Co	13.5	1.06	Cu	26.4	1.17
Zn	195	2.63	As	19.0	1.70

整个剖面土壤样品 $k_{均} > 3$ 的元素有 Se、Mn、Zn 和 Pb 等 4 种元素，如图 6-21 所示；其含量特征如下所述。

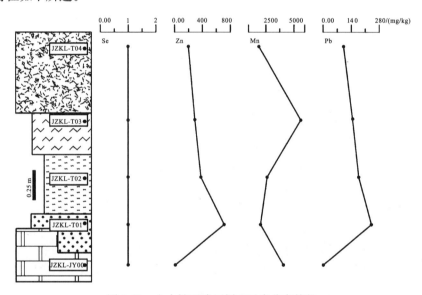

图 6-21　金中镇开磷厂剖面元素分布特征

Se：中国土壤 Se 的背景值为 0.23mg/kg，碳酸盐岩风化形成的红黏土中 Se 含量为 0.48mg/kg，贵州省土壤 Se 的平均含量为 0.39mg/kg（王甘露和朱笑青，2003）。研究剖面有 5 个样品，Se 含量均为 1mg/kg，无明显分异现象，属富硒地质环境。王世杰等（1999，2001）认为基岩中 Se 含量控制着其风化形成的红黏土中 Se 的含量。另外，铁质层、pH 也是 Se 富集的关键因素。

Mn：中国土壤 Mn 的背景值为 617mg/kg，灰岩风化形成的黏土中 Mn 含量为 1397mg/kg，白云岩风化的土壤中 Mn 含量为 1004mg/kg。研究剖面黏土 Mn 含量较高，为 1980～5660mg/kg，平均含量为 3113mg/kg，剖面中部黄色黏土层（JZKL-T03）含量最高，为 5660mg/kg；在其他层位 Mn 含量变化不大；整个剖面表现出较强的 Mn 富集特征,上部土壤遭受强烈淋溶,含 Mn 流体向下迁移过程中在高 pH 环境中形成锰质膜是 Mn 富集的主要原因,碱性障是 Mn 富集的关键因素。

Zn:中国土壤 Zn 的背景值为 83.1mg/kg,碳酸盐岩风化形成的红黏土中 Zn 的含量为 409mg/kg。研究剖面土壤样品从底部到顶部,Zn 含量逐渐减小且变化很大,含量为 195~718mg/kg,平均含量为 394mg/kg。底部黏土含 Zn 最高,为 718mg/kg,剖面顶部含量最低,为 195mg/kg。Zn 的富集与 Pb 类似。

Pb:中国土壤 Pb 的背景值为 24.3mg/kg,碳酸盐岩风化的红黏土中含量为 134mg/kg。研究剖面 Pb 具底部富集特征,含量在 104.5~243mg/kg,平均含量为 167.5mg/kg。剖面上存在明显的纵向变化,底部黏土含量较高,为 243mg/kg;上部黏土含量逐渐减低,Pb 的底部富集与淋滤作用有关。

从表 6-7、表 6-8 和图 6-22 可以看出,该风化剖面 Se、Mn、As、Cd 和 Pb 这 5 种元素具有继承基岩而富集的特征;Co、Cu 和 Zn 具有风化富集的特征。其他元素则表现为风化后元素流失、迁移而贫乏或是在基岩和土壤中都很贫乏的特征。

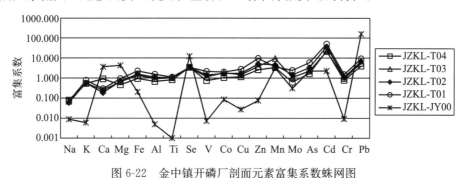

图 6-22　金中镇开磷厂剖面元素富集系数蛛网图

四、金中镇垭口剖面

金中镇垭口剖面位于金中镇垭口采石场,为震旦系灯影组白云岩风化成土剖面,基岩样品中 Ca、Mg、Se、Cd 和 Pb 等元素含量较高,分别是地壳丰度的 3.94 倍、4.66 倍、12.50 倍、3.10 倍和 450.00 倍;其他元素含量较低,Al 含量最低。金中镇垭口剖面基岩富集元素含量及富集系数见表 6-9。

表 6-9　金中镇垭口基岩富集元素含量

元素	含量	富集系数	元素	含量	富集系数
富集元素($k \geqslant 3$)					
Ca	20.50	3.94	Mg	13.05	4.66
Se	1.0	12.50	Cd	0.62	3.10
Pb	4.5	450.00			

注:Ca 和 Mg 的含量为%,其他元素含量为 mg/kg。

表土层土壤样品中 $k \geqslant 3$ 的富集元素有 Se、Zn、Mo、As、Cd 和 Pb 等 6 种元素;$1 \leqslant k < 3$ 的相对富集元素有 Fe、V、Co、Cu、Mn 和 Cr 等 6 种,见表 6-10;土壤剖面中 $k < 1$ 的贫化元素有 Na、K、Ca、Mg、Al 和 Ti 等 6 种,见表 6-2。

表 6-10　金中镇垭口表土层富集元素含量

元素	含量	富集系数	元素	含量	富集系数
富集元素($k \geqslant 3$)					
Se	1.0	3.45	Zn	493	6.64
Mo	6.47	3.24	As	54.9	4.90
Cd	2.96	30.52	Pb	297.0	11.42
相对富集元素($1 \leqslant k < 3$)					
Fe	4.20	1.43	V	146	1.77
Co	31.6	2.49	Cu	42.6	1.88
Mn	1400	2.40	Cr	70.0	1.15

注：Fe 含量为%，其他元素含量为 mg/kg。

剖面中元素纵向变化特征如图 6-23 所示，基岩中 V、Co 和 Cu 等元素含量很低，至粉岩层元素含量逐渐富集；黄褐色黏土各元素含量较高，土壤剖面具有底部富集特征，且岩土界面元素含量明显高于基岩，Se 在剖面中亦具有上述这些特征。

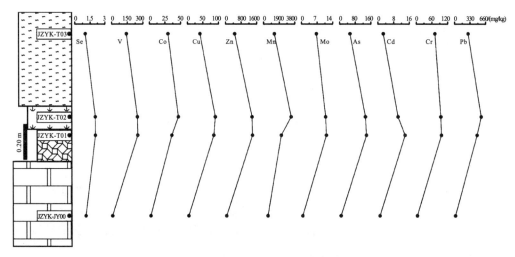

图 6-23　金中镇垭口剖面元素分布特征

对比基岩和表层土壤元素含量可以看出，Se、Cd 和 Pb 具有明显的继承基岩富集的特征；Fe、V、Co、Cu、Zn、Mn、Mo、As 和 Cr 等元素具有明显的风化富集特征。剖面中 Ca 和 Mg 在基岩风化后元素流失迁移而在土壤中表现为贫乏。

如图 6-24 和表 6-10 所示，表层土壤中 As、Cd 和 Pb 等元素含量较高，尤以 Cd 的富集和污染最为明显，最高是中国土壤元素平均含量的 30.52 倍，这些元素会对当地生态环境和人体健康产生负面效应，值得关注，在生产活动中应采取相应措施。

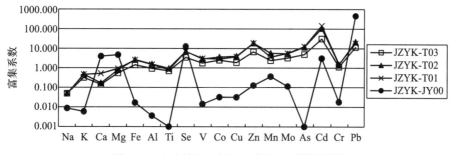

图 6-24　金中镇垭口剖面元素富集系数蛛网图

五、高云剖面

高云剖面是下寒武统清虚洞组泥质白云岩风化剖面，基岩样品中 Ca、Mg、Se 和 Pb 等 4 种元素含量较高，分别是地壳丰度的 3.10 倍、3.75 倍、25.00 倍和 410.00 倍；As 相对富集，是地壳丰度的 2.73 倍；其他元素含量较低，Na 含量最低。高云剖面基岩中富集元素含量及富集系数如表 6-11 所示。

表 6-11　高云基岩富集元素含量

元素	含量	富集系数	元素	含量	富集系数
富集元素($k \geqslant 3$)					
Ca	16.10	3.10	Mg	10.50	3.75
Se	2.0	25.00	Pb	4.1	410.00
相对富集元素($1 \leqslant k < 3$)					
As	6.0	2.73			

注：Ca 和 Mg 的含量为%，其他元素含量为 mg/kg。

表土层土壤样品中 $k \geqslant 3$ 的富集元素仅有 Se；$1 \leqslant k < 3$ 的相对富集元素有 K、Ti、Co、Mn、Mo、As 和 Pb 等 7 种，见表 6-12；土壤剖面中 $k < 1$ 的贫化元素有 Na、Ca、Mg、Fe、Al、V、Cu、Zn、Cd 和 Cr 等 10 种，其含量见表 6-2。

表 6-12　高云表土层富集元素含量

元素	含量	富集系数	元素	含量	富集系数
富集元素($k \geqslant 3$)					
Se	2.0	6.90			
相对富集元素($1 \leqslant k < 3$)					
K	2.06	1.11	Ti	0.424	1.12
Co	14.1	1.11	Mn	857	1.47
Mo	2.29	1.15	As	29.1	2.60
Pb	32.9	1.27			

注：K 和 Ti 含量为%，其他元素含量为 mg/kg。

　　从整个剖面来看，Se 具有顶部富集特征，Se 在土壤顶部和基岩中有增减变化，在土壤中部无变化，可能与土壤剖面顶部 pH 较大有关，如图 6-25 所示；其他元素则具有底部富集特征，符合碳酸盐岩风化土层底部元素富集规律，土壤中元素的含量受基岩控制，对比基岩和表土层土壤元素含量。如图 6-26 所示，Se、As 和 Pb 等元素在基岩和土壤中的含量都较高，说明土壤中的这些元素来自基岩，有明显的继承富集特征；K、Ti、Co、Mn 和 Mo 等则具有明显的后期风化富集特征。Ca、Mg 基岩富集，表层土贫乏，原因同前。

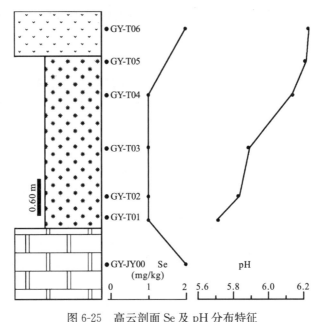

图 6-25　高云剖面 Se 及 pH 分布特征

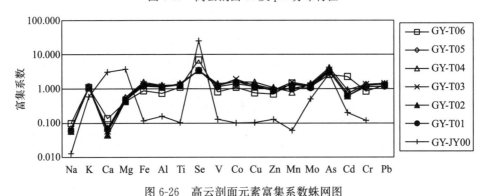

图 6-26　高云剖面元素富集系数蛛网图

六、白马洞北部剖面

　　白马洞北部剖面是下寒武统清虚洞组白云岩风化成土剖面，基岩样品中 Ca、Se、As、Cd 和 Pb 等元素含量较高，分别是地壳丰度的 6.27 倍、25.00 倍、40.91 倍、3.75 倍和 1599.00 倍；其他元素含量均较低，Na 含量最低。白马洞北部剖面基岩中元素含量及富集系数如表 6-13 所示。

表6-13　白马洞北部基岩富集元素含量

元素	含量	富集系数	元素	含量	富集系数
富集元素($k \geqslant 3$)					
Ca	32.60	6.27	Se	2.0	25.00
As	90.0	40.91	Cd	0.75	3.75
Pb	15.9	1590.00			

注：Ca 含量为%，其他元素含量为 mg/kg。

表土层土壤样品中 $k \geqslant 3$ 的富集元素有 Se 和 Cd；$1 \leqslant k < 3$ 的相对富集元素有 Ca、Mg、Mn、As 和 Pb 等 5 种，各元素含量见表6-14；土壤剖面中 $k < 1$ 的贫化元素有 Na、K、Fe、Al、Ti、V、Co、Cu、Zn、Mo 和 Cr 等 11 种，其含量见表6-2。

表6-14　白马洞北部表土层富集元素含量

元素	含量	富集系数	元素	含量	富集系数
富集元素($k \geqslant 3$)					
Se	2.0	6.90	Cd	0.48	4.95
相对富集元素($1 \leqslant k < 3$)					
Ca	3.09	2.01	Mg	2.01	2.58
Mn	1420	2.44	As	23.9	2.13
Pb	27.1	1.04			

注：Ca 和 Mg 含量为%，其他元素含量为 mg/kg。

从整个土壤剖面来看，Mg、Se、Mn 等元素在纵向土壤剖面上具有顶部富集特征，而 As、Cd、Pb 等则具有在剖面底部富集的特征，如图6-27所示。Se 具有在剖面底部（粉岩层继承基岩而富集）和剖面顶部（表土层中植物根系选择性吸附元素而富集）富集的特征。

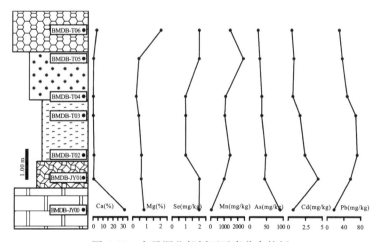

图6-27　白马洞北部剖面元素分布特征

对比基岩和表土层土壤中元素含量可以看出，Ca、Se、As、Cd 和 Pb 具有明显的继承基岩而富集的特征；Mg 和 Mn 则具有风化富集的特征，白马洞北部剖面元素富集系数蛛网图如图 6-28 所示。

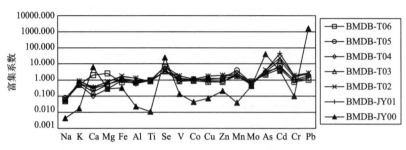

图 6-28　白马洞北部剖面元素富集系数蛛网图

七、白马洞南部剖面

贵州省开阳县白马洞开采朱砂始于唐朝，在五代时期进一步发展，明代中期白马洞朱砂开采规模进一步扩大，并在白马洞附近新建了水银厂。清初，白马洞每日有上万朱砂矿工开采冶炼矿石，朱砂开采盛况空前，成为中国规模最大的朱砂开采冶炼基地，清代中期以后转移到铜仁万山一带。

白马洞的朱砂矿以富矿为主，历史悠久，并有许多废弃的矿洞及炉渣，是唐代至清代开采朱砂遗迹；古代炼汞炉渣中重金属元素和放射性元素富集，其污染及对环境的影响鲜见报道，因此，有必要对白马洞古代炼汞炉渣及周围土壤进行研究，初步探讨重金属元素和放射性元素的富集和污染情况，以便引起人们对当地生态环境污染问题的重视。

白马洞南部剖面采集基岩样 5 件，其中 $k \geqslant 3$ 的富集元素有 Se、Mo、As 和 Pb 等 4 种，它们的含量分别是地壳丰度的 $25 \sim 100$ 倍、$0.55 \sim 23.23$ 倍、$7.27 \sim 232.27$ 倍和 $620 \sim 12800$ 倍；$1 \leqslant k < 3$ 的相对富集元素有 Ca 和 Cd 两种，分别是地壳丰度的 $0.01 \sim 5.63$ 倍和 $0.50 \sim 4.25$ 倍。此外，基岩中 Th、U 含量高，其含量分别为 $2.5 \sim 21.2$mg/kg、$3.4 \sim 7.6$mg/kg，分别是地壳丰度的 $0.43 \sim 3.66$ 倍和 $2 \sim 4.47$ 倍；基岩中其他元素含量均很低，Na 含量最低。白马洞南部剖面基岩中元素含量及富集系数见表 6-15。

表 6-15　白马洞南部基岩元素含量

元素	含量	富集系数	元素	含量	富集系数
富集元素($k \geqslant 3$)					
Se	$2.0 \sim 8.0$	$25.00 \sim 100.00$	Mo	$0.71 \sim 30.20$	$0.55 \sim 23.23$
As	$16.0 \sim 511.0$	$7.27 \sim 232.27$	Pb	$6.2 \sim 128.0$	$620 \sim 12800$
相对富集元素($1 \leqslant k < 3$)					
Ca	$0.03 \sim 29.30$	$0.01 \sim 5.63$	Cd	$0.10 \sim 0.85$	$0.50 \sim 4.25$

注：Ca 含量为%，其他元素含量为 mg/kg。

白马洞古代炼汞炉渣中 $k \geqslant 3$ 的富集元素有 Se、Zn、Mo、As、Cd 和 Pb 等 6 种，它们的含量分别是地壳丰度的 $187.50 \sim 225.00$ 倍、$1.35 \sim 7.52$ 倍、$140.00 \sim 644.62$ 倍、$268.64 \sim 843.18$ 倍、$3.80 \sim 7.60$ 倍和 $3010 \sim 4910$ 倍；$1 \leqslant k < 3$ 的相对富集元素有 Ca 和 Mg 两种，分别是地壳丰度的 $0.05 \sim 2.09$ 倍和 $0.14 \sim 2.04$ 倍，见表 6-16。炉渣中 Th、U 含

量也很高，含量分别为 8.2～19.1mg/kg 和 141～439mg/kg，分别是地壳丰度的1.41～3.29 倍和82.94～258.24 倍；古代炼汞炉渣中其他元素含量均很低，Na 含量最低。古代炼汞炉渣中元素含量及富集系数见表6-16。

表6-16 白马洞南部炼汞炉渣富集元素含量

元素	含量	富集系数	元素	含量	富集系数
富集元素($k \geqslant 3$)					
Se	15.0～18.0	187.50～225.00	Zn	127～707	1.35～7.52
Mo	182～838	140.00～644.62	As	591～1855	268.64～843.18
Cd	0.76～1.52	3.80～7.60	Pb	30.1～49.1	3010～4910
相对富集元素($1 \leqslant k < 3$)					
Ca	0.28～10.85	0.05～2.09	Mg	0.40～5.72	0.14～2.04

注：Ca 和 Mg 含量为％，其他元素含量为 mg/kg。

504 矿附近基岩(黑色页岩系和白云岩)和古代炼汞炉渣中 Se、Mo、As 和 Pb 等富集明显，且放射性元素 Th 和 U 的含量也较高。该区域的环境会受重金属和放射性元素富集影响而被污染。图 6-29 表明，古代炼汞炉渣元素富集既是对源矿(岩)的继承，又体现了个别元素在炼汞过程的加剧富集。

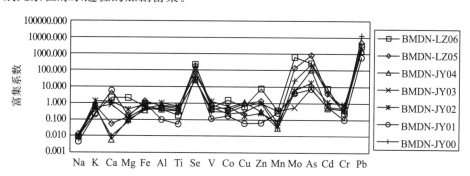

图 6-29 白马洞南部剖面元素富集系数蛛网图

白马洞朱砂开采冶炼历史悠久，通过古代炼汞炉渣的分布及污染情况调查确定寒武系底部黑色页岩系是重金属污染的矿源层；以黑色页岩系为母岩风化形成的土壤，以及古代炼汞炉渣中污染元素对当地居民身体健康构成严重的威胁应引起高度关注。在传统能源如石油、天然气、煤炭资源日益紧缺的今天，核能已成为重点发展的对象。白马洞古代炼汞炉渣位于 504 矿区内，可以充分提取利用铀资源，同时达到资源利用与生态环境治理的目的。贵州省黔南、道真、务川、万山和丹寨等地广泛分布当代、古代炼汞炉渣，其元素富集和污染特征尚未见报道，从资源再利用以及环境保护等多方面都值得深入研究。

八、穿洞剖面

穿洞剖面是中二叠统茅口组灰岩风化成土剖面，剖面底部系暗褐色黏土层，中上部为黄色砾砂质土层。剖面没有基岩和表土层样品，不能计算元素富集系数，只能对比各元素含量在相应部位的丰缺。但是，比较剖面中部的两个样品各元素含量情况，两者具有一致性，如表 6-17 和图 6-30 所示。可以看出，下部的暗褐色黏土层中各元素明显要比上部的黄色砾砂质土层中对应的元素富集，说明风化程度与特征直接影响土壤中常量元素、微量元素以及重金属元素的含量。

表 6-17　穿洞土壤元素含量

元素	黄色砾砂质土	暗褐色黏土	元素	黄色砾砂质土	暗褐色黏土
Na	0.02	0.05	Co	10.0	13.5
K	0.39	0.97	Cu	18.7	43.4
Ca	0.16	0.37	Zn	60	159
Mg	0.15	0.41	Mn	324	770
Fe	1.64	3.34	Mo	1.48	4.57
Al	2.81	6.41	As	10.1	30.6
Ti	0.16	0.36	Cd	0.33	6.01
Se	1.00	5.00	Cr	54.0	179
V	99.0	299	Pb	16.3	36.8

注：Na、K、Ca、Mg、Fe、Al 和 Ti 的含量为%，其他元素含量为 mg/kg。

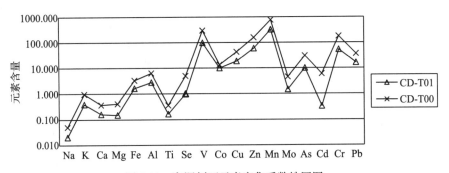

图 6-30　穿洞剖面元素富集系数蛛网图

九、禾丰乡剖面

禾丰乡剖面为新元古界灯影组白云岩风化剖面，基岩样品中 Se、V、Zn、Mo、As、Cd 和 Pb 等 7 种元素富集，分别是地壳丰度的 25~950 倍、0.81~16.93 倍、0.36~7.07 倍、24.85~1192.31 倍、50.45~2268.18 倍、0.80~51.00 倍和 1800~13250 倍；基岩中 Ca、Mg、Fe、Co、Cu 和 Cr 等 6 种元素相对富集，分别是地壳丰度的 0.02~4.02 倍、0.09~3.20 倍、0.21~2.73 倍、0.05~4.64 倍、0.20~4.37 倍和 0.28~2.75 倍；其他元素含量较低，Na 含量最低。禾丰乡剖面基岩中富集元素和富集系数见表 6-18。

表土层土壤样品中 $k \geqslant 3$ 的富集元素有 Fe、Se、Co、Cu、Zn、Mn、Mo、As 和 Cd 等 9 种元素，其含量见表 6-19；土壤剖面中 $k < 1$ 的贫化元素有 Na、K、Ca、Mg、Al、Ti、V、Cr 和 Pb 等 9 种，其含量见表 6-2。

土壤中元素的含量受基岩控制，对比基岩和土壤元素含量，结合图 6-31 可以看出，

Fe、Se、Co、Cu、Zn、Mo、As 和 Cd 等元素在基岩和土壤中的含量（富集系数）都很高，说明土壤中的这些元素明显继承了基岩的特征；Pb 在基岩中的含量很高，在土壤中不富集，说明 Pb 在基岩风化过程中逐渐流失而贫乏；Mn 在基岩中不富集，而在土壤中的富集系数高达 14.51，说明 Mn 在基岩风化过程中有明显的风化富集现象。

表 6-18　禾丰乡基岩富集元素含量

元素	含量	富集系数	元素	含量	富集系数
富集元素($k \geqslant 3$)					
Se	2.0~76.0	25.00~950.00	V	114~2370	0.81~16.93
Zn	34~665	0.36~7.07	Mo	32.30~1550.00	24.85~1192.31
As	111.0~4990.0	50.45~2268.18	Cd	0.16~10.20	0.80~51.00
Pb	18.0~132.5	1800.00~13250.00			
相对富集元素($1 \leqslant k < 3$)					
Ca	0.09~20.90	0.02~4.02	Mg	0.24~8.95	0.09~3.20
Fe	1.01~13.10	0.21~2.73	Co	1.2~116.0	0.05~4.64
Cu	12.9~275.0	0.20~4.37	Cr	31~303	0.28~2.75

注：Ca、Mg 和 Fe 含量为%，其他元素含量为 mg/kg。

表 6-19　禾丰乡表土层富集元素含量

元素	含量	富集系数	元素	含量	富集系数
富集元素($k \geqslant 3$)					
Fe	20.60	7.01	Se	2.0	6.90
Co	339.0	26.69	Cu	68.2	3.02
Zn	395	5.32	Mn	8460	14.51
Mo	43.30	21.65	As	138.5	12.37
Cd	1.37	14.12			

注：Fe 含量为%，其他元素含量为 mg/kg。

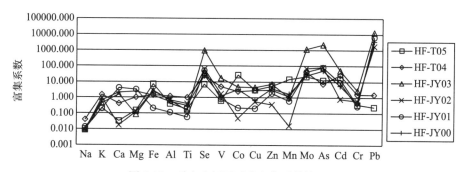

图 6-31　禾丰乡剖面元素富集系数蛛网图

　　禾丰乡黑色页岩分布广泛，其中周家碾坊黑色页岩剖面和营盘寨黑色页岩剖面最具代表性，前面已对其剖面特征进行了详细的论述（图 6-11），且其厚度远高于周边其他剖面，分别为 6.9m 和 2.6m，Se 平均含量分别为 11.03mg/kg 和 14.11mg/kg。禾丰地区白水塘剖面黑色页岩厚度为 0.2～1.2m，Se 平均含量为 14.96mg/kg；典寨剖面黑色页岩厚度为 0.3m，Se 平均含量为 10.85mg/kg；茅草寨剖面黑色页岩厚度为 1m，Se 含量为 1.50mg/kg；小桥剖面黑色页岩厚度为 0.5m，Se 平均含量为 4.8mg/kg。由此，可以看出禾丰地区黑色页岩层位比较稳定，但是厚度变化较大。总体来讲禾丰乡地质背景富含硒元素（表 6-20）。

表 6-20　禾丰乡黑色页岩硒元素含量　　　　　单位：mg/kg

样品编号	采样点	Se 含量	样品编号	采样点	Se 含量
XQ01	小桥	9.28	BST01	白水塘	14.32
XQ02	小桥	0.31	BST02	白水塘	15.60
MCZ01	茅草寨	1.50	YPZ01	营盘寨	25.50
ZJNF01	周家碾坊	9.95	YPZ02	营盘寨	22.20
ZJNF02	周家碾坊	16.10	YPZ03	营盘寨	17.70
ZJNF03	周家碾坊	8.70	YPZ04	营盘寨	4.60
ZJNF04	周家碾坊	2.20	YPZ05	营盘寨	0.56
ZJNF05	周家碾坊	1.30	DZ01	典寨	15.30
ZJNF06	周家碾坊	19.20	DZ02	典寨	6.40
ZJNF07	周家碾坊	19.75			

　　注：数据引自贵阳市食品生物工程研究所编制的《贵阳市开阳县禾丰地区硒资源开发利用研究报告》（2000）。

十、岩脚煤矿剖面

　　岩脚煤矿剖面是二叠系煤系地层风化剖面，基岩为茅口组灰岩及吴家坪组砂岩。基岩的二叠系茅口组灰岩样品中 Fe、Se、Cu、Mo、As、Cd 和 Pb 等含量较高，分别是地壳丰度的 6.56 倍、2387.50 倍、3.01 倍、10.12 倍、16.41 倍、3.05 倍和 6070.00 倍；其他元素含量较低，K 含量最低。岩脚煤矿剖面基岩中富集元素含量及富集系数见表 6-21。

表 6-21　岩脚煤矿基岩富集元素含量

元素	含量	富集系数	元素	含量	富集系数
		富集元素（$k \geqslant 3$）			
Fe	31.50	6.56	Se	191.0	2387.50
Cu	189.5	3.01	Mo	13.15	10.12
As	36.1	16.41	Cd	0.61	3.05
Pb	60.7	6070.00			

　　注：Fe 含量为%，其他元素含量为 mg/kg。

二叠系茅口组灰岩风化土壤剖面表土层样品中 $k \geqslant 3$ 的富集元素有 Se、V、Cu、Zn、As、Cd 和 Cr 等 7 种；$1 \leqslant k < 3$ 的相对富集元素有 Mg、Fe、Al、Ti、Co、Mo 和 Pb 等 7 种，见表 6-22；土壤剖面中 $k < 1$ 的贫化元素有 Na、K、Ca 和 Mn 等 4 种，其含量见表 6-2。

表 6-22　岩脚煤矿茅口组灰岩风化剖面表土层富集元素含量

元素	含量	富集系数	元素	含量	富集系数
富集元素($k \geqslant 3$)					
Se	3.0	10.34	V	453	5.50
Cu	78.4	3.47	Zn	375	5.05
As	40.9	3.65	Cd	3.26	33.61
Cr	537	8.80			
相对富集元素($1 \leqslant k < 3$)					
Mg	0.90	1.15	Fe	5.57	1.89
Al	10.30	1.56	Ti	0.495	1.30
Co	19.6	1.54	Mo	4.17	2.09
Pb	33.6	1.29			

注：Mg、Fe、Al 和 Ti 的含量为%，其他元素含量为 mg/kg。

二叠系吴家坪组砂岩风化土壤剖面表土层样品中 $k \geqslant 3$ 的富集元素有 Se、Mn 和 Cd 等 3 种；$1 \leqslant k < 3$ 的相对富集元素有 Fe、Ti、V、Co、Cu、Zn、Mo、As 和 Cr 等 9 种，见表 6-23；土壤剖面中 $k < 1$ 的贫化元素有 Na、K、Ca、Mg、Al 和 Pb 等 6 种，见表 6-2。

表 6-23　岩脚煤矿吴家坪组砂岩风化剖面表土层富集元素含量

元素	含量	富集系数	元素	含量	富集系数
富集元素($k \geqslant 3$)					
Se	2.0	6.90	Mn	2000	3.43
Cd	0.36	3.71			
相对富集元素($1 \leqslant k < 3$)					
Fe	5.67	1.93	Ti	0.776	2.04
V	142	1.72	Co	25.0	1.97
Cu	32.4	1.43	Zn	78	1.05
Mo	2.36	1.18	As	26.9	2.40
Cr	71	1.16			

注：Fe 和 Ti 含量为%，其他元素含量为 mg/kg。

土壤中元素的含量受基岩控制，对比基岩茅口组灰岩与其剖面土壤元素含量，结合表 6-2 及图 6-32 可以看出，Fe、Se、Cu、Mo、As、Cd 和 Pb 等元素在基岩和土壤中的含量（富集系数）都很高，说明土壤中的这些元素具有明显的继承基岩而富集的特征；Mg、Al、Ti、Zn、V、Co 和 Cr 等元素则具有风化富集的特征。

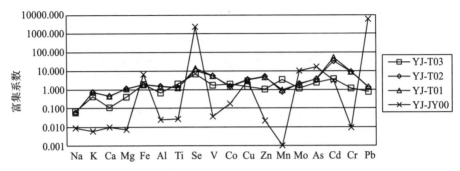

图 6-32　岩脚煤矿剖面元素富集系数蛛网图

从土壤剖面上看，Se、Fe 无明显的纵向分异现象，Mn 和 Co 具有剖面顶部富集的现象；而 Al、Cu、Mo、As 和 Pb 则具有剖面底部富集的特征，如图 6-33 所示。

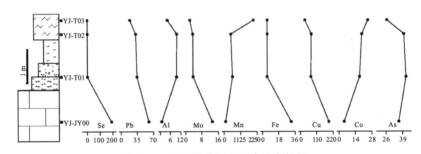

图 6-33　岩脚煤矿剖面元素分布特征

注：Al、Fe 含量为％，其他元素含量为 mg/kg。

十一、顶方剖面

顶方剖面是中-上寒武统娄山关群白云岩风化成土剖面，基岩中 Ca、Mg、Se、As 和 Pb 等含量较高，分别是地壳丰度的 3.40、3.91、25.00、14.55 和 2650.00 倍；基岩中 Mo 相对富集，是地壳丰度的 2.01 倍；其他元素含量较低，Na 含量最低。顶方剖面基岩中富集元素含量及富集系数见表 6-24。

表 6-24　顶方基岩富集元素含量

元素	含量	富集系数	元素	含量	富集系数
富集元素($k \geqslant 3$)					
Ca	17.70	3.40	Mg	10.95	3.91
Se	2.0	25.00	As	32.0	14.55
Pb	26.5	2650.00			
相对富集元素($1 \leqslant k < 3$)					
Mo	2.61	2.01			

注：Ca 和 Mg 含量为％，其他元素含量为 mg/kg。

　　表土层土壤样品中富集系数 $k \geqslant 3$ 的富集元素有 Se、Mo、As 和 Pb 等 4 种；$1 \leqslant k < 3$ 的相对富集元素有 Fe、Al、Ti、V、Co、Cu、Zn、Mn、Cd 和 Cr 等 10 种，它们的含量及富集系数见表 6-25；土壤剖面中 $k < 1$ 的贫化元素有 Na、K、Ca 和 Mg 等 4 种，其含量见表 6-2。

表 6-25　顶方表土层富集元素含量

元素	含量	富集系数	元素	含量	富集系数
富集元素($k \geqslant 3$)					
Se	2.0	6.90	Mo	6.03	3.02
As	90.6	8.09	Pb	122.0	4.69
相对富集元素($1 \leqslant k < 3$)					
Fe	5.77	1.96	Al	7.58	1.15
Ti	0.38	1.00	V	114	1.38
Co	37.3	2.94	Cu	44.7	1.98
Zn	86.0	1.16	Mn	1660	2.85
Cd	0.28	2.89	Cr	66	1.08

注：Fe、Ti、Al 含量为%，其他元素含量为 mg/kg。

　　顶方剖面大部分元素具有底部富集特征，个别元素（如硒）在基岩和土壤剖面中没有分异，含量都为 2mg/kg。土壤中某些元素含量受基岩控制，对比基岩和土壤元素含量，结合表 6-2 及图 6-34 可知，Se、Mo、As 和 Pb 等在基岩和土壤中的含量（富集系数）都很高，说明土壤中 Se、Mo、As 和 Pb 等具有明显的继承基岩而富集的特征；Ca、Mg 具有后期风化后流失亏损的特征；Fe、Al、Ti、V、Co、Cu、Zn、Mn、Cd 和 Cr 等 10 种元素具有后期风化富集的特征。

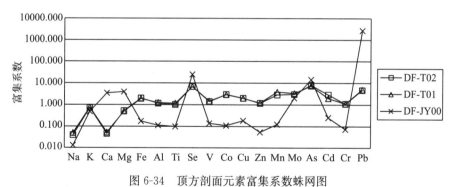

图 6-34　顶方剖面元素富集系数蛛网图

　　顶方剖面采取油菜样品 2 件（DF-YC03，DF-YC04），经测试 Se 的含量为 2mg/kg，属 Se 含量较高的油菜。

十二、哨上林中剖面

　　哨上林中剖面是新元古界灯影组白云岩风化剖面，基岩样品中 Fe、Se、Mn、Mo、As、Cd 和 Pb 等 7 种元素富集，分别是地壳丰度的 3.96 倍、100.00 倍、7.88 倍、10.50 倍、10.50 倍、109.09 倍和 17150.00 倍；基岩中 V、Cu 和 Zn 等 3 种元素相对富集，分别是地壳丰度的 1.71 倍、1.81 倍和 2.00 倍，它们的含量及富集系数见表 6-26；其他元素含量较低，Na 含量最低。

表 6-26　哨上林中基岩富集元素含量

元素	含量	富集系数	元素	含量	富集系数
富集元素($k\geqslant3$)					
Fe	19.00	3.96	Se	8.0	100.00
Mn	10250	7.88	Mo	13.65	10.50
As	240.0	10.50	Cd	18.40	109.09
Pb	171.5	17150.00			
相对富集元素($1\leqslant k<3$)					
V	239	1.71	Cu	114.0	1.81
Zn	188	2.00			

注：Fe 含量为%，其他元素含量为 mg/kg。

表土层土壤样品中 $k\geqslant3$ 的富集元素有 Se、Mo、As 和 Cd 等 4 种；$1\leqslant k<3$ 的相对富集元素有 Fe、V、Co、Cu、Zn、Mn 和 Pb 等 7 种，它们的含量及富集系数见表 6-27；土壤剖面中 $k<1$ 的贫化元素有 Na、K、Ca、Mg、Al、Ti 和 Cr 等 7 种，其含量见表 6-2。

表 6-27　哨上林中表土层富集元素含量

元素	含量	富集系数	元素	含量	富集系数
富集元素($k\geqslant3$)					
Se	1.0	3.45	Mo	22.60	11.30
As	168.0	15.00	Cd	0.59	6.08
相对富集元素($1\leqslant k<3$)					
Fe	5.72	1.95	V	127	1.54
Co	24.2	1.91	Cu	43.5	1.92
Zn	111	1.50	Mn	895	1.54
Pb	46.1	1.77			

注：Fe 含量为%；其他元素含量为 mg/kg。

对比基岩和土壤样品发现，Fe、Se、Mn、Mo、As、Cd、Pb、V、Cu 和 Zn 等元素在基岩和风化土壤剖面中均强烈富集，说明这些元素具有继承基岩而富集的特征；Co 则具有后期风化富集的特征，如图 6-35 所示。

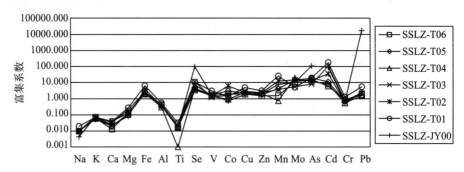

图 6-35　哨上林中剖面元素富集系数蛛网图

哨上林中剖面底部粉岩层以及暗褐色黏土层微量元素含量较高，上部灰黄色黏土微量元素含量较低。图 6-36 表现了该剖面纵向上各元素分布特征。现在就元素 Se、V、Co、Cu、Zn、Mn、Mo、As、Cd、Cr 和 Pb 分别进行讨论分析。

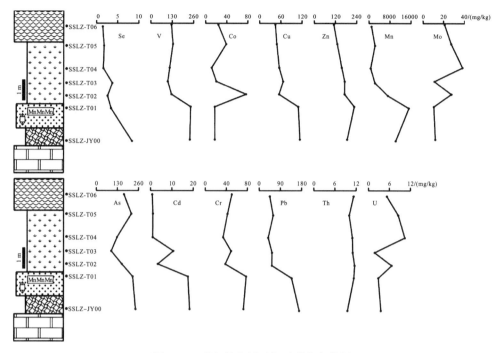

图 6-36　哨上林中剖面各元素分布特征

Se：中国土壤 Se 的背景值为 0.23mg/kg，在碳酸盐岩风化形成的红黏土中，Se 含量为 0.48mg/kg（邢光熹和朱建国，2003），贵州土壤中 Se 的平均含量为 0.39mg/kg（王甘露和朱笑青，2003）。研究剖面 Se 含量变化大，为 1~8mg/kg，平均含量为 2.86mg/kg。剖面底部 Se 含量最高为 8mg/kg；上部 Se 含量明显降低为 1~3.3mg/kg，平均含量为 2mg/kg。王世杰等（1999，2001）认为基岩中 Se 的含量控制着其风化形成的红黏土中 Se 的含量。

V：中国土壤 V 的背景值为 114mg/kg，在白云岩和灰岩风化形成的黄壤和棕色石灰土中 V 含量分别为 324mg/kg 和 239mg/kg（邢光熹和朱建国，2003）。研究剖面 V 含量为 102~248mg/kg，平均含量为 157mg/kg。V 在剖面底部破碎带-暗紫褐色黏土含量最高，含量为 239~248mg/kg，平均含量为 244mg/kg；V 在剖面上部紫色至灰黄色黏土中的含量接近或略高于中国土壤背景值，含量为 102~137mg/kg，平均含量为 122mg/kg。

Co：中国土壤 Co 的背景值为 13.5mg/kg，在白云岩和灰岩风化形成的黄壤和棕色石灰土中 Co 含量分别为 34.5mg/kg 和 30.6mg/kg（邢光熹和朱建国，2003）。研究剖面 Co 含量变化较大，为 11.6~77.9mg/kg，平均含量为 30.0mg/kg；在剖面底部破碎带－暗紫褐色黏土中含量为 17.9~18.0mg/kg，平均含量为 17.95mg/kg；而剖面上部紫色至灰黄色黏土中 Co 含量明显增加，为 11.6~77.9mg/kg，平均含量为 34.82mg/kg。

Cu：中国土壤 Cu 的背景值为 24mg/kg，在白云岩风化形成的土壤中 Cu 含量为 125mg/kg，在灰岩风化形成的土壤中 Cu 含量为 44.8mg/kg（邢光熹和朱建国，2003）。研究剖面红黏土中 Cu 含量高，为 43.5~114mg/kg，平均含量为 70.4mg/kg。从整个剖面来看，底部破碎带-暗紫褐色黏土含量最高，为 110~114mg/kg，平均为 112mg/kg；上部紫色至灰黄色黏土 Cu 含量明显减少，为 43.5~66.1mg/kg，平均含量为 53.82mg/kg。红黏土底部带负电荷的黏土、有机质等吸附剂与水溶液接触能吸附铜、铅和锌等阳离子，从而造成铜、铅和锌的富集；此外红黏土底部的碱性障也容易吸附阳离子；红黏土底部的还原障亦可造成 Cu 的沉淀，Cu、As 等元素在氧化环境中溶解度较大，但在还原环境中溶解度较小，从而引起 Cu 富集。

Zn：中国土壤 Zn 的背景值为 83.1mg/kg，碳酸盐岩风化形成的红黏土 Zn 的含量为 409mg/kg(邢光熹和朱建国，2003)。研究剖面从底部到顶部，Zn 含量变化大，Zn 含量为 111~232mg/kg，平均含量为 166.6mg/kg。底部破碎带-暗紫褐色黏土含 Zn 最高，为 188~232mg/kg，平均含量为 210mg/kg；上部紫色至灰黄色黏土 Zn 含量较底部减少，为 111~174mg/kg，平均含量为 149.2mg/kg，Zn 的富集与 Cu、Pb 类似。

Mn：中国土壤 Mn 的背景值为 617mg/kg，灰岩风化形成的黏土 Mn 的含量为 1397mg/kg，白云岩风化的土壤 Mn 的含量为 1004mg/kg(邢光熹和朱建国，2003)。哨上林中剖面黏土 Mn 含量较高且变化很大，为 431~15350mg/kg，平均含量为 5560.9mg/kg，其中下部破碎带-暗紫褐色黏土含量最高，为 10250~15350mg/kg，平均含量为 12800mg/kg；上部紫色至灰黄色黏土含量为 431~7310mg/kg，平均含量为 2665.2mg/kg。整个剖面表现出较强的 Mn 元素富集特征，上部土壤遭受强烈淋溶，含 Mn 流体向下迁移过程中在高 pH 环境形成锰质膜是 Mn 富集的主要原因，碱性障是 Mn 富集的关键因素。

Mo：中国土壤 Mo 的背景值为 2.34mg/kg，在灰岩风化形成的黄壤中 Mo 的含量为 4.87mg/kg(邢光熹和朱建国，2003)。哨上林中剖面 Mo 含量均高于中国土壤背景值，含量为 10.25~38.8mg/kg，平均含量为 21.99mg/kg；且具有剖面上部 Mo 含量高于剖面底部的特征，剖面底部破碎带-暗紫褐色黏土中 Mo 含量为 10.25~13.65mg/kg，平均含量为 12mg/kg，剖面上部紫色至灰黄色黏土中 Mo 含量为 11.05~38.8mg/kg，平均含量为 26.01mg/kg。

As：中国土壤 As 的背景值为 13.8mg/kg，在灰岩风化形成的棕色石灰土和砖红壤中 As 的含量分别为 34.1mg/kg 和 28.0mg/kg(邢光熹和朱建国，2003)。哨上林中剖面各部位的样品 As 含量均高于中国土壤背景值，含量为 89.5~240mg/kg，平均含量为 173.86mg/kg；具有剖面底部 As 含量高于上部的特征，剖面底部破碎带-暗紫褐色黏土中 As 含量为 223~240mg/kg，平均含量为 232mg/kg，而剖面上部紫色至灰黄色黏土中 As 含量为 89.5~214mg/kg，平均含量为 150.8mg/kg。

Cd：中国土壤 Cd 的背景值为 6.7mg/kg(邢光熹和朱建国，2003)。哨上林中剖面 Cd 含量为 0.59~18.4mg/kg，平均含量为 7.49mg/kg；且具有剖面底部 Cd 含量高于剖面上部的特征，剖面底部破碎带-暗紫褐色黏土中 Cd 含量为 17.5~18.4mg/kg，平均含量为 18mg/kg，剖面上部紫色至灰黄色黏土中 Cd 含量为 0.59~10.7mg/kg，平均含量为 3.32mg/kg。

Cr：中国土壤 Cr 的背景值为 71mg/kg，在灰岩风化形成的棕色石灰土和黄壤中 Cr 含量分别为 199mg/kg 和 127mg/kg(邢光熹和朱建国，2003)。哨上林中剖面 Cr 含量为 33~78mg/kg，平均含量为 51mg/kg；具有剖面底部 Cr 含量高于剖面上部的特征，剖面底部破碎带-暗紫褐色黏土中 Cr 含量为 72～78mg/kg，平均含量为 75mg/kg，略高于中国土壤背景值；剖面上部紫色至灰黄色黏土中 Cr 含量为 33～50mg/kg，平均含量为 42mg/kg，均低于中国土壤背景值。

Pb：中国土壤 Pb 的背景值为 24.3mg/kg，碳酸盐岩风化的红黏土中含量为 134mg/kg(邢光熹和朱建国，2003)。研究剖面 Pb 含量变化大，为 40.8～171.5mg/kg，平均含量为 82.1mg/kg。剖面上存在明显的纵向变化，底部破碎带-暗紫褐色黏土含量较高，为 141.5～171.5mg/kg，平均含量为 156.5mg/kg；上部紫色至灰黄色黏土含量为 40.8～62.7mg/kg，平均含量为 52.3mg/kg，Pb 的底部富集与碱性障有关，此外还可能与底部铁锰质胶体的吸附有关。

第五节　稀土元素地球化学特征

分析测试 49 件岩土和油菜样品中稀土元素的含量，测试了 15 种稀土元素，得出相关参数，用以探索开阳稀土元素地球化学特征。在本章第四节的 13 个剖面中，根据不同研究目的选择了五种组合，分别对二叠系、寒武系和震旦系的灰岩、白云岩、碳质岩以及碳质泥岩等岩石风化剖面进行稀土元素含量的对比分析，各组合稀土元素地球化学特征情况如下所述。

一、震旦系白云岩与第四系坡积层剖面

剖面由哨上林中与哨上高枧剖面组成。哨上林中风化剖面是保存比较完整的红黏土剖面，基岩为灯影组白云岩，哨上剖面没有采集基岩样品，因禾丰剖面基岩与其为同一层位的，所以用禾丰基岩数据替代。哨上林中黏土剖面从下到上依次为粉岩层、暗紫褐色黏土、紫红-紫褐色黏土、土黄色黏土。测试从白云岩风化的粉岩层到黏土 7 件样品的稀土元素含量。稀土元素的总含量 ΣREE 从下部到上部总体有逐渐减小的趋势。粉岩层(SSLZ-JY00)ΣREE 的含量最高为 1292.69mg/kg；暗紫褐色黏土层(SSLZ-T01)、紫红色黏土(SSLZ-T02)∑REE 的含量减小到 543.13mg/kg 和 548.59mg/kg；紫褐色黏土(SSLZ-T03)ΣREE 的含量有小幅增加，含量为 712.79mg/kg；往上到紫红-土黄色黏土 ∑REE 的含量缓慢减少，最低为顶部土黄色黏土，其∑REE 的含量为 336.18mg/kg，如图 6-37(a)所示。

哨上高枧剖面为第四系坡积层，∑REE 的含量变化不大，从下至上∑REE 含量从 254.48mg/kg 减少到 238.04mg/kg，无明显的分异现象，如图 6-37(b)所示，反映了表土层的稀土分布情况。

稀土元素分布方式是示踪物质来源的重要手段，从样品稀土元素分布图分析，每件样品的稀土元素分布曲线基本类似，说明该灯影组白云岩风化黏土剖面中稀土元素的来源是同源的，上部土壤是通过下部母岩风化而来，从基岩到土壤稀土元素分布有着明显的继承性，如图 6-38 所示。稀土元素在基岩中含量最低，在土壤中富集，从土壤剖面顶部到土壤剖面底部稀土元素含量有逐渐增高的趋势。

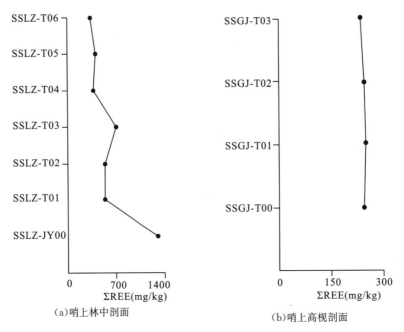

(a)哨上林中剖面　　　　　　(b)哨上高枧剖面

图 6-37　哨上林中－高枧风化剖面稀土元素总量分布特征

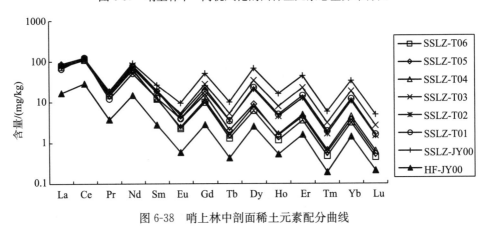

图 6-38　哨上林中剖面稀土元素配分曲线

通过对整个黏土剖面稀土元素配分曲线的比较，样品 HF-JY00 具弱的 Ce 负异常，其他样品 Ce 负异常明显，如图 6-39 所示，上部耕作层容易氧化并发生水解沉淀，风化流体向下渗透淋滤的过程中会造成 Ce 的贫化；白云岩风化壳 pH 较高，为有大量的碳酸氢根离子存在的碱性环境，Ce 很容易形成稳定的碳酸氢根络合物随流体流失，进一步加剧了 Ce 在土壤底部的亏损。剖面具有 Eu 的中等程度负异常。剖面上部 $\sum$LREE/$\sum$HREE>1，重稀土元素流失严重，发生明显的亏损，风化程度强烈，轻稀土元素富集。剖面中下部 SSLZ-T03 样品 $\sum$LREE/$\sum$HREE<1，由于上部轻稀土元素富集，重稀土元素经淋溶向下迁移而造成中下部重稀土元素富集。稀土元素配分模式呈右倾型，遭受强烈风化，稀土元素有迁移现象，但分异作用不明显。

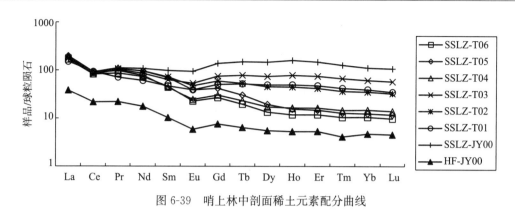

图 6-39 哨上林中剖面稀土元素配分曲线

二、震旦系、寒武系白云岩与碳质岩风化剖面

震旦系、寒武系白云岩与碳质岩风化剖面是由禾丰乡与白马洞南部风化剖面组成的组合。禾丰乡剖面基岩为震旦系灯影组白云岩、寒武系牛蹄塘组碳质泥岩；白马洞南部基岩为寒武系清虚洞组白云岩和碳质岩。

研究剖面岩石和土壤样品中稀土元素总量 $\sum REE$ 为 66.61~609.13mg/kg，其中白马洞南部强风化白云岩（BMDN-JY00）、白马洞南部碳质泥岩夹灰岩（BMDN-JY01）、灯影组白云岩（HF-JY00）稀土总量较低分别为 66.61mg/kg、73.32mg/kg、93.25mg/kg，其余样品稀土总量 $\sum REE$ 均比较高；黑色岩系及其土壤样品稀土含量均值分别为 242.17mg/kg 和 191.52mg/kg，稀土元素富集不明显。轻稀土元素呈现明显的富集特征 $\sum LREE/\sum HREE$ 为1.17~5.40，$(La/Yb)_N$ 为 5.08~15.72，均大于 1，较北美页岩组合样$(La/Yb)_N$的 5.13（陈德潜和陈刚，1990）稍大，REE 分布模式为右倾型，反映了海相热水沉积特征。轻稀土段右倾明显$(La/Sm)_N$为 1.43~7.44，均大于 1，为轻稀土元素富集型。重稀土段则相对平缓$(Tb/Yb)_N$为1.00~2.39（表 6-28，图 6-40）。

表 6-28 禾丰—白马洞南剖面岩土稀土-微量元素参数

样品号	岩性特征	$\sum$REE	$\sum$LREE/$\sum$HREE	$(La/Yb)_N$	$(La/Sm)_N$	$(Tb/Yb)_N$	δCe	δEu	Ba/Sr	U/Th	V/(V+Ni)	δU
BMDN-JY00	强风化白云岩	66.61	5.40	15.72	7.44	1.01	0.78	0.59	9.54	1.21	0.59	1.57
BMDN-JY01	碳质泥岩	73.32	3.01	8.54	1.91	2.39	0.97	0.66	1.07	1.55	0.51	1.65
BMDN-JY02	碳质泥岩	162.87	5.11	11.14	5.48	1.00	0.89	0.56	1.03	0.29	0.76	0.92
BMDN-JY03	碳质硫质泥岩	219.36	3.21	8.26	3.42	1.41	0.88	0.67	5.77	0.22	0.75	0.80
HF-JY00	灰白色白云岩	93.25	2.62	8.07	3.71	1.30	0.72	0.66	23.03	1.38	0.29	1.61
HF-JY01	灰白色白云岩	213.98	1.31	9.69	2.55	2.46	0.44	0.73	15.68	15.32	0.48	1.96
HF-JY02	黑色碳质泥岩	146.18	3.15	8.13	4.10	1.09	0.76	0.60	21.23	2.05	0.95	1.72
HF-JY03	黑色碳质泥岩	609.13	1.17	5.08	1.43	2.31	0.55	0.74	18.17	61.26	0.72	1.99

续表

样品号	岩性特征	ΣREE	ΣLREE/ ΣHREE	(La/ Yb)$_N$	(La/ Sm)$_N$	(Tb/ Yb)$_N$	δCe	δEu	Ba/ Sr	U/Th	V/ (V+Ni)	δU
HF-T04	灰黄色黏土	206.73	2.68	7.35	3.35	1.34	0.77	0.62	38.87	2.35	0.52	1.75
HF-T05	灰黄色黏土	176.30	1.72	3.36	1.51	1.49	1.42	0.79	20.59	7.16	0.03	1.91

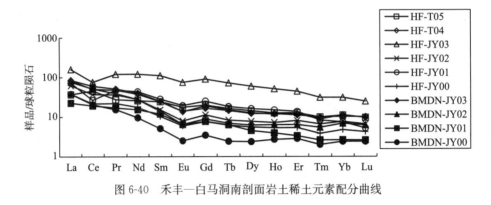

图 6-40　禾丰—白马洞南剖面岩土稀土元素配分曲线

　　元素 Ce、Eu 的异常表现在 δCe、δEu 的变化上,它对岩石沉积时的地球化学状态很灵敏,同时也是判别物质来源和沉积环境的一个重要参数。Taylor 等(1983)的研究表明,太古宙的沉积岩无 Eu 的正负异常,在此之后均有 Eu 的负异常现象。赵振华(1993)认为活动大陆边缘的沉积物重稀土元素富集,无 Eu 亏损现象;被动大陆边缘的沉积物则轻稀土元素相对富集,并有 Eu 的负异常现象。

　　研究剖面黑色岩系及周围土壤元素中 δEu 为 0.56~0.79,均小于 1,平均值为 0.66,说明其形成于低温成岩作用的被动大陆边缘(别风雷等,2000;杨剑等,2005),这与李胜荣和高振敏(1995)的研究成果——湘黔交界区早寒武世黑色岩系形成于沉积盆地属扬子陆棚与江南边缘海的过渡地带性质类似。

　　从稀土元素配分曲线来看,除土壤样品(HF-T05)外,其他样品均看到弱的 Ce 负异常,Ce 是一种变价元素,一般呈 Ce^{3+},在有氧环境中被氧化为 Ce^{4+},因其氧化物的溶解度较小,很难在海水中保留,因此造成海水中 Ce 的亏损,研究区 δCe 为 0.44~0.97,说明岩石样品沉积于干燥气候的浅海还原环境;土壤样品(HF-T05)中弱的 Ce 正异常,说明在岩石风化过程中,Ce^{4+} 在弱酸环境发生水解而滞留原地造成表生土壤中 Ce 的积累,而淋出溶液中则贫 Ce(陈德潜和陈刚,1990)。由图 6-40 的稀土元素配分曲线可知,禾丰—白马洞南风化剖面具岩土同源特征。

三、二叠系茅口组灰岩风化剖面

　　将黄木村、穿洞和岩脚三地的二叠系茅口组灰岩的风化剖面作为一个组合,研究其稀土元素含量特征。由表 6-29 可知,该组合基岩及植物中稀土元素总量很低,硅质白云岩稀土元素总量 ΣREE 为 45.01mg/kg、茅口组灰岩的 ΣREE 为 9.33mg/kg、植物(油菜)的 ΣREE 为 5.24mg/kg;砾砂质土中稀土元素总量高于基岩,平均为 157.65mg/kg;黏土中稀土元素富集明显,总量较高,为 535.10~825.60mg/kg,平均为 683.76mg/kg。

表 6-29 黄木村—穿洞—岩脚剖面岩土稀土元素参数

样品号	岩性特征	ΣREE	$\dfrac{\Sigma LREE}{\Sigma HREE}$	$(La/Yb)_N$	$(La/Sm)_N$	$(Tb/Yb)_N$	δCe	δEu
HMC-JY00	硅质白云岩	45.01	0.97	3.26	1.02	2.34	0.36	0.78
HMC-T01	暗褐色黏土	791.00	3.74	21.96	3.86	2.71	0.30	0.66
HMC-T02	黄褐色黏土	705.40	3.12	16.74	4.37	1.94	0.36	0.68
HMC-YC03	油菜	5.24	2.80	34.09	11.51	2.99	0.47	0.82
CD-T00	暗褐色黏土	561.70	2.14	10.68	3.60	1.87	0.38	0.67
CD-T01	黄色砾砂质土	100.60	6.79	8.39	4.64	1.21	3.11	0.64
YJ-JY00	茅口组灰岩	9.33	5.27	22.73	5.58	2.24	0.81	0.43
YJ-T01	黄褐色黏土	825.60	1.75	5.67	1.83	1.82	0.44	0.69
YJ-T02	暗紫褐色黏土	535.10	2.41	5.42	2.21	1.44	0.86	0.68
YJ-T03	堆积砾砂土	214.70	4.16	9.31	4.35	1.39	1.19	0.69

剖面轻稀土元素呈现明显的富集特征，$\Sigma LREE/\Sigma HREE$ 为 $0.97\sim6.79$；$(La/Yb)_N$ 为 $3.26\sim22.73$（不含油菜样品），均大于 1，较北美页岩组合样 $(La/Yb)_N$ 的 5.13（陈德潜和陈刚，1990）稍大；REE 分布模式为右倾型，反映了海相热水沉积特征。轻稀土段右倾明显，$(La/Sm)_N$ 为 $1.02\sim11.51$，均大于 1，为轻稀土元素富集型。重稀土段则相对平缓 $(Tb/Yb)_N$ 为 $1.21\sim2.99$。元素 Ce、Eu 的异常表现在 δCe、δEu 的变化上，该组样品中 δEu 为 $0.43\sim0.82$，均小于 1，平均值为 0.67；δCe 为 $0.36\sim3.11$，平均值为 0.83。由图 6-41 的元素配分曲线可知，黄木村—穿洞—岩脚风化剖面具有岩土同源特征。

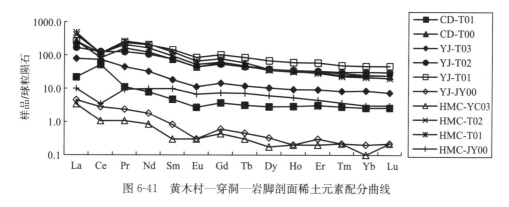

图 6-41 黄木村—穿洞—岩脚剖面稀土元素配分曲线

四、震旦系和寒武系白云岩风化剖面

震旦系和寒武系白云岩风化剖面由金中镇垭口震旦系灯影组白云岩、白马洞北部剖面和高云的寒武系清虚洞组白云岩剖面组成。

由表 6-30 可知，基岩样品中稀土总量很低，在 BMDB-JY00、JZYK-JY00 和 GY-JY00 基岩样品中的稀土元素总量 ΣREE 分别为 10.10mg/kg、2.72mg/kg 和 31.10mg/kg；土壤中稀土元素总量比较高，为 179.00~344.00mg/kg，剖面底部岩土界面即粉岩层稀土元素总量最高，为 380.00~436.00mg/kg。

土壤剖面中稀土元素的分布具有垂直分层现象，往往在中下部富集程度最高，各层中稀土元素配分模式大体继承原岩稀土特征，但随风化程度的增强，轻重稀土元素比值增大，表明重稀土元素的淋失速率相对大于轻稀土元素；存在于风化壳的微生物可促使稀土元素在剖面中从上往下迁移，对稀土元素的富集和分异都起到重要的作用。

表 6-30　金中镇垭口－白马洞北－高云剖面稀土元素参数

样品号	岩性特征	ΣREE	$\dfrac{\Sigma LREE}{\Sigma HREE}$	$(La/Yb)_N$	$(La/Sm)_N$	$(Tb/Yb)_N$	δCe	δEu
BMDB-JY00	白云岩	10.10	2.01	12.27	3.94	2.24	0.65	0.82
BMDB-JY01	粉岩层	436.00	2.19	6.79	2.10	1.95	0.64	0.66
BMDB-T02	淡红色黏土	344.00	2.59	7.99	2.55	1.93	0.75	0.66
BMDB-T06	灰黑色黏土	183.00	3.70	9.31	4.41	1.28	0.94	0.61
JZYK-JY00	白云岩	2.72	2.58	11.36	5.11	1.49	0.73	1.29
JZYK-JY01	粉岩层	380.00	1.20	3.77	2.02	1.39	0.63	0.75
GY-JY00	白云岩	31.10	3.41	9.03	3.61	1.57	0.86	0.65
GY-T06	黄棕色黏土	179.00	4.72	10.66	4.69	1.33	1.07	0.60

由表 6-30 可知，三个剖面稀土元素含量都表现为轻稀土元素大于重稀土元素，轻重稀土元素的比值平均都大于 1，说明有明显的轻稀土元素富集现象。从图 6-42 可以看出，三个风化剖面土壤稀土元素的分布趋势基本一致，轻稀土元素和重稀土元素的比值都较高，呈明显的分异，稀土元素的配分模式为向右倾斜，属轻稀土富集型，Eu 呈现负异常。图 6-42 的稀土元素配分曲线还反映了金中镇垭口—白马洞北部—高云风化剖面具有岩土同源特征。

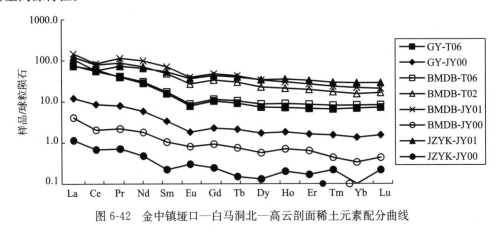

图 6-42　金中镇垭口—白马洞北—高云剖面稀土元素配分曲线

五、寒武系娄山关群白云岩风化剖面

由顶方和林家寨的娄山关群白云岩风化剖面组成。样品中基岩和油菜的稀土元素总量很低，见表 6-31，基岩样品 LJZ-JY00 和 DF-JY00 的稀土元素总量分别为 6.87mg/kg、43.66mg/kg；油菜样品 DF-YC03 和 DF-YC04 中的稀土元素总量分别为 9.03mg/kg、6.06mg/kg；土壤样品中稀土元素总量比较高，为 251.30~314.80mg/kg，平均含量为 277.8mg/kg。

表 6-31　顶方－林家寨岩土剖面稀土元素参数

样品号	岩性特征	ΣREE	$\dfrac{\Sigma\text{LREE}}{\Sigma\text{HREE}}$	$(La/Yb)_N$	$(La/Sm)_N$	$(Tb/Yb)_N$	δCe	δEu
LJZ-JY00	白云岩	6.87	3.38	11.69	3.68	1.92	0.91	0.47
LJZ-T10	土黄色黏土	251.30	4.18	9.33	5.28	1.18	1.18	0.56
DF-JY00	白云岩	43.66	2.89	6.63	3.16	1.32	0.90	0.65
DF-T01	土黄色黏土	314.80	10.97	8.45	5.27	1.07	4.32	0.60
DF-T02	黄褐色黏土	267.30	8.26	8.34	4.53	1.15	2.68	0.61
DF-YC03	油菜	9.03	3.52	15.91	5.60	1.49	0.66	0.70
DF-YC04	油菜	6.06	4.81	9.38	5.63	1.12	1.19	0.78

剖面轻稀土元素呈现明显的富集特征，ΣLREE/ΣHREE 为 2.89～10.97，(La/Yb)$_N$为6.63～15.91，均大于 1，较北美页岩组合样(La/Yb)$_N$的 5.13(陈德潜和陈刚，1990)稍大，REE 分布模式为右倾型，反映了海相热水沉积特征。轻稀土段右倾明显，(La/Sm)$_N$为 3.16～5.63，均大于 1，为轻稀土元素富集型。重稀土段则相对平缓，(Tb/Yb)$_N$为 1.07～1.92，Eu 呈现弱的负异常如图 6-43，该图还反映了顶方—林家寨岩土剖面具有岩土同源特征。

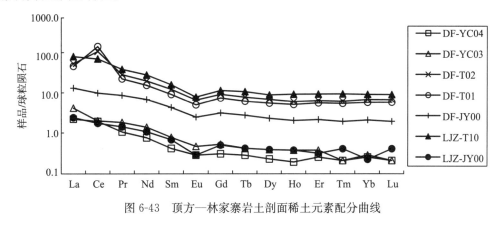

图 6-43　顶方—林家寨岩土剖面稀土元素配分曲线

六、岩石、土壤和农作物中稀土元素分布特征

通过研究得知，开阳县基岩样品中稀土元素含量相对较低，风化土壤样品中稀土元素含量较高，且具有土壤剖面底部明显富集的特征，植物样品稀土元素含量较低。

从岩性上来看白云岩含量较低，ΣREE 为 2.79～213.98mg/kg，平均为 65.94mg/kg；茅口组灰岩稀土元素含量亦较低，ΣREE 为 9.34mg/kg；黑色碳质泥岩中稀土元素含量较高，ΣREE 为 73.2～609.13mg/kg，平均为 302.7mg/kg；这可能与黑色岩系富含有机碳对稀土元素的强烈吸附有关。

土壤样品中稀土元素总量明显高于基岩，其ΣREE 为 100.6～1292.69mg/kg，平均为 389.3mg/kg，且具有底部富集现象，粉岩层中稀土元素总量很高，最高为 1292.69mg/kg；在铁质膜(层)和锰质膜(层)中有明显的富集现象；从土壤颜色上看，褐色、暗色和紫红色土壤中稀土元素含量明显高于黄色、土黄色和灰黄色土壤。

植物油菜样品稀土元素含量较低，ΣREE 为 5.24～9.03mg/kg，平均为6.78mg/kg。

油菜中稀土元素组成明显与岩土稀土元素具有相似的配分特征，如图 6-41 与图 6-43 中只是油菜稀土元素含量较岩土低一些，说明岩土中的稀土元素含量对油菜中稀土元素含量具有显著的控制作用。

稀土元素具有示踪物源的功能，五个组合岩土稀土元素的共同特征是各剖面基岩与土壤的稀土元素配分曲线两两相似，说明研究区域的土壤来源于下部基岩的风化，上部土壤继承了其下部基岩的物质组成特征。因此，当地土壤中常量元素与微量元素的地球化学特征与其地质背景中的基岩密切相关，岩石制约着土壤，土壤又制约了农作物的生长发育。另外，稀土元素对农作物的生长发育具有直接作用和影响，研究测试分析的相关数据资料可为了解当地岩土稀土元素的含量提供参考。

第六节　硒元素分布特征和硒资源利用

开阳具有丰富的硒资源，目前的研究集中在黑色岩系与硒的关系以及硒元素在区域中的分布情况，对硒元素在风化土壤剖面中的纵向分布规律尚未有研究，对硒元素富集的控制因素没有深入研究。本章第五节的研究显示了各剖面岩土同源的特征，为研究土壤与其下部的基岩关系奠定了基础。现在以 13 个风化土壤剖面的研究成果，探讨开阳硒元素的分布规律和控制因素。

一、岩石、土壤和作物中硒元素分布规律

根据岩土剖面纵向的元素地球化学特征研究得知，开阳 20 件岩石样品硒元素的平均含量为 16.00mg/kg，是地壳丰度的 200.00 倍（不含古代炼汞炉渣，含粉岩层）属于高硒地质背景。从各地层来看，二叠系茅口组灰岩中硒元素含量最高为 191mg/kg，是地壳丰度的 2387.50 倍；寒武系牛蹄塘组碳质泥岩中硒元素的平均含量为 40.50mg/kg，是地壳丰度的 506.25 倍；寒武系清虚洞组黑色碳质泥岩中硒元素的平均含量为 5.00mg/kg，是地壳丰度的 62.50 倍；二叠系茅口组、寒武系的清虚洞组和高台-石冷水组、娄山关群、震旦系灯影组等层位的白云岩中硒元素平均含量为 2.36mg/kg，是地壳丰度的 29.50 倍。古代炼汞炉渣中硒元素的平均含量为 16.50mg/kg，是地壳丰度的 206.25 倍；由此看来，二叠系茅口组灰岩中硒元素含量最高，其次为寒武系牛蹄塘组碳质泥岩、寒武系清虚洞组黑色碳质泥岩，各时代的白云岩中硒元素含量最低。古代炼汞炉渣也是高硒含量的背景，其平均含量仅次于寒武系牛蹄塘组碳质泥岩。

开阳地区震旦系厚 395m，出露面积 73km²，占全县总面积的 3.6%；寒武系厚 1626m，出露面积 1479km²，占全县总面积的 73.0%；二叠系厚 516m，出露面积 188.5km²，占全县总面积的 9.3%。该三个层位分布面积占全县的 85.9%，是开阳县出露最广泛的地层，这三个地层也代表了开阳县典型的地质背景。不同的地质背景控制着硒元素含量的空间分布。

开阳地区 48 件土壤样品硒元素的平均含量为 2.10mg/kg，是中国土壤背景值的 7.24 倍。各地层背景风化土壤剖面的硒元素平均含量情况为：寒武系牛蹄塘组碳质泥岩风化土壤、二叠系茅口组硅质白云岩风化土壤，硒元素含量最高都为 4.5mg/kg；其次是

二叠系茅口灰岩风化土壤剖面,其土壤硒元素平均含量为 3.00mg/kg;最低为寒武系白云岩、震旦系灯影组白云岩风化土壤,其硒元素平均含量为 1.78mg/kg。

硒元素在土壤剖面中有以下三种富集分布形式:底部富集型、顶部富集型和无明显分异型。底部富集型的剖面有:金中镇垭口剖面、穿洞剖面、禾丰乡剖面和哨上林中剖面;顶部富集型的剖面有:黄木村剖面、林家寨剖面、高云剖面和白马洞北部剖面;无明显分异型的有:金中镇开磷厂剖面、岩脚煤矿剖面和顶方剖面。

开阳县 4 件油菜样品硒元素的平均含量为 2mg/kg。

综上所述,开阳各地层岩石背景中硒元素含量从高至低分别为:二叠系茅口组灰岩、寒武系牛蹄塘组碳质泥岩、寒武系清虚洞组碳质泥岩以及各时代白云岩。各地层背景风化土壤剖面的硒元素平均含量从高至低分别为:寒武系牛蹄塘组碳质泥岩风化土壤、二叠系茅口组硅质白云岩风化土壤,二叠系茅口组灰岩风化土壤剖面,寒武系、震旦系白云岩风化土壤,与相应基岩硒含量分布趋势基本一致。4 件油菜样品亦属于富硒作物。反映了岩石、土壤和作物中硒元素的传承。

二、硒元素土壤剖面顶、底部富集的主要原因

硒元素顶部富集的主要原因为:土壤表层有机碳对元素的吸附是造成这些剖面硒元素顶部富集的主要原因。硒元素底部富集的主要原因,一是土壤表层元素经淋滤向下迁移,造成红黏土剖面元素底部富集;二是随 pH 的变化,在红黏土剖面中形成了铁质层,在剖面底部形成了锰质层,氢氧化铁、氢氧化锰等胶体对元素的吸附导致元素富集;红黏土剖面底部 pH 往往很高,在碱性环境下阳离子容易发生沉淀并被黏土矿物吸附而富集,碱性障是元素富集的重要原因之一。

铁质层、锰质层富集通常是湿润土壤环境的特征,主要见于我国南方,是强淋溶淀积作用的产物。普遍认为 pH 的变化是铁、锰富集的主要原因。铁、锰元素在酸性还原条件下非常活跃,但是在碱性氧化环境中,被氧化为高价态离子易与土壤溶液中的氢氧根发生反应形成氢氧化铁、氢氧化锰胶体而发生沉淀,在胶体下渗过程中吸附大量表层土壤中的各种元素,造成元素底部富集。铁、锰胶体对 pH 敏感度不同,在不同层位中沉淀富集,一般情况下铁胶体会先沉淀,锰胶体沉淀位置比铁更深。铁胶体与锰胶体对元素的吸附也有较大区别,铁质层对 Li、Se、Cd、REE 吸附较强,其他元素均表现为亏损特征,尤其是 U、As、Ni、Pb 含量极低。在锰质层中 Se、Pb、Te、Zn、V、Hg、Cu、Cr、As、REE 非常富集,而 U、Co 含量则极低,锰质层有比铁质层更强的吸附各种元素的能力,使得元素底部超常富集。

如哨上林中剖面中部紫褐色黏土层有明显的铁质富集、底部暗紫褐色黏土层有锰质富集。哨上林中红黏土剖面与其他红黏土剖面一样显示出 pH 随着深度加深而加大的现象。剖面上部表层有较多的腐殖质,土壤经过耕作,植物根系吸收了大气中大量的 CO_2 后土壤溶液呈弱酸性。表层土壤经强烈淋溶作用流体向下渗移并与下层的碱性阳离子结合,酸性慢慢被中和,pH 逐渐增加。此外,在粉岩层周围没有被完全风化的长石类矿物水解消耗了大量的 H^+,因此 pH 在整个红黏土风化剖面底部偏高。pH 的增高导致铁质和锰质的富集,进而造成元素在底部的富集和超常富集。

三、富硒地层及富硒土壤控制因素

(一)地层富硒控制因素

1. 二叠系茅口组灰岩

开阳县的茅口组灰岩及硅质白云岩中硒元素含量最高,硒元素的富集类似于湖北恩施二叠系大隆层硅质岩夹碳质页岩的热水热液形成机理。

2. 寒武系牛蹄塘组黑色岩系

通过微量元素数据的对比分析发现,开阳牛蹄塘组黑色岩系中 V、Mo、Ni、U 和 As 等元素含量很高,Se 的含量亦很高,说明黑色岩系与 Se 的富集有密切的关系,是区域富硒的物质来源层。

早寒武世,开阳地区处于扬子陆棚(李胜荣和高振敏,1995),泛大陆解体,扬子陆块与华夏陆块在强烈拉张下,加速沉降,加之海侵作用海平面上升与构造沉降的双重作用,造成早寒武世华南地区的一次重要的缺氧事件,并引起了大量黑色沉积建造的形成(唐红松等,2005),使得这套黑色岩系中富含 Se、V、Co、Zn、Mo、As、Cd、Pb、Sb、U、Ba、Li、Ni、Re、Th、Tl、W。通过前人的大量研究,普遍认为早寒武世黑色岩系是一种低能滞留、缺氧还原环境下的沉积产物(李胜荣等,2002;杨瑞东等,2005,2006;陈兰等,2006;冯彩霞等,2010)。

特征元素或元素对比值对沉积环境的变化很敏感。Marchig 等(1982)关于现代大洋热水沉积物微量元素特征的研究成果表明,As 和 Sb 富集是判别热水沉积物与正常沉积物的重要标志,开阳黑色岩系中各样品均富含 As 和 Sb,它们的含量为 $16\sim4990\text{mg/kg}$ 和 $2.53\sim183.50\text{mg/kg}$,平均含量分别为 1048.74mg/kg 和 39.12mg/kg,相对于地壳丰度富集系数分别为 $7.27\sim2268.18$ 和 $4.22\sim305.83$,显示出典型的热水沉积特征;Ba/Sr 的比值可以用作判别海相、陆相沉积物的依据,还可以衡量海底热水流体作用的尺度,Ba/Sr>1 表示海底热水沉积物,Ba/Sr 越大,反映海底热水流体作用的影响程度越大,开阳黑色岩系 Ba/Sr 在 $1.03\sim38.87$,均大于 1,说明黑色岩系沉积于热水流体活动强烈的海底环境;Rona(1978)的研究表明在沉积速率较高的热水沉积岩中 U 含量很高,因此热水沉积岩一般 U/Th>1,而正常沉积岩中 U/Th<1,研究区除样品 BMDN-JY02、BMDN-JY03 中 U/Th<1 外,其余样品中 U/Th 在 $1.21\sim61.26$,具有明显的热水沉积岩的特征。

Yarincik 等(2000)的研究表明,V/(V+Ni)能反映水体的氧化还原条件,V/(V+Ni)>0.46 为缺氧环境,V/(V+Ni)<0.46 为富氧环境。开阳黑色岩系 V/(V+Ni)比值除禾丰白云岩(HF-JY00)V/(V+Ni)为 0.29 外,其余样品 V/(V+Ni)为 $0.48\sim0.95$,均大于 0.46,反映了其缺氧的沉积环境;Wignall(1994)提出 $\delta U=6U/(3U+Th)$ 可以判别沉积环境,当 $\delta U>1$ 时,表示缺氧环境,反之则表示正常的海水沉积环境,研究区除白马洞南部炭质泥岩破碎带(BMDN-JY02)、白云岩(BMDN-JY03)外,其他样品 $\delta U>1$,说明其形成于缺氧的环境;Arthur(1994)提出 U 在缺氧环境下相对稳定,U/Th 可以反映氧化还原条件,当 U/Th>0.75 为缺氧环境,U/Th<0.75 为富氧环境,研究区除白马洞南部炭质泥岩破碎带(BMDN-JY02)、白云岩样品(BMDN-JY03)外,其他样品 U/Th>

0.75，也显示了当时的沉积环境为缺氧还原条件；此外，Se、Mo 和 V 均为生物活性元素，它们的高度富集，表明研究区岩石的形成有生物活动的参与(涂光炽等，2004；王敏等，2004)。在下寒武统沉积作用加速，扬子克拉通南缘加里东冒地槽中的盆地热卤水受到挤压而顺层侧向迁移，从周围环境中汲取了丰富的 Mo、V 和 Ni 等成矿元素，形成的成矿热液盐度很高，并沿深大断裂向上迁移与海水混合，而造成 Se、Mo、V、U、Ba 和 Ni 等元素的大量富集，热水沉积作用是导致 Se、Mo、V、U、Ba 和 Ni 等元素超常富集的重要因素。

开阳牛蹄塘组黑色岩系中岩石有机质含量高，在成岩时岩石有机质已经富集了部分硒元素，这也是牛蹄塘组黑色岩系富含硒元素的原因之一。

综上所述，研究区早寒武世黑色岩系主要表现为缺氧还原条件下的低温热水沉积特征，且富集 Se、Ni、Mo、V 等多种元素。其形成的富硒地层具有原生性。富硒区域受到黑色页岩分布区域控制，是开阳地层富硒控制因素之一。

3. 二叠系煤系地层

二叠系煤系地层出露区域，如开阳南部的岩脚煤矿、北部的黄木村一带，土壤表层硒元素富集明显，二叠系煤系地层与土壤表层硒元素富集关系密切。煤系地层富含有机质，有机质对硒元素具有强烈吸附作用，造成硒元素的富集。

4. 深部物质的参与

开阳白马洞铀矿成因的研究结果表明，不仅在寒武系牛蹄塘组黑色岩系上覆地层富硒，而其下伏地层亦同样富硒，说明不仅是黑色岩系为区域富硒的矿源层。白马洞灯影组铀矿化层位，其富集了 U、As、Se、V、Mo 和 Ni 等多种成矿元素，这些元素的富集与深部物质沿区域性大断裂迁移的参与有关(陈露明，1990；陈露明和张启发，1993；李朝阳等，2003；杨瑞东等，2014)。白马洞深大断裂附近土壤表层硒元素富集明显。白垩系和板溪群清水江组地层出露的区域土壤表层硒含量较低。

(二)土壤富硒控制因素

开阳土壤富硒控制因素和上述稀土元素富集类似。从剖面来看，开阳褐色黏土、棕色黏土、粉岩层等暗色黏土层中硒元素超常富集；而在浅色黏土层中硒元素含量较低；硒元素富集的层位其 Fe、Mn 元素也超常富集。开阳表层土壤硒分布详见何邵麟(2011)。归纳起来，开阳土壤富硒控制因素表现在以下几个方面。

1. 基岩是红黏土剖面中硒的物质来源

基岩是红黏土剖面中硒的物质来源，是土壤中硒含量的主要控制因素。李娟等(2004)对开阳地区自然土壤中硒含量与基岩中的硒含量间的继承性进行了相关分析，结果表明：当 $y=0.967x-0.11(R^2=0.9453)$ 时，自然土壤硒含量与基岩中硒含量之间呈极显著正相关，说明基岩是自然土壤中硒的最主要来源，这是硒富集的关键性控制因素。在各研究剖面中基岩与土壤稀土元素配分曲线类似，说明风化土壤来自底部的基岩，土壤中的硒元素亦来源于基岩，基岩中硒含量的多少是土壤中硒富集程度的关键控制因素。

2. 淋滤迁移

开阳地处亚热带湿润气候区，降水丰沛，硒元素经淋滤作用向下迁移，并在红黏土剖面底部富集。

3. 碱性障的影响

随着 pH 的变化(图 6-44),在哨上林中土壤剖面底部形成了锰质层,锰质层上部形成了铁质层。氢氧化铁、氢氧化锰等胶体对元素的吸附导致元素富集。红黏土剖面底部 pH 很高,碱性环境中元素的阳离子易发生沉淀,与黏土吸附而富集,碱性障是元素包括硒、稀土元素富集的重要原因之一。

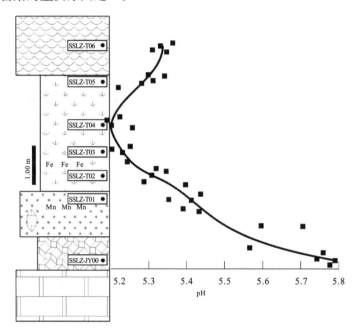

图 6-44　哨上林中红黏土剖面土壤 pH 变化图

4. 有机质的影响

根据贵阳市多目标区域地球化学调查成果,贵阳市地表土壤 Se、Cu、Zn、Mn、Mo、N、C、B、F、S、Fe_2O_3 和有机碳含量较高。开阳土壤有机碳含量较高,并且有机碳高值区与硒元素富集分布区较好地吻合(何邵麟,2011)。

土壤中有机碳对元素硒具有强烈的吸附作用,因此有机质吸附是土壤表层富硒的重要控制因素。富含有机质的岩石本身吸附了大量的硒元素,在风化成土以后也使得土壤富含硒元素。开阳硒元素的赋存与土壤表层、深层有机碳的分布具有密切关系,有机碳分布较高的区域,如永温—冯三—宅吉、龙岗—高寨等地,区域土壤表层硒元素富集明显;有机碳含量较低的如花梨地区,土壤表层硒元素含量亦较低。

红黏土剖面底部含有较高的有机质(杨瑞东,2008),其分解过程又比较缓慢,因此积累明显。有机质的主要成分为带负电荷的胶体颗粒,Fe、Mn 等阳离子与这些有机质作用而形成难溶的络合物被束缚在黏粒上,土壤中的硒被吸附在这些胶体上,在有丰富腐殖质的水合氧化铁与氧化锰的表面,与硒结合形成难溶性的亚硒酸铁。其他有机化合物与硒也能形成难溶的有机硒化物,在红黏土底部缓慢形成过程中,经过日积月累,而形成硒的超常富集。

四、富硒资源与开发利用

(一)富硒资源

通过对开阳地区 13 条典型风化土壤剖面、18 件岩石样品、52 件土壤样品和 4 件油菜样品的元素测试分析，研究各剖面中硒元素的纵向分布规律，结合贵阳市多目标区域地球化学调查成果，探讨开阳富硒区域及硒元素富集的控制因素，目的是促进当地富硒资源的开发利用。综合研究成果取得了以下几点认识。

(1)开阳基岩样品硒元素含量平均为 16.74mg/kg，是地壳丰度的 209.25 倍；基岩样品硒元素含量由高到低分别是：二叠系茅口组灰岩；寒武系牛蹄塘组黑色岩系；寒武系清虚洞组黑色岩系；震旦系、寒武系和二叠系等各时代的白云岩。基岩是土壤剖面中元素富集的主要控制因素，土壤元素具有继承风化母岩的特征。

(2)开阳 52 件土壤样品硒元素的平均含量为 2.08mg/kg，是中国土壤背景值的 7.17 倍。硒元素在剖面中有以下几种富集分布形式：底部富集型、顶部富集型和无明显分异型。

(3)开阳地区土壤硒富集的主要控制因素有 4 个方面。①基岩控制即风化土壤矿质元素对基岩的继承：如寒武系黑色页岩分布区，主要是受热水热液作用而形成的地层，其中大量富集 Se、U、Ba、Ni、Mo 和 V 等元素；二叠系煤系地层中富含生物活性物质，对各种元素产生吸附。②表层土壤富硒是由于表层土壤含大量的有机碳，有机碳具有较强的吸附硒的作用，使表层富含有机质的土壤富集硒。③土壤表层元素经淋滤向下迁移，这些元素富集于土壤下部。红黏土剖面底部硒富集与稀土富集具有相似的机理，随着剖面底部土壤 pH 的增高，碱性障的存在使元素沉淀而超常富集。④由于胶体化学吸附作用，土壤剖面中铁质层、锰质层富集硒。

(4)开阳大部分地区土壤表层硒含量为 0.4～0.8mg/kg，高于全国平均含量 0.23mg/kg，占全县面积的 70% 左右；有约 26% 的区域土壤表层硒含量在 0.8～1.6mg/kg，分布在马场、官坡—冯三—双流一线、白马洞、穿洞—禾丰—哨上一线和龙岗—高寨一线这几个区域；县城东部花梨—永兴一带硒元素相对含量较低，含量小于 0.4mg/kg (何邵麟，2011)。

(二)开阳县富硒农作物种植区划

自 20 世纪 90 年代以来，开阳县已成为省会贵阳市近邻农业综合开发大县，同时也是贵州省粮油、肉类、蔬菜、茶叶的主要生产基地。根据开阳县富硒地层与土壤的研究成果得知，该县具备了大力开发天然优质富硒粮、油、茶、果、药等现代农业的条件，充分利用县域的硒资源分布优势，在富硒区域进行规模化特色农作物种植，形成富硒产业，可以将开阳打造为贵州名副其实的富硒农产品县份。

根据开阳县富硒地层出露、有机质富集分布和土壤表层硒分布等研究成果的叠加套合，圈定了开阳县富硒农作物种植区划，区划分为两个部分。

(1)开阳县大部分地区土壤表层硒含量为 0.4～0.8mg/kg，高于全国平均含量 0.23mg/kg，占全县面积的 70% 左右，划定为一般农作物种植区，这些地区为具有较高硒元素农产品的生产地区。

（2）开阳县约26％的区域土壤表层硒含量在0.8～1.6mg/kg，分布在马场—官坡—冯三—永温一线、双流—白马洞、穿洞—禾丰—哨上一线和龙岗—高寨一线这几个区域，是宝贵的高硒富集背景区，可大力开发天然优质富硒粮、油、茶、果和药等农产品。

参 考 文 献

白宝璋, 田文勋, 赵景阳. 1994. 铜对马铃薯生物效应的研究 [J]. 吉林农业科学, 19(1): 54-58.

白瑞琴, 孟海波, 周爽. 2012. 重金属 Cd 对两个马铃薯品种生长发育的影响 [J]. 华北农学报, 27(1): 168-172.

白嵩, 吕芳芝, 白宝璋, 等. 1996. 铜对马铃薯块茎产量与生理生化特性的影响 [J]. 植物学通报, 13(1): 58-59.

毕坤. 1994. 黔南烤烟的农业地质种植实验 [J]. 贵州地质, 11(1): 75-80.

毕坤. 1997. 论贵州茶叶品质与地质环境的关系 [J]. 贵州地质, 14(2): 105-120.

毕坤, 王尚彦, 李跃荣, 等. 2003. 农业生态地质环境与贵州优质农产品 [M]. 北京: 地质出版社.

边清泉, 刘家琴, 李松. 2005. 不同品种鱼腥草中槲皮素含量的检测与比较 [J]. 光谱实验室, 22(5): 1118-1120.

边清泉, 李辉容, 杨驰, 等. 2008. HPLC 测定不同品种鱼腥草中绿原酸的含量 [J]. 绵阳师范学院学报, 27(5): 43-45.

边清泉, 李天东, 何志坚, 等. 2009. 鱼腥草中 3 种有效成分含量的测定 [J]. 分析试验室, 28(5): 57-60.

别风雷, 李胜荣, 孙岱生, 等. 2000. 川西呷村黑矿型多金属矿床热液体系稀土元素组成特征 [J]. 矿物学报, 20(3): 233-241.

曹洪松. 1995a. 山东肥城桃种植区地质背景调查及适宜种植性研究 [M]. 北京: 科学出版社.

曹洪松. 1995b. 肥城桃品质和产量与地质背景相关性讨论 [J]. 山东地质, 11(2): 76-86.

蔡建华, 黄奔立, 陈洁, 等. 2007. 矿质元素对甜椒生长及其抗疫病性的影响 [J]. 江苏农业学报, 23(1): 46-49.

陈灿, 黄璜. 2009. 鱼腥草高产栽培与利用 [M]. 北京: 金盾出版社.

陈德潜, 陈刚. 1990. 实用稀土元素地球化学 [M]. 北京: 冶金工业出版社.

陈兰, 钟宏, 胡瑞忠, 等. 2006. 黔北早寒武世缺氧事件: 生物标志化合物及有机碳同位素特征 [J]. 岩石学报, 22(9): 2413-2423.

陈黎, 郑有良, 吴卫, 等. 2007. 不同来源鱼腥草中槲皮素含量差异比较研究 [J]. 药物分析杂志, 27(8): 1232-1235.

陈露明. 1990. 504 铀矿床成因探讨 [J]. 铀矿地质, 6(3): 135-145.

陈露明, 张启发. 1993. 504 铀汞钼多金属矿床中镍、硒、铼、铊的分布特征 [J]. 贵州科学, 11(4): 57-62.

陈茂勋, 李永立. 1990. 现代农业与地质科学——兼论四川农业地质的任务与课题 [J]. 四川地质学报, 10(2): 121-126.

陈蓉, 毕坤. 2003a. 贵州地质环境与优质大米生产关系 [J]. 贵州工业大学学报(自然科学版), 32(5): 98-102.

陈蓉, 毕坤. 2003b. 论矿物元素是地质与农业结合的切入点 [J]. 国土资源科技管理, 20(5): 53-57.

陈蓉, 毕坤. 2006. 贵州省农业地质区划与农业综合区划的关系 [J]. 贵州地质, 23(1): 69-74.

陈蓉, 毕坤, 邹世荣. 2009. 贵州喀斯特农业生产中多种矿物元素液态肥的应用效果分析 [J]. 中国岩溶, 28(2): 194-198.

陈蓉, 龙杰, 任海利, 等. 2012. 贵州六盘水地区马铃薯种植地质环境分析 [J]. 贵州农业科学, 40(3): 79-82.

陈蓉, 杨瑞东, 董敏, 等. 2013. 贵州六盘水地区马铃薯种植区域地球化学特征 [J]. 地球与环境, 41(5): 560-565.

陈新, 崔健. 1999. 药材产地对药材质量影响因素探讨 [J]. 中草药, 30(11): 864.

陈贻芳. 2012. 不同盐对马铃薯淀粉特性影响的研究 [D]. 武汉: 华中农业大学硕士学位论文.

杜长玉, 高明旭, 刘全贵. 1999. 不同微肥在马铃薯上应用效果的研究 [J]. 马铃薯杂志, 13(3): 141-144.

杜向群, 陈敏燕, 许颖. 2012. 鱼腥草成分、药理的研究进展 [J]. 江西中医药, 43(2): 66-68.

杜祥备. 2011. 施肥对马铃薯不同品种铜硼钼吸收分配规律的影响 [D]. 呼和浩特: 内蒙古农业大学硕士学位论文.

杜晔. 2011. 探析影响中药质量的因素 [J]. 中国实用医药, 6(24): 227-228.

方成武, 金传山, 邓先瑜, 等. 2001. 何首乌、知母、太子参 [M] // 肖培根、杨世林主编. 药用植物种养加工技术. 北京: 中国中医药出版社.

范德廉, 张焘, 叶杰. 1998. 缺氧环境与超大矿床的形成 [J]. 中国科学(D辑), 28 (S1): 57-62.

冯彩霞, 刘燊, 胡瑞忠, 等. 2010. 遵义下寒武统富硒黑色岩系地球化学: 成因和硒富集机理 [J]. 地球科学: 中国地质大学学报, 35(6): 947-958.

高琳, 龙怀玉, 刘鸣达, 等. 2011. 农业地质背景与特色农作物品质相关性研究进展 [J]. 土壤通报, 42 (5): 1263-1267.

贵州省地质矿产局. 1987. 贵州省区域地质志 [M]. 北京: 地质出版社.

国家环境保护局, 国家技术监督局. 1995. 土壤环境质量标准: GB15616—1995 [S]. 北京: 中国标准出版社.

国家环境保护总局. 2006. 食用农产品产地环境质量评价标准: HJ/T 332—2006 [S]. 北京: 中国环境科学出版社.

国家药典委员会. 2005. 中华人民共和国药典(2005 年版)一部 [M]. 北京: 中国医药科技出版社.

国家药典委员会. 2010. 中华人民共和国药典(2010 年版)一部 [M]. 北京: 中国医药科技出版社.

龚子同, 陈鸿昭. 1995. 中国名特优农产品的土壤地球化学环境 [J]. 土壤学进展, 23(4): 1-11.

郭洪芸, 傅连海, 刘刚. 1999. 叶面喷施 B、Cu 对马铃薯的影响 [J]. 马铃薯杂志, 13(3): 131-133.

郭卉. 2008. 重金属 Cd、Zn 对马铃薯生长及品质的影响 [D]. 长沙: 湖南农业大学硕士学位论文.

韩怡, 巢建国, 谷巍, 等. 2012. 不同产地太子参环肽 B 含量测定 [J]. 现代中药研究与实践, 26(5): 69-71.

贺诚. 2007. 青海省乐都县干旱山区马铃薯氮磷肥施用技术研究 [J]. 安徽农业科学, 35(8): 2270, 2284.

何邵麟. 2011. 服务生态文明, 致力民生工程——贵阳市多目标区域地球化学调查成果简介 [J]. 贵州地质, 28(4): 314, 318.

何腾兵, 董玲玲, 刘元生, 等. 2006. 贵阳市乌当区不同母质发育的土壤理化性质和重金属含量差异研究 [J]. 水土保持学报, 20(6): 157-162.

胡煜雯, 高静贤, 巢建国, 等. 2014. 不同生长期太子参药效成分 HPLC 分析 [J]. 南京中医药大学学报, 30 (3): 280-282.

黄昌勇, 徐建明. 2010. 土壤学 [M]. 第 3 版. 北京: 中国农业出版社.

黄成敏, 王成善. 2002. 风化成土过程中稀土元素地球化学特征 [J]. 稀土, 23(5): 46-49.

黄冬寿, 王树贵. 2010. 福建 "柘荣太子参" 栽培环境的道地性研究 [J]. 中国野生植物资源, 29(2): 12-14.

黄科, 刘明月, 蔡雁平, 等. 2002. 氮磷钾施用量与辣椒品质的相关性研究 [J]. 西南农业大学学报, 24 (4): 363-367.

黄岚. 2010. 贵州中草药资源种类居全国第二 [N]. 中国中医药报. 2010.02.11

黄益宗, 朱永官, 黄凤堂, 等. 2004. 镉和铁及其交互作用对植物生长的影响 [J]. 生态环境, 13(3): 406-409.

黄毓明. 2007. 优质高产天宝蕉的农业地质环境分析 [J]. 水文地质工程地质, 34(6): 121-125.

贺行良, 刘昌岭, 任宏波, 等. 2008. 青岛崂山茶园土壤微量元素有效量及其影响因素研究 [J]. 土壤通报, 39 (5): 1131-1134.

姜建军, 侯春堂. 2003. 中国农业地学研究新进展 [M]. 北京: 中国大地出版社.

赖立彩. 2010. 浙南山区气候特征与高山蔬菜基地建设 [J]. 吉林农业, 17(5): 68-69.

赖忠盛. 1989. 稀土元素对辣椒产量和品质影响的初步研究 [J]. 新疆农垦科技, 12(2): 14-16.

劳秀荣, 张淑茗. 1999. 保护地蔬菜施肥新技术 [M]. 北京: 中国农业出版社.

李朝阳, 刘玉平, 叶霖, 等. 2003. 有关贵州成矿研究中的几个问题讨论 [J]. 矿物岩石地球化学通报, 22 (4): 350-355.

李继云, 任尚学, 陈代中. 1982. 陕西省环境中的硒与大骨节病关系的研究 [J]. 环境科学学报, 2(2): 91-101.

李景阳, 王朝富, 樊廷章. 1991. 试论碳酸盐岩风化壳与喀斯特成土作用 [J]. 中国岩溶, 10(1): 29-38.

李军, 李祥东, 张殿军. 2002. 硼钼营养对马铃薯鲜薯产量及活性氧代谢的影响 [J]. 中国马铃薯, 16(1): 10-13.

李军, 李长辉, 刘喜才. 2004. 土壤通气性对马铃薯产量的影响及其生理机制 [J]. 作物学报, 30(3): 279-283.

李娟, 汪境仁. 2003. 贵州省开阳县硒资源及其综合开发利用研究 [J]. 贵州农业科学, 31(3): 73-74.

李娟, 龙健, 汪境仁. 2004. 贵州开阳地区土壤中硒的地球化学特征 [J]. 土壤通报, 35(5): 579-582.

李明辉, 梁晓龙, 盖玉国. 2001. 农业地质主攻方向初探 [J]. 沉积与特提斯地质, 21(2): 108-112.

李瑞玲, 崔运启, 秦彩霞. 2014. 鱼腥草中槲皮素的提取及含量测定 [J]. 化学与生物工程, 31(2): 72-74.

李瑞敏, 侯春堂. 2003. 国内外农业地质研究进展 [M]. // 姜建军, 侯春堂主编. 中国农业地学研究新进展. 北京:

中国大地出版社.

李绍平, 赵静, 钱正明, 等. 2010. 色谱技术在中药有效成分辨识中的应用进展 [J]. 中国科学: 化学, 40 (6): 651-657.

李胜荣, 高振敏. 1995. 湘黔地区牛蹄塘组黑色岩系稀土特征——兼论海相热水沉积岩稀土模式 [J]. 矿物学报, 15 (2): 225-229.

李胜荣, 肖启云, 申俊峰, 等. 2002. 贵州遵义下寒武统黑色岩系中贵金属的表生活动性初探 [J]. 自然科学进展, 12(6): 612-616.

李正积. 1986. 四川梯田(土)的宜种性与地质的关系 [J]. 中国水土保持, 7(3): 6-9.

李正积, 付平都, 庞在祥, 等. 1994. 涪陵榨菜菜头品质与地质背景关系的研究 [J]. 四川地质学报, 14 (2): 149-160.

李志洪, 王淑华. 2000. 土壤容重对土壤物理性状和小麦生长的影响 [J]. 土壤通报, 31(2): 55-57.

李宗孝, 王晓玲, 温普红, 等. 2004. 辣椒红素与辣椒碱的分离 [J]. 精细化工, 21(5): 359-360.

黎彤. 1976. 化学元素的地球丰度 [J]. 地球化学, 5(3): 167-174.

梁飞, 李健, 张卫, 等. 2013. 谈"道地药材"的形成原因 [J]. 中国中药杂志, 38(3): 466-468.

林年丰. 1991. 医学环境地球化学 [M]. 长春: 吉林科学技术出版社.

刘春艳. 2006. 辣椒的食用价值 [J]. 辣椒杂志, 4(4): 39.

刘丛强. 2009. 生物地球化学过程与地表物质循环: 西南喀斯特土壤-植被系统生源要素循环 [M]. 北京: 科学出版社.

刘金兵, 赵华仑, 孙洁波, 等. 2000. 辣椒果实成熟过程中维生素C、辣椒素及干物质含量的变化 [J]. 江苏农业学报, 16(1): 61-62.

刘凯. 2008. 不同生态条件下马铃薯淀粉含量及其品质差异 [D]. 哈尔滨: 东北农业大学硕士学位论文.

刘凯, 张琦琦, 石瑛, 等. 2008. 不同生态条件下马铃薯品种的淀粉含量分析 [J]. 中国马铃薯, 22(2): 85-87.

刘克汉, 刘玲. 2009. 贵州常用中药材种植加工技术 [M]. 贵阳: 贵州科技出版社.

刘文景, 涂成龙, 郎赟超, 等. 2010. 喀斯特地区黄壤和石灰土剖面化学组成变化与风化成土过程 [J]. 地球与环境, 38(3): 271-279.

刘文景, 刘丛强, 赵志琦, 等. 2011. 喀斯特地区风化与成土过程特征: 黄壤和石灰土剖面Sr同位素地球化学研究 [J]. 地球环境学报, 2(2): 331-336.

刘效瑞, 王景才, 祁凤鹏. 1996. B、Mo、Mn、Zn 在马铃薯上的应用效果研究 [J]. 马铃薯杂志, 10(2): 108-109.

刘秀梅, 聂俊华, 王庆仁. 2002. 6种植物对Pb的吸收与耐性研究 [J]. 植物生态学报, 26(5): 533-537.

卢建武. 2012. 马铃薯新大坪的干物质和养分积累与分配规律研究 [D]. 兰州: 甘肃农业大学硕士学位论文.

卢耀如. 1986. 中国喀斯特地貌的演化模式 [J]. 地理研究, 5(4): 25-35.

鲁成银. 2004. 茶叶质量安全 [J]. 茶叶, 30(2): 67-69.

鲁洪娟, 叶正钱, 杨肖娥, 等. 2005. 土壤-植物系统中的汞污染与农产品安全生产 [J]. 广东微量元素科学, 12 (6): 1-5.

吕晔, 陈宝儿. 2001. 丹参、太子参、半夏、北沙参、板蓝根、贝母、元胡、白芷、玄参、麦冬、薏苡(中药材种养关键技术丛书) [M]. 南京: 江苏科学技术出版社.

栾文楼, 杨剑平, 高永丰, 等. 2004. 影响大枣品质的岩土元素地球化学特征——以石家庄市变质岩山区为例 [J]. 山地学报, 22(5): 613-618.

罗世琼, 彭全材, 柳丹丹. 2008. 高效液相色谱法测定鱼腥草不同部位中槲皮素的含量 [J]. 贵州师范大学学报(自然科学版), 26(3): 96-99.

罗文芳, 罗文忠. 2002. 大方县发展优质魔芋的气候适宜性分析 [J]. 贵州气象, 26(1): 17-20.

罗应忠. 1991. 氮磷钾对早熟辣椒产量形成的影响 [J]. 湖北农业科学, 12: 27-30.

雒昆利, 姜继圣. 1995. 陕西紫阳、岚皋下寒武统地层的硒含量及其富集规律 [J]. 地质地球化学, 23(1): 68-71.

雒昆利, 邱小平. 1995. 陕西安康地区紫阳县富硒作物分析 [J]. 自然资源, 17(2): 68-72.

雒昆利, 潘云唐, 王五一, 等. 2001. 南秦岭早古生代地层含硒量及硒的分布规律 [J]. 地质论评, 47(2):

211-217.

马扶林，宋理明，王建民. 2009. 土壤微量元素的研究概述 [J]. 青海科技，3：32-36

马英军，刘丛强. 1999. 化学风化作用中的微量元素地球化学——以江西龙南黑云母花岗岩风化壳为例 [J]. 科学通报，44(22)：2433-2437.

苗莉，徐瑞松，徐金鸿. 2007. 粤西地区土壤——植物系统中稀土元素地球化学特征 [J]. 土壤学报，44(1)：54-62.

聂发辉. 2005. 关于超富集植物的新理解 [J]. 生态环境，14(1)：136-138.

彭锐，孙年喜，马鹏，等. 2010. 川党参品质形成及影响因素研究 [J]. 时珍国医国药，21(4)：864-865.

彭益书，杨瑞东，郎咸东，等. 2013. 贵阳市乌当区中药材种植地质环境分析 [J]. 南方农业，7(4)：72-76.

彭益书，陈蓉，杨瑞东，等. 2014a. 鱼腥草5种有害元素含量与其种植土壤中含量的相关性 [J]. 贵州农业科学，42(3)：187-190.

彭益书，陈蓉，杨瑞东，等. 2014b. 贵阳市乌当区太子参及其种植土壤中14种元素含量与道地性 [J]. 贵州农业科学，42(11)：109-113.

彭益书，韩晓彤，陈蓉. 2014c. 贵州大方辣椒种植基地生态地质环境分析 [J]. 广东农业科学，41(18)：127-131，237.

彭益书，陈蓉，杨瑞东，等. 2015a. 贵阳乌当区太子参及其种植土壤稀土元素分布特征 [J]. 河南农业科学，44(1)：45-51.

彭益书，陈蓉，杨瑞东，等. 2015b. 乌当区太子参环肽B含量及其与元素含量的相关性 [J]. 西南农业学报，28(1)：274-278.

秦民竖，余永邦，余国奠，等. 2003. 太子参生物学特性的研究 [J]. 中国野生植物资源，22(1)：25-26.

屈冬玉，金黎平，谢开云. 2001. 中国马铃薯产业现状、问题和趋势 [C]. //中国作物学会马铃薯专业委员会2001年年会论文集.

任海利，高军波，龙杰，等. 2012a. 贵州开阳地区富硒地层及风化土壤地球化学特征 [J]. 地球与环境，40(2)：161-170.

任海利，龙杰，韩晓彤，等. 2012b. 贵州开阳地区新元古代灯影组白云岩风化成土剖面微量元素地球化学特征 [J]. 土壤通报，43(5)：1086-1093.

任丽萍. 2008. 中药材的规模化种植和规范化管理是实现中药现代化的必经之路 [J]. 中医药管理杂志，16(8)：610-611.

任明强，张爱德，卢正艳，等. 2009. 贵州喀斯特与非喀斯特农业生态地质环境质量对比研究 [J]. 中国岩溶，28(4)：397-401.

任明强，赵宾，赵国宣，等. 2011. 贵州茶叶品质与地质环境的关系 [J]. 贵州农业科学，39(2)：30-33.

阮俊，彭国照，罗清，等. 2009. 不同海拔和播期对川西南马铃薯品质的影响 [J]. 安徽农业科学，37(5)：1950-1951.

宋成祖. 1989. 鄂西南渔塘坝沉积型硒矿化区概况 [J]. 矿床地质，8(3)：83-89.

宋学锋，侯琼. 2003. 气候条件对马铃薯产量的影响 [J]. 中国农业气象，24(2)：35-38.

宋云华，沈丽璞，王贤觉. 1987. 某些岩石风化壳中稀土元素的初步探讨 [J]. 科学通报，32(9)：695-698.

苏晓云. 1998. 中国硒资源的开发与利用 [M]. 北京：气象出版社.

宿飞飞. 2006. 生态区域对马铃薯淀粉含量及其品质性状的影响 [D]. 哈尔滨：东北农业大学硕士学位论文.

谭建，陈蓉，廖勇，等. 2009. 补偿矿物营养元素对烟叶质量及产量的影响 [J]. 贵州农业科学，37(7)：37-40.

童丽姣，姚银香，王鑫波. 2008. 浅谈影响中药质量的原因及对策 [J]. 海峡药学，20(2)：107-108.

唐红松，徐文杰，谢世业，等. 2005. 我国下寒武统黑色岩系的矿产类型 [J]. 矿产与地质，19(4)：341-344.

田永辉，梁远发，王家伦，等. 2000. 茶园土壤物理性状对土壤肥力贡献研究 [J]. 贵州茶叶，3：22-23，27.

涂光炽，高振敏，胡瑞忠，等. 2004. 分散元素地球化学及成矿机制 [M]. 北京：地质出版社.

王翠. 2010. 马铃薯对镉、铅胁迫响应与富集的基因型差异 [D]. 雅安：四川农业大学硕士学位论文.

王甘露，朱笑青. 2003. 贵州省土壤硒的背景值研究 [J]. 环境科学研究，16(1)：23-26.

王光慈. 2001. 食品营养学 [M]. 北京：中国农业出版社.

王恒旭，王志坤，胡永华，等. 2006. 农业地质概述及应用前景 [J]. 安徽农业科学，34(5)：958-959.

王克卓，任燕，田纹全，等. 2004. 新疆哈密五堡地区大枣、葡萄种植区农业地球化学特征初探 [J]. 新疆地质，22 (4)：386-390.

王莲，袁艺. 2008. 不同产地鱼腥草中绿原酸、槲皮素含量测定 [J]. 药物分析杂志，28(7)：1081-1083.

王敏，孙晓明，马名扬. 2004. 黔西新华大型磷矿磷块岩稀土元素地球化学及其成因意义 [J]. 矿床地质，23 (4)：484-493.

王文凯，贾静，丁仁伟，等. 2011. 太子参近年研究概况 [J]. 中国实验方剂学杂志，17(12)：264-267.

王珊珊. 2010. 施肥对马铃薯不同品种硫钙镁吸收分配规律及产质量的影响 [D]. 呼和浩特：内蒙古农业大学硕士学位论文.

王世杰，季宏兵，欧阳自远. 1999. 碳酸盐岩风化成土作用的初步研究 [J]. 中国科学(D辑)，29 (6)：441-449.

王世杰，季宏兵，孙承兴. 2001. 贵州平坝县白云岩风化壳中稀土元素分布特征之初步研究 [J]. 地质科学，36 (4)：474-480.

王世杰，孙承兴，冯志刚，等. 2002. 发育完整的灰岩风化壳及其矿物学与地球化学特征 [J]. 矿物学报，22 (1)：19-29.

王孝华，董恩省，赵明勇，等. 2014. 鱼腥草与玉米间作对鱼腥草产量和效益的影响 [J]. 湖南农业科学，43 (4)：34-36.

王效举，陈鸿昭. 1994. 长江三峡地区不同茶园土壤地球化学特征及其与茶叶品质的关系 [J]. 植物生态学报，18 (3)：253-260.

王艳芳，王新华，朱宇同. 2003. 槲皮素药理作用研究进展 [J]. 天然产物研究与开发，15(2)：171-173.

王云，魏复盛. 1995. 土壤环境元素化学 [M]. 北京：中国环境科学出版社.

汪洪，褚天铎. 1999. 植物镁素营养的研究进展 [J]. 植物学通报，16(3)：245-250.

汪建飞，何友昭，曹心德. 1999. 稀土微肥对辣椒品质的影响及其中稀土含量的 ICP-MS 法测定 [J]. 稀土，20 (3)：48-50.

汪境仁，李廷辉. 2001. 贵州开阳硒资源开发利用研究 [M]. 贵阳：贵州科技出版社.

吴卫，郑有良，杨瑞武，等. 2001. 鱼腥草氮、磷、钾营养吸收和累积特性初探 [J]. 中国中药杂志，26 (10)：676-678.

吴卫，郑有良，杨瑞武，等. 2003. 不同播期和用种量对鱼腥草新品系产量质量的影响 [J]. 中草药，34 (9)：859-861.

吴卫华，康桢，欧阳冬生，等. 2006. 绿原酸的药理学研究进展 [J]. 天然产物研究与开发，18(4)：691-694.

吴跃东，向钒，赵家厚，等. 2010. 黄山茶叶品质与产地地质背景关系探讨 [J]. 资源调查与环境，31(1)：39-49.

武孔云，孙超. 2010. 中药材品质及提高中药材品质的途径 [J]. 中草药，41(7)：1210-1215.

席承藩. 1991. 论华南红色风化壳 [J]. 第四纪研究，11(1)：1-8.

项礼文. 1981. 中国地层4——中国的寒武系 [M]. 北京：地质出版社.

肖培根. 2002. 新编中药志(第一卷) [M]. 北京：化学工业出版社.

肖培根，杨世林. 2001. 实用中草药原色图谱（一）根及根茎类 [M]. 北京：中国农业出版社.

谢佰承，张春霞，薛绪掌. 2007. 土壤中微量元素的环境化学特性 [J]. 农业环境科学学报，26(2)：132-135.

谢云开，金黎平，屈冬玉. 2006. 脱毒马铃薯高产新技术 [M]. 北京：中国农业科学技术出版社.

辛建华. 2008. 钙素对马铃薯生长发育、光合作用及物质代谢影响的研究 [D]. 沈阳：沈阳农业大学硕士学位论文.

徐磊，吴国钧. 2004. 贵州地区蔬菜中微量元素的研究 [J]. 广东微量元素科学，11(3)：48-51.

徐永平，王黎，金礼吉，等. 2009. 辣椒素的研究和应用 [J]. 大连教育学院学报，25(2)：65-69.

玄兆业. 2008. 吉林延边优质苹果梨适生元素地球化学模型研究 [D]. 长春：吉林大学硕士学位论文.

邢光熹，朱建国. 2003. 土壤微量元素和稀土元素化学 [M]. 北京：科学出版社.

杨剑，易发成，刘涛，等. 2005. 黔北黑色岩系稀土元素地球化学特征及成因意义 [J]. 地质科学，41(1)：84-94.

杨建勋，张恒瑜，蔺永平，等. 2007. 土壤温度波动与马铃薯块茎发育的关系探讨 [J]. 陕西农业科学，53 (6)：131-133.

杨居荣. 1986. 砷在土壤中的蓄积与迁移特征 [J]. 环境科学，7(2)：26-31.

杨磊，朱青，曹臣. 2012. 中药材储藏过程中的质量变化及其影响因素 [J]. 湖南中医杂志，28(6)：95-97.

杨瑞东. 2008. 贵阳地区碳酸盐岩风化红粘土剖面稀土、微量元素分布特征 [J]. 地质论评，54(3)：409-418.

杨瑞东，朱立军，高慧，等. 2005. 贵州遵义松林寒武系底部热液喷口及与喷口相关生物群特征 [J]. 地质论评，51(5)：481-492.

杨瑞东，张传林，罗新荣，等. 2006. 新疆库鲁克塔格地区早寒武世硅质岩地球化学特征及其意义 [J]. 地质学报，80(4)：598-605.

杨瑞东，任海利，龙杰，等. 2011. 贵州主要岩石类型风化土壤微量、稀土元素分布特征与生态环境关系探讨 [J]. 贵州大学学报(自然科学版)，28 (6)：110-119.

杨瑞东，任海利，刘坤，等. 2014. 贵州开阳白马洞铀矿化岩层地球化学特征 [J]. 现代地质，28(5)：905-914.

杨胜元，毕坤，王林. 2005. 贵州特色农产品的地质环境分布规律 [C]. //资源·环境·循环经济—中国地质矿产经济学会 2005 年学术年会论文集：630-638.

杨玉琼，刘红. 2009. 微波消解原子吸收光谱法测定辣椒中微量元素 [J]. 中国调味品，34(10)：89-90.

杨占南，罗世琼，彭全材，等. 2010. 贵州不同产地鱼腥草不同部位绿原酸的高效液相色谱测定 [J]. 时珍国医国药，21(5)：1075-1077.

应小芳. 2005. 大豆耐铝毒的营养和生理机理研究 [D]. 金华：浙江师范大学硕士学位论文.

于勤勤. 2009. 恩施富硒区硒元素迁移转化规律及开发研究 [D]. 合肥：合肥工业大学硕士学位论文.

余文中，姜虹，杨红，等. 2005. 贵州辣椒 [J]. 辣椒杂志，3：1-4.

俞知明，王樟海，张伟. 1991. 稀土在茶叶生产上的应用研究 [J]. 茶叶，17(2)：24-25.

乐光禹. 1991. 六盘水地区构造格局的新探讨 [J]. 贵州地质，8(4)：289-301.

张爱莲，钱慧琴，诸燕，等. 2009. 不同种源鱼腥草中槲皮素变异规律 [J]. 浙江林学院学报，26(3)：314-318.

张恩让，张万萍，张帆，等. 2006. 贵州不同地区辣椒风味品质研究 [J]. 辣椒杂志，4(3)：20-23.

张连昌，李英. 1993. 国外"农业地质"研究进展 [J]. 国外地质与勘测，2：47-49.

张攀峰. 2012. 不同品种马铃薯淀粉结构与性质的研究 [D]. 广州：华南理工大学硕士学位论文.

张小静，李雄，陈富，等. 2010. 影响马铃薯块茎品质性状的环境因子分析 [J]. 中国马铃薯，24(6)：366-369.

张秀芝，鲍征宇，马忠社，等. 2006. 土壤生态系统微量元素的生物有效性研究现状 [J]. 地球与环境，34(3)：15-22.

张振洲，贾景丽，周芳，等. 2011. B、Mn、Zn 对马铃薯产量和品质的影响 [J]. 辽宁农业科学，1：7-10.

赵军霞. 2003. 土壤酸碱性与植物的生长 [J]. 内蒙古农业科技，6：41-42.

赵银春，廖明暗，王米力，等. 2008. 墨西哥辣椒果实生长发育及品质变化的研究 [J]. 北方园艺，21(7)：14-16.

赵振华. 1993. 铕地球化学特征的控制因素 [J]. 南京大学学报(地球科学版)，5(3)：271-280.

郑顺林，李国培，杨世民，等. 2009. 施氮量及追肥比例对冬马铃薯生长发育期及干物质积累的影响 [J]. 四川农业大学学报，27(3)：270-274.

中国科学院上海植物生理研究所，上海市植物生理学会. 1999. 现代植物生理学实验指南 [M]. 北京：科学出版社.

中国环境监测总站. 1990. 中国土壤元素背景值 [M]. 北京：中国环境科学出版社.

中国土壤学会农业化学专业委员会. 1983. 土壤农业化学常规分析方法 [M]. 北京：科学出版社.

仲开德，杜颖川. 2006. 中药材在种植加工过程中影响其品质的主要因素 [J]. 中国药业，15(19)：59-60.

周俊，邹德炜，朱江，等. 2000. 关于农业地质背景及其开发利用 [J]. 安徽地质，10(2)：155-160.

周旭，安裕伦，杨广斌，等. 2005. RS、GIS 支持下都匀毛尖茶种植适宜地评价 [J]. 贵州农业科学，33(5)：10-14.

周洋. 2011. 氮磷钾配施对马铃薯产量及品质的影响 [D]. 哈尔滨：东北林业大学硕士学位论文.

朱江，周俊. 1999. 农用矿产在大农业生产中的应用 [J]. 安徽地质，9(2)：152-155.

朱杰辉，何长征，宋勇，等. 2009. 不同类型土壤中施肥量对马铃薯产量与品质的影响 [J]. 湖南农业大学学报：自然科学版，35(4)：423-426.

朱立军，傅平秋，李景阳. 1996. 贵州碳酸盐岩红土中的粘土矿物及其形成机理 [J]. 矿物学报，16(3)：290-297.

朱为方，徐素琴，邵萍萍，等. 1997. 赣南稀土区生物效应研究——稀土日允许摄入量 [J]. 中国环境科学，17(1)：63-66.

邹学校，周群初，张继仁，等. 1993. 辣椒品种资源营养含量与起源地生态环境的关系 [J]. 湖南农业科学，22 (1)：37-38.

邹学校. 2002. 中国辣椒 [M]. 北京：中国农业出版社.

Adriano D C. 1986. Trace Elements in the Terrestrial Environment [M]. New York：Springer.

Adriano D C. 2001. Trace Elements in Terrestrial Environments：Biogeochemistry, Bioavailability, and Risks of Metals [M]. New York：Springer.

Arthur W B. 1994. Increasing Returns and Path Dependence in the Economy [M]. Ann Arbor：The University of Michigan Press.

Baker A J M. 1981. Accumulators and excluders-strategies in the response of plants to heavy metals [J]. Journal of Plant Nutrition，3(1)：643-654.

Baker A J M, Reeves R D, Hajar A S M. 1994. Heavy metal accumulation and tolerance in British populations of the metallophyte thlaspi caerulescens J. & C. Presl (Brasicaceae) [J]. New Phytologist，127(1)：61-68.

Chen R, Bi K. 2011. Correlation of karst agricultural geo-environment with non-karst agricultural geo-environment with respect to nutritive elements in Guizhou [J]. Chinese Journal of Geochemistry，30(4)：563-568.

Chen X S, Yang G Q, Chen J S, et al. 1980. Studies on the relation of selenium and Keshan Disease [J]. Biological Trace Element Research，2(2)：91-107.

Desborough S L. 1985. Potato Physiology [M]. Orlando：Academic Press.

Durn G, Ottner F, Slovenec D. 1999. Mineralogical and geochemical indicators of the polygenetic nature of terra rossa inIstria, Croatia [J]. Geoderma，91(1)：125-150.

Epstein J B, Marcoe J H. 1994. Topical application of capsaicin for treatment of oral neuropathic pain and trigeminal neuralgia [J]. Oral. Surg. Oral. Med. Oral. Pathol，77(2)：135-140.

Fayiga A O, Ma L Q, Cao X, et al. 2004. Effects of heavy metals on growth and arsenic accumulation in the arsenic hyperaccumulator Pteris *vittata* L. [J]. Environmental Pollution，132(2)：289-296.

Friedrich J W, Schrader L E. 1978. Sulfur deprivation and nitrogen metabolism in maize seedlings [J]. Plant Physiology，61(6)：900-903.

Gerendás J, Führs H. 2013. The significance of magnesium for crop quality [J]. Plant and Soil，368(1-2)：101-128.

Huber D M, Jones J B. 2013. The role of magnesium in plant disease [J]. Plant and Soil，368(1-2)：73-85.

Ito H, Miyazaki T, Ono M, et al. 1998. Antiallergic activities of rabdosiin and its related compounds：chemical and biochemical evaluations [J]. Bioorganic & Medicinal Chemistry，6(7)：1051-1056.

Jiang Y, Kusama K, Satoh K, et al. 2007. Induction of cytotoxicity by chlorogenic acid in human oral tumor cell lines [J]. Phytomedicine，7(6)：483-491.

Leete E, Louden M C L. 1968. Biosynthesis of capsaicin and dihydrocapsaicin in capsicum frutescens [J]. Am. Chem. Soc，90(24)：6837-6841.

Leiner I E. 1977. Nutritional aspects of soy protein products [J]. Journal of the American Oil Chemists Society，54 (6)：a454-a472.

Marchig V, Gundalch H, Möller P, et al. 1982. Some geochemical indicators for discrimination between diagenetic and hydrothermal metalliferous sediments [J]. Marine Geology，50(3)：241-256.

Markert B. 1987. The pattern of distribution of lanthanide elements in soils and plants [J]. Phytochemistry，26(12)：3167-3170.

Materska M, Perucka I. 2005. Antioxidant activity of the main phenolic compounds isolated from hot pepper fruit (*Capsicum annuum* L.) [J]. Journal of Agricultural and Food Chemistry，53(5)：1750-1756.

Meister E, Thompson N R. 1976. Protein quality of precipitate from waste effluent of potato chip processing measured by biological methods [J]. Journal of Agricultural and Food Chemistry，24(5)：924-926.

Mengel K, Kosegarten H, Kirkby E A, et al. 2001. Principles of Plant Nutrition [M]. Berlin：Springer Science & Business Media.

Olson C G, Ruhe R V, Mausbach M J. 1980. The terra rossa limestone contact phenomena in karst, southern Indiana

[J]. Soil Science Society of America Journal, 44(5): 1075-1079.

Orrille A B. 1964. Selenium [M]. New York and London, Academic press.

Peng Y S, Chen R, Yang R D. 2016. Analysis of heavy metals in *Pseudostellaria heterophylla* in Baiyi Country of Wudang District [J]. Journal of Geochemical Exploration, 176: 57-63.

Rona P A. 1978. Criteria for recognition of hypothermal mineral deposits in oceanic crust [J]. Economic Geology, 73 (2): 135-160.

Ren H L, Yang R D. 2014. Distribution and controlling factors of selenium in weathered soil in Kaiyang County, Southwest China [J]. Chinese Journal of Geochemistry, 33(3): 300-309.

Tan N H, Zhou J, Chen C X, et al. 1993. Cyclopeptides from the roots of *Pseudostellaria heterophylla* [J]. Phytochemistry, 32(5): 1327-1330.

Taylor S R, McLennan S M, McCulloch M T. 1983. Geochemistry of loess, continental crustal composition and crustal modal ages [J]. Geochimica et Cosmochimica Acta, 47(11): 1897-1905.

Walworth J L, Carling D E. 2002. Tuber initiation and development in irrigated and non-irrigated potatoes [J]. American Journal of Potato Research, 79(6): 387-395.

Wignall P B. 1994. Black Shales [M]. Oxford: Clarendon Press.

Yang G Q, Wang S Z, Zhou R H, et al. 1983. Endemic selenium intoxication of humans in China [J]. The American Journal of Clinical Nutrition, 37(5): 872-881.

Yao J P, Nair M G, Chandra A. 1994. Supercritical carbon dioxide extraction of Scotch Bonnet (*Capsicum annuum*) and quantification of capsaicin and dihydrocapsaicin [J]. J. Agric. Food Chem, 42(6): 1303-1305.

Yarincik K, Murray R W, Lyons T W, et al. 2000. Oxygenation history of bottom waters in the Cariaco Basin, Venezuela, over the past 578000 years: Results from redox-sensitive metals (Mo, V, Mn, and Fe) [J]. Paleoceanography, 15(6): 593.

Zhao S M, Kuang B, Peng W W, et al. 2012. Chemical progress in cyclopeptide-containing Traditional Medicines Cited in Chinese Pharmacopoeia [J]. Chin. J. Chem, 30(6): 1213-1225.

Zvomuya F, Rosen C J, Miller J C. 2002. Response of russet norkotah clonal selections to nitrogen fertilization [J]. American Journal of Potato Research, 79(4): 231-239.